完全微分形であるとき，つぎの手順で一般解を求めればよい．

(1) つぎの I, J を求める．

$$I = \int P(x,y)dx, \quad J = \int Q(x,y)dy$$

ここで，積分定数をつける必要はない．

(2) J の項のうち y のみを含む項を I に加えたものを $F(x,y)$ とする．あるいは，I の項のうち x のみを含む項を J に加えたものを $F(x,y)$ としても，同じ結果になる．

(3) $F(x,y) = C$（C は任意定数）が求める一般解である．

▷ **注意**　(2) において，J に y のみを含む項がない場合は，I を $F(x,y)$ とする．また，I に x のみを含む項がない場合は，J を $F(x,y)$ とする．

1 階線形微分方程式　$\boldsymbol{Ly = y' + P(x)y = Q(x)}$　（第 3 章）

以下で，$Ly = y' + P(x)y$，C は任意定数

(i) 斉次方程式 $Ly = 0$ の一般解

$$\boxed{y = C\exp\left\{-\int P(x)dx\right\}}$$

(ii) 非斉次方程式 $Ly = Q(x)$ の一般解

$v(x) = \exp\left\{-\int P(x)dx\right\}$ を求めてから，

① 定数変化法により，$y = u(x)v(x)$（$u(x)$ は未知関数）とおく．

② 公式 $\boxed{y = Cv(x) + v(x)\int^x \dfrac{Q(t)}{v(t)}dt}$ を用いる．

▷ **注意**　② 公式の右辺の積分では，t を積分変数として積分を求めてから，t を x で置き換える．

(iii) [$Ly = Q(x)$ の一般解] = [$Ly = 0$ の一般解] + [$Ly = Q(x)$ の特殊解]

基礎からの微分方程式

実例でよくわかる

稲岡 毅 著

DIFFERENTIAL EQUATION

森北出版株式会社

まえがき

本書は，通常，大学 1 年次あるいは 2 年次で学ぶ「微分方程式」の入門書である．自然現象や社会現象には，変化・変動を伴うものが多数あるが，微分方程式はその変化を支配する法則・原理を記述する．微分方程式を解くことにより，変化の全体像を把握することができる．また，法則・原理の妥当性を検証することもできる．このように，微分方程式は，変化・変動を分析するためにきわめて重要な役割を演じる．

本書の執筆方針は，つぎのとおりである．

(1) 微積分の素養が必ずしも十分でなくても，学ぶ意志があれば，最後まで学習を続けることができるように，最大限の配慮をする．

微分方程式は，微積分を応用する科目である．本書では第 1 章に，必要となる微積分の重要事項がまとめてあり，とりわけ重要な積分のテクニックはほとんどすべて含まれている．本文中の問題や章末の演習問題が解けないとき，第 1 章を参照するとよい．問題文中に，どの箇所を参照すればよいかが示されているが，その多くは第 1 章である．巻末には，問題や演習問題のかなり詳しい解答がついている．

(2) 実際の問題で，微分方程式がどのように使われ役に立つかを明示する．

高校の物理で学ぶ力学や電磁気学，大学 1 年次で学ぶ力学の範囲で扱える問題を多数盛り込んだ．また，少数ではあるが，社会科学，生態系の問題も取り入れた．微分方程式をどのように作り，解き，そして解から何を読み取るかが明らかになるように心がけた．

(3) 読者のレベル，専門教育との接続に合わせて柔軟に使用できる教科書，自習書となるように配慮する．

本書では，多種にわたる微分方程式の解法を網羅することはせず，線形微分方程式に重点をおいている．本文を読むことにより，初等的微分方程式と，線形微分方程式を学ぶことができる．読者の興味や教師の選択により，本文で扱う微分方程式と密接に関連する他の微分方程式を付録で学ぶこともできる．

半年の授業であっても，専門教育との接続の都合で「線形微分方程式の級数解法」，あるいは「連立線形微分方程式」を授業内容に取り入れる場合がある．これらの少し進んだ微分方程式についても，必要十分と考える範囲で解説した．これらの微分方程式のいずれかを半年の授業に取り入れる場合は，他の部分を絞り込む必要がある．つぎの「本書の使い方」では，このような場合の半年コースも提案した．

本書の執筆中お世話になった元森北出版の田中節男氏，および，上村紗帆氏ほか森北出版の方々に御礼申し上げる．

2012 年 2 月

稲岡　毅

本書の使い方

(1) 第1章の有効な活用について

第1章には，本書を学習するために必要な微積分の基礎知識がまとめられており，それらが身についているかどうかが例題でチェックできる．本文中の問題や章末の演習問題が解けないときは，第1章を復習するとよい．問題文の中に Ref. として参照箇所が記されているが，その多くは第1章である．Ref. の助けを借りながら，自力で解く努力をすることが重要である．答えが得られたら，巻末の解答で確認できる．

(2) 付録の有効な活用について

本文では，変数分離形などの初等的な微分方程式と線形微分方程式に的を絞った解説がなされている．しかし，本文中のいくつかの箇所で，「進んだ学習」として付録を参照するようにという指示がある．この付録により，本文と密接に関連するいくつかの微分方程式の解法が学習できる．読者の興味や教師の選択により，付録を活用していただきたい．

(3) 半年コースの授業の教科書として利用する場合

半年で本書のすべてを学習するのは困難と考えられる．専門科目との接続の都合などを考慮しつつ，内容を選択することになるだろう．筆者の考えでいくつか半年コースを提案する．

i) 第2章～第4章（標準的コース）

- 必要に応じて第1章を参照する．
- 線形微分方程式の学習を中心とするならば，「2.4 完全微分形」を省略しても，後の学習に支障はない．
- 時間に余裕があれば，いくつかある付録の項目から，選択して学習することができる．

ii) 第2章～第5章（線形微分方程式の級数解法を取り入れるコース）

第2章～第4章で，かなり内容を絞り込む必要があると考えられる．

- 必要に応じて第1章を参照する．
- 「2.4 完全微分形」は省略する．

- 付録からの選択的な学習は行わない.
- 第5章では,「5.2 整級数の復習」を省略して学習を進め,この5.2節は必要に応じて参照する.

iii) 第2章～第4章,第6章(連立線形微分方程式を取り入れるコース)

ii) と同様に,第2章～第4章で,かなり内容を絞り込む必要があると考えられる.

- 必要に応じて第1章を参照する.
- 「2.4 完全微分形」は省略する.
- 付録からの選択的な学習は行わない.
- 連立線形微分方程式の本質的な部分を学ぶためならば,「6.1 連立1階線形微分方程式」のみを学習し,「6.2 連立2階線形微分方程式」は省略することもできる.階数が1階から2階に変わっても,解法の本質的なところは同じである.

(4) 式の表示について

重要な式や注目してほしい式は □ で囲んだ.また,問題の答えの部分は ░ で表した.

(5)「微分方程式の解法　早見表」について

おもて表紙とうら表紙の裏側に,第2章～第4章で学ぶ微分方程式の解法についての「早見表」がある.解法の要点を確認したり,思い出したりするために利用するとよい.

目　次

第5章　線形微分方程式の級数解法

第6章　連立線形微分方程式

付　録　進んだ学習

第1章 微積分の復習

変数とその関数，およびその導関数のあいだの関係式を微分方程式といい，この関係式を満たす関数を微分方程式の解という．したがって，微分方程式を扱うためには，微積分が必要になる．本章では，第２章以降で必要になる微積分の重要事項をまとめておく．本章の例題で，これらの事項が身についているかどうかを確認しよう．第２章以降の学習過程で，適宜この第１章の参照箇所を示す．

1.1 微　分

微分方程式を書き換えるときには，微分の計算が必要になる．主要な関数 $f(x)$ とその導関数 $f'(x)$ を表 1.1 にまとめておこう．

表 1.1　導関数表

	(1)	(2)	(3)	(4)	(5)
$f(x)$	$(ax+b)^k$	$\exp ax$	$\log\lvert ax+b\rvert$	$\sin ax$	$\cos ax$
$f'(x)$	$ka(ax+b)^{k-1}$	$a\exp ax$	$\dfrac{a}{ax+b}$	$a\cos ax$	$-a\sin ax$

(6)	(7)	(8)	(9)	(10)
$\tan ax$	$\cot ax$	$\{g(x)\}^k$	$\exp g(x)$	$\log\lvert g(x)\rvert$
$a\sec^2 ax$	$-a\,\mathrm{cosec}^2\,ax$	$k\{g(x)\}^{k-1}g'(x)$	$g'(x)\exp g(x)$	$\dfrac{g'(x)}{g(x)}$

a, b, k は定数，$g(x)$ は微分可能な任意の関数である．exp は指数関数を表し，$\exp x$ は e^x と同じものである．また，log は自然対数を表す．(8) では，k の値によっては $g(x)$ の範囲が制限される．たとえば，$k=1/2$ のとき，$g(x)>0$ である．

合成関数の微分法

y が u の関数として微分可能，u が x の関数として微分可能であるとき，

$$\frac{dy}{dx}=\frac{dy}{du}\frac{du}{dx} \tag{1.1}$$

が成り立つ．

例題 1.1　つぎの関数の導関数を求めよ．

(1) $\left(\sqrt{x}+1\right)^3$　　(2) $\exp\left(\dfrac{x}{x^2+1}\right)$　　(3) $\log\left(x+\sqrt{x^2+1}\right)$

《解》 合成関数の微分法 (1.1) を用いる．

(1) 関数を $y=(u+1)^3\ (u=\sqrt{x})$ と表すと，

$$\frac{dy}{dx}=\frac{dy}{du}\frac{du}{dx}=3\,(u+1)^2\,\frac{d}{dx}x^{1/2}=\frac{3\left(\sqrt{x}+1\right)^2}{2\sqrt{x}}=\frac{3}{2}\left(\sqrt{x}+\frac{1}{\sqrt{x}}+2\right)$$

(2) 関数を $y=e^u\ \left(u=x/(x^2+1)\right)$ と表すと，

$$\frac{dy}{dx}=\frac{dy}{du}\frac{du}{dx}=e^u\frac{d}{dx}\left(\frac{x}{x^2+1}\right)=e^u\frac{\left(x^2+1\right)-2x^2}{\left(x^2+1\right)^2}$$

$$=-\frac{x^2-1}{\left(x^2+1\right)^2}\exp\left(\frac{x}{x^2+1}\right)$$

(3) 関数を $y=\log u\ \left(u=x+\sqrt{x^2+1}\right)$ と表すと，

$$\frac{dy}{dx}=\frac{dy}{du}\frac{du}{dx}=\frac{1}{u}\left(1+\frac{x}{\sqrt{x^2+1}}\right)=\frac{1}{u}\frac{x+\sqrt{x^2+1}}{\sqrt{x^2+1}}=\frac{1}{\sqrt{x^2+1}}$$

1.2　積　分

微分方程式の解を求めるときには，積分の計算が必要になる．主要な関数 $f(x)$ とその原始関数 $F(x)$ を表 1.2 にまとめておこう．

定数を含むもう少し一般的な被積分関数を考えると，表 1.3 の原始関数表のようになる．

逆三角関数

表 1.2 の (11)～(13) に現れる逆三角関数について復習しよう．三角関数は周期関数であるから，その逆関数は一般には多価関数になる．実際，図 1.1 の逆三角関数のグラフからわかるように，変数 x の各値に対し，関数値 y が無限個存在する．多価になることを避けるために，三角関数の定義域を制限して，その逆関数が一価関数になるようにする．$y=\sin x, \cos x, \tan x$ の定義域をそれぞれ $-\pi/2\le x\le\pi/2,\ 0\le x\le\pi,$

表 1.2　基本的な関数の原始関数表

	(1)	(2)	(3)	(4)	(5)
$f(x)$	$x^k \quad (k \neq -1)$	$\dfrac{1}{x}$	e^x	$\log\lvert x\rvert$	$\sin x$
$F(x)$	$\dfrac{x^{k+1}}{k+1}$	$\log\lvert x\rvert$	e^x	$x\log\lvert x\rvert - x$	$-\cos x$

(6)	(7)	(8)	(9)	(10)
$\cos x$	$\tan x$	$\cot x$	$\sec^2 x$	$\mathrm{cosec}^2\, x$
$\sin x$	$-\log\lvert\cos x\rvert$	$\log\lvert\sin x\rvert$	$\tan x$	$-\cot x$

(11)	(12)	(13)	(14)
$\dfrac{1}{\sqrt{1-x^2}}$	$-\dfrac{1}{\sqrt{1-x^2}}$	$\dfrac{1}{x^2+1}$	$\dfrac{1}{\sqrt{x^2+a}} \quad (a \neq 0)$
$\arcsin x$	$\arccos x$	$\arctan x$	$\log\left\lvert x+\sqrt{x^2+a}\right\rvert$

k, a は定数である．

表 1.3　一般的な関数の原始関数表

	(1)	(2)	(3)	(4)
$f(x)$	$(ax+b)^k \quad (k \neq -1)$	$\dfrac{1}{ax+b}$	e^{ax}	$\log\lvert ax+b\rvert$
$F(x)$	$\dfrac{(ax+b)^{k+1}}{a(k+1)}$	$\dfrac{1}{a}\log\lvert ax+b\rvert$	$\dfrac{1}{a}e^{ax}$	$\dfrac{ax+b}{a}\log\lvert ax+b\rvert - x$

(5)	(6)	(7)	(8)	(9)	(10)
$\sin ax$	$\cos ax$	$\tan ax$	$\cot ax$	$\sec^2 ax$	$\mathrm{cosec}^2\, ax$
$-\dfrac{1}{a}\cos ax$	$\dfrac{1}{a}\sin ax$	$-\dfrac{1}{a}\log\lvert\cos ax\rvert$	$\dfrac{1}{a}\log\lvert\sin ax\rvert$	$\dfrac{1}{a}\tan ax$	$-\dfrac{1}{a}\cot ax$

(11)	(12)	(13)
$\dfrac{1}{\sqrt{a^2-x^2}}$	$-\dfrac{1}{\sqrt{a^2-x^2}}$	$\dfrac{1}{x^2+a^2}$
$\arcsin\dfrac{x}{a}$	$\arccos\dfrac{x}{a}$	$\dfrac{1}{a}\arctan\dfrac{x}{a}$

$a\ (\neq 0)$, b, k は定数である．また，(11)〜(13) では $a > 0$ とする．

$-\pi/2 < x < \pi/2$ と制限すると，これらの三角関数は単調増加あるいは単調減少となり，独立変数を x とする逆関数は図 1.1 の実線部分となる．これらをそれぞれの逆三角関数の**主値**という．本書では，逆三角関数 $\arcsin x$, $\arccos x$, $\arctan x$ を考えるとき，とくに断らない限り，主値をとるものとする．

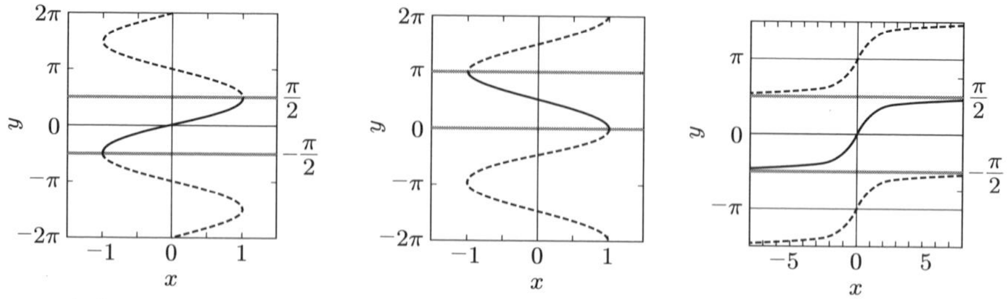

（a） $y = \arcsin x$　（b） $y = \arccos x$　（c） $y = \arctan x$

図 1.1　逆三角関数

例題 1.2　逆三角関数の導関数を考える．

たとえば，$y = \arcsin x$（主値）とすると，$x = \sin y$ $(-\pi/2 \le y \le \pi/2)$ が成り立ち，これは y を変数とする単調増加関数である．$dx/dy \ne 0$ ならば，

$$\frac{dy}{dx} = \frac{1}{dx/dy}$$

が成り立つことを用いると，$(\arcsin x)'$ が求まる．このようにして，つぎの導関数を求めよ．

(1) $(\arcsin x)'$　$(-1 < x < 1)$

(2) $(\arccos x)'$　$(-1 < x < 1)$

(3) $(\arctan x)'$　$(-\infty < x < \infty)$

この答えから，表 1.2 の (11)〜(13) が成り立つことを確かめよ．

《解》 (1) $y = \arcsin x$（主値）より $x = \sin y$ $(-\pi/2 \le y \le \pi/2)$ であり，$dx/dy = \cos y \ge 0$ となる．$\cos y \ne 0$ すなわち $-\pi/2 < y < \pi/2$ $(-1 < x < 1)$ ならば，$\dfrac{dy}{dx} = \dfrac{1}{dx/dy} = \dfrac{1}{\cos y}$ が成り立つ．$\cos y > 0$ であるから，$\cos y = \sqrt{1-\sin^2 y} = \sqrt{1-x^2}$ となる．以上より，

$$(\arcsin x)' = \frac{1}{\sqrt{1-x^2}} \quad (-1 < x < 1)$$

(2) $y = \arccos x$（主値）より $x = \cos y$ $(0 \leq y \leq \pi)$ であり，$dx/dy = -\sin y \leq 0$ となる．$\sin y \neq 0$ すなわち $0 < y < \pi$ $(-1 < x < 1)$ ならば，$\dfrac{dy}{dx} = \dfrac{1}{dx/dy} = -\dfrac{1}{\sin y}$ が成り立つ．$\sin y > 0$ であるから，$\sin y = \sqrt{1-\cos^2 y} = \sqrt{1-x^2}$ となる．以上より，

$$(\arccos x)' = -\frac{1}{\sqrt{1-x^2}} \quad (-1 < x < 1)$$

(3) $y = \arctan x$（主値）より $x = \tan y$ $(-\pi/2 < y < \pi/2)$ であり，$dx/dy = \sec^2 y = 1/\cos^2 y > 0$ となる．これより，

$$\frac{dy}{dx} = \frac{1}{dx/dy} = \frac{1}{\sec^2 y} = \frac{1}{\tan^2 y + 1} = \frac{1}{x^2+1}$$

ここで，$-\pi/2 < y < \pi/2$ より，$-\infty < x < \infty$（実数全体）である．以上より，

$$(\arctan x)' = \frac{1}{x^2+1} \quad (-\infty < x < \infty)$$

置換積分法

x が t の関数であるとき，

$$\int f(x)\,dx = \int f(x)\frac{dx}{dt}dt \tag{1.2}$$

が成り立つ．また，u が x の関数であるとき，

$$\int f(u)\frac{du}{dx}dx = \int f(u)du \tag{1.3}$$

となる．これは，式 (1.2) を書き換えたものであるが，積分が左辺の形のとき有効である．式 (1.2), (1.3) が置換積分の公式である．よく現れるタイプの置換積分を表 1.4 にまとめておく．左列の積分において，中列のような置換を行うと，右列の積分になる．(1), (2) では式 (1.2) を，(3)〜(8) では式 (1.3) を用いる．

例題 1.3 つぎの不定積分を求めよ．

(1) $\displaystyle\int \frac{1}{e^x+1}\,dx$　　(2) $\displaystyle\int \frac{1}{x}(\log|x|)^2\,dx$　　(3) $\displaystyle\int \cos x \exp(-\sin x)\,dx$

(4) $\displaystyle\int \frac{x}{x^2+a}\,dx$　（a は定数）　　(5) $\displaystyle\int \tan x\,dx$

表 1.4　置換積分表

	不定積分	置換	置換後の積分
(1)	$\displaystyle\int f(ax+b)dx \quad (a \neq 0)$	$ax+b=t$	$\displaystyle\frac{1}{a}\int f(t)\,dt$
(2)	$\displaystyle\int f(e^x)dx$	$e^x=t$	$\displaystyle\int \frac{1}{t}f(t)\,dt$
(3)	$\displaystyle\int \frac{1}{x}f(\log\lvert x\rvert)dx$	$\log\lvert x\rvert=u$	$\displaystyle\int f(u)\,du$
(4)	$\displaystyle\int f(\sin x)\cos x\,dx$	$\sin x=u$	$\displaystyle\int f(u)\,du$
(5)	$\displaystyle\int f(\cos x)\sin x\,dx$	$\cos x=u$	$\displaystyle-\int f(u)\,du$
(6)	$\displaystyle\int \frac{f'(x)}{f(x)}dx$	$f(x)=u$	$\displaystyle\int \frac{1}{u}du\ (=\log\lvert f(x)\rvert+C)$
(7)	$\displaystyle\int \{f(x)\}^k f'(x)\,dx \quad (k\neq -1)$	$f(x)=u$	$\displaystyle\int u^k du\ \left(=\frac{\{f(x)\}^{k+1}}{k+1}+C\right)$
(8)	$\displaystyle\int f'(x)\,\exp f(x)\,dx$	$f(x)=u$	$\displaystyle\int e^u du\ (=\exp f(x)+C)$

a,b,k は定数，C は任意定数である．

《解》　以下で C は任意定数を表す．

(1)　これは表 1.4(2) のタイプである．$e^x=t$ と置換すると，

$$\begin{aligned}\int\frac{1}{e^x+1}\,dx &= \int\frac{(e^x)'}{e^x(e^x+1)}dx = \int\frac{1}{t(t+1)}\frac{dt}{dx}dx\\ &= \int\frac{1}{t(t+1)}dt = \int\left(\frac{1}{t}-\frac{1}{t+1}\right)dt = \log t - \log(t+1)+C\\ &= x-\log(e^x+1)+C\end{aligned}$$

(2)　これは表 1.4(3) のタイプである．$\log|x|=u$ と置換すると，

$$\begin{aligned}\int\frac{1}{x}(\log|x|)^2\,dx &= \int(\log|x|)'(\log|x|)^2dx\\ &= \int u^2\frac{du}{dx}dx = \int u^2du = \frac{1}{3}u^3+C\\ &= \frac{1}{3}(\log|x|)^3+C\end{aligned}$$

(3)　これは表 1.4(4) のタイプである．$\sin x=u$ と置換すると，

$$\int \cos x \exp(-\sin x)dx = \int (\sin x)' \exp(-\sin x)dx = \int e^{-u}\frac{du}{dx}dx$$

$$= \int e^{-u}du = -e^{-u} + C = -\exp(-\sin x) + C$$

(4) これは表 1.4(6) のタイプである．$x^2 + a = u$ と置換すると，

$$\int \frac{x}{x^2+a}dx = \frac{1}{2}\int \frac{(x^2+a)'}{x^2+a}dx = \frac{1}{2}\int \frac{1}{u}\frac{du}{dx}dx = \frac{1}{2}\int \frac{1}{u}du$$

$$= \frac{1}{2}\log|u| + C = \frac{1}{2}\log\left|x^2+a\right| + C$$

(5) $\tan x = \sin x/\cos x$ に注意すると，これは表 1.4(6) のタイプである．$\cos x = u$ と置換すると，

$$\int \tan x dx = \int \frac{\sin x}{\cos x}dx = -\int \frac{(\cos x)'}{\cos x}dx = -\int \frac{1}{u}\frac{du}{dx}dx = -\int \frac{1}{u}du$$

$$= -\log|u| + C = -\log|\cos x| + C$$

▷ **注意**　表 1.4(5) のタイプとみなすこともできる．

部分積分法

二つの関数 $f(x)$, $g(x)$ の積の微分

$$\{f(x)g(x)\}' = f'(x)g(x) + f(x)g'(x)$$

の両辺を積分して移項すると，つぎの公式が得られる．

微分

$$\int f(x)g'(x)\,dx = f(x)g(x) - \int f'(x)g(x)\,dx \tag{1.4}$$

積分

とくに，$g(x) = x$ のときは，つぎのようになる．

$$\int f(x)dx = xf(x) - \int xf'(x)dx \tag{1.5}$$

例 1.1　以下の例で，$a\,(\neq 0)$ は定数，C は任意定数である．

(1a) $\displaystyle\int x\sin ax\,dx = -\frac{1}{a}\int x(\cos ax)'dx$

$$= -\frac{1}{a}\left(x\cos ax - \int \cos ax\,dx\right) = -\frac{1}{a}\left(x\cos ax - \frac{1}{a}\sin ax\right) + C$$
$$= \frac{1}{a^2}(\sin ax - ax\cos ax) + C$$

(1b)
$$\int x\cos ax\,dx = \frac{1}{a}\int x(\sin ax)'dx = \frac{1}{a}\left(x\sin ax - \int \sin ax\,dx\right)$$
$$= \frac{1}{a^2}(ax\sin ax + \cos ax) + C$$

(2)
$$\int \frac{\log x}{x^2}dx = -\int \left(\frac{1}{x}\right)'\log x\,dx = -\frac{\log x}{x} + \int \frac{1}{x}(\log x)'dx$$
$$= -\frac{\log x}{x} + \int x^{-2}dx = -\frac{\log x + 1}{x} + C$$

(3a)
$$\int te^{at}dt = \frac{1}{a}\int t(e^{at})'dt = \frac{1}{a}\left(te^{at} - \int e^{at}dt\right)$$
$$= \frac{1}{a^2}(at-1)e^{at} + C$$

(3b)
$$\int t^2e^{at}dt = \frac{1}{a}\int t^2(e^{at})'dt = \frac{1}{a}\left(t^2e^{at} - 2\int te^{at}dt\right)$$
$$= \frac{1}{a}\left\{t^2e^{at} - \frac{2}{a^2}(at-1)e^{at}\right\} + C = \frac{1}{a^3}\left\{(at)^2 - 2at + 2\right\}e^{at} + C$$
┘

例 1.2　漸化式を利用して，つぎの定積分 I_n の値を求める．

$$I_n = \int_0^\infty x^n \exp(-ax)dx \quad （a \text{ は正の定数，} n = 0, 1, 2, \cdots）$$

部分積分を用いると，$n = 1, 2, 3, \cdots$ に対し，

$$I_n = -\frac{1}{a}\int_0^\infty x^n\{\exp(-ax)\}'dx$$
$$= -\frac{1}{a}\left\{[x^n\exp(-ax)]_0^\infty - \int_0^\infty (x^n)'\exp(-ax)dx\right\}$$
$$= \frac{n}{a}\int_0^\infty x^{n-1}\exp(-ax)dx = \frac{n}{a}I_{n-1} \qquad \therefore\ I_n = \frac{n}{a}I_{n-1}$$

となり，得られた漸化式を繰り返し用いると，

$$I_n = \frac{n}{a} I_{n-1} = \frac{n}{a} \cdot \frac{n-1}{a} I_{n-2} = \frac{n}{a} \cdot \frac{n-1}{a} \cdot \frac{n-2}{a} I_{n-3} = \cdots = \frac{n!}{a^n} I_0$$

となる．ところで，

$$I_0 = \int_0^\infty \exp(-ax)dx = \left[-\frac{1}{a} \exp(-ax) \right]_0^\infty = \frac{1}{a}$$

であるから，

$$I_n = \frac{n!}{a^{n+1}} \qquad \therefore \quad \int_0^\infty x^n \exp(-ax)dx = \frac{n!}{a^{n+1}} \quad (n = 0, 1, 2, \cdots)$$

となる．$n = 0$ のとき，$0! = 1$ と定義されることに注意しよう．

例題 1.4　つぎの不定積分を求めよ．

(1) $\displaystyle\int x^2 \log |x| dx$　　(2) $\displaystyle\int \arctan x \, dx$

《解》　以下で C は任意定数を表す．

(1) $(\log |x|)' = 1/x$ に注意して部分積分を行うと，

$$\int x^2 \log |x| dx = \frac{1}{3} \int (x^3)' \log |x| dx = \frac{1}{3} \left(x^3 \log |x| - \int x^3 \frac{1}{x} dx \right)$$
$$= \frac{x^3}{3} \left(\log |x| - \frac{1}{3} \right) + C$$

(2) $(\arctan x)' = 1/(x^2+1)$ に注意して，公式 (1.5) により部分積分を行うと，

$$\int \arctan x \, dx = \int (x)' \arctan x \, dx = x \arctan x - \int x \, (\arctan x)' \, dx$$
$$= x \arctan x - \int \frac{x}{x^2+1} dx = x \arctan x - \frac{1}{2} \int \frac{(x^2+1)'}{(x^2+1)} dx$$
$$= x \arctan x - \frac{1}{2} \log \left(x^2 + 1 \right) + C$$

1.3　主要な関数の整級数表示（テイラー展開）

第 5 章では，解を整級数の形で表す級数解法について学ぶ．主要な関数の整級数表示（テイラー（Taylor）展開）を，その収束域とともに挙げておこう．

例 1.3　(1) 無限等比級数

$$\frac{1}{1-x}=\sum_{n=0}^{\infty}x^n=1+x+x^2+\cdots+x^n+\cdots\quad(|x|<1)$$

$$\frac{1}{1+x}=\sum_{n=0}^{\infty}(-1)^n x^n=1-x+x^2-\cdots+(-1)^n x^n+\cdots\quad(|x|<1)$$

(2) 指数関数

$$e^x=\sum_{n=0}^{\infty}\frac{x^n}{n!}=1+x+\frac{x^2}{2!}+\cdots+\frac{x^n}{n!}+\cdots\quad(-\infty<x<\infty)$$

(3) 対数関数

$$\log(1+x)=\sum_{n=1}^{\infty}\frac{(-1)^{n-1}}{n}x^n=x-\frac{x^2}{2}+\frac{x^3}{3}-\cdots+\frac{(-1)^{n-1}}{n}x^n+\cdots$$

$$(-1<x\leq 1)$$

(4) 三角関数

$$\cos x=\sum_{n=0}^{\infty}\frac{(-1)^n}{(2n)!}x^{2n}=1-\frac{x^2}{2!}+\frac{x^4}{4!}-\cdots+\frac{(-1)^n}{(2n)!}x^{2n}+\cdots\quad(-\infty<x<\infty)$$

$$\sin x=\sum_{n=0}^{\infty}\frac{(-1)^n}{(2n+1)!}x^{2n+1}=x-\frac{x^3}{3!}+\frac{x^5}{5!}-\cdots+\frac{(-1)^n}{(2n+1)!}x^{2n+1}+\cdots$$

$$(-\infty<x<\infty)$$

(5) 双曲線関数

$$\cosh x=\frac{e^x+e^{-x}}{2}=\sum_{n=0}^{\infty}\frac{x^{2n}}{(2n)!}=1+\frac{x^2}{2!}+\frac{x^4}{4!}+\cdots+\frac{x^{2n}}{(2n)!}+\cdots$$

$$(-\infty<x<\infty)$$

$$\sinh x=\frac{e^x-e^{-x}}{2}=\sum_{n=0}^{\infty}\frac{x^{2n+1}}{(2n+1)!}=x+\frac{x^3}{3!}+\frac{x^5}{5!}+\cdots+\frac{x^{2n+1}}{(2n+1)!}+\cdots$$

$$(-\infty<x<\infty)$$

┘

第2章 微分方程式の初歩

本章では，微分方程式の学習を始めるための基礎と，よく用いられる初歩的な微分方程式の解法を学ぶ．

2.1 基礎事項

なぜ微分方程式を学ぶのか？

自然現象や社会現象には，変化・変動を伴うものが多数ある．この変化には，時間的変化もあれば，空間的変化もある．変化する現象の例をいくつか挙げてみよう．

(1) 放射性原子核の自然崩壊
　時間とともに放射性原子核の数がどのように減少していくかが問題になる．

(2) 質点の運動
　時々刻々力を受けながら質点が運動する場合では，質点の位置の時間的変化が問題になる．

(3) 生物集団の自己増殖過程
　生物の生存に適する条件が整えば，生物集団は自己増殖をする．ここでは，生物集団の個体数の時間的変化が問題になる．

(4) 電気回路を流れる電流
　たとえば，抵抗器，コイル，コンデンサーをつないだ電気回路に，時間的に変化する起電力を加えた場合，回路を流れる電流の時間的変化が問題になる．

(5) 与えられた区間に生じる定常波
　固定端，あるいは自由端の条件のもとでの定常波の波形（変位の空間的変化）が問題になる．

例 2.1 放射性原子核の自然崩壊

ここでは，上記の例のうちもっとも式の扱いが容易である「放射性原子核の自然崩壊」を考えよう．たとえば，放射性炭素 ${}^{14}_{6}\mathrm{C}$（陽子 6 個，中性子 8 個からなる原子核）では，中性子が電子とニュートリノを放出して陽子に変わる．陽子が 1 個増えるので，窒素に変換することになる．この放射性炭素は CO_2 となり，植物に吸収されて，その組織中に固定される．植物が死ぬと CO_2 を取り込むことがなくなるので，その組織中の ${}^{14}_{6}C$ は崩壊して次第に減少する．したがって，古い植物の炭素の放射能を新しい植物の放射能と比較することにより，古い植物の年代が推定できる．この方法は，遺跡の年代決定などに用いられる．

放射性原子核が単位時間に自然崩壊する確率 γ は，通常，温度や圧力などの外的条件にはよらず，元素の種類だけで決まる．時刻 t における放射性原子核の数を N とする．短い時間 dt のあいだに N が dN だけ変化したとすると，単位時間に崩壊する原子核の数は $-dN/dt$ であるから，

$$-\frac{1}{N}\frac{dN}{dt}=\gamma$$

$$\therefore\ \boxed{\frac{dN}{dt}=-\gamma N} \tag{2.1}$$

が成り立つ．ここで，γ は崩壊定数とよばれる．式 (2.1) は N の1階導関数 dN/dt と N の関係式であり，あとで述べるように微分方程式である．

微分方程式 (2.1) を満たす N を求めよう．$N\neq 0$ として，式 (2.1) の両辺を N で割ると，

$$\frac{1}{N}\frac{dN}{dt}=-\gamma$$

となる．ここで，左辺は $\log|N|$ を t で微分したものに等しいから，

$$\frac{d}{dt}\log|N|=-\gamma$$

となる．この式の両辺を t について積分すると，

$$\log|N|=-\gamma t+C_1\quad (C_1\text{ は任意定数})$$

が得られる．指数関数 exp と対数関数（自然対数）log は，互いに逆関数であるから，

$$|N|=\exp(-\gamma t+C_1)=\exp(C_1)\exp(-\gamma t)$$

$$\therefore\ N=C\exp(-\gamma t)\quad (C=\pm\exp(C_1)) \tag{2.2}$$

$N\neq 0$ としてこの解を求めたが，$N\equiv 0$（恒等的にゼロ）も微分方程式 (2.1) の解である．$N\equiv 0$ は式 (2.2) で $C=0$ とおくと得られる．以上より，つぎの N が得られた．

$$\boxed{N=C\exp(-\gamma t)\quad (C\text{ は任意定数})} \tag{2.3}$$

復習

対数関数の微分：$\dfrac{d}{dx}\log|x|=\dfrac{1}{x}$

合成関数の微分法より，

$$\frac{d}{dx}\log|f(x)|=\frac{f'(x)}{f(x)}$$

これは微分方程式 (2.1) を満たす関数であり，式 (2.1) の解という．また，微分方程式の解を求めることを，微分方程式を解くという．微分方程式 (2.1) の解としては，$C < 0$ も許されるが，放射性原子核の問題では $N \geq 0$ であるから，$C \geq 0$ でなければならない．

式 (2.1) は，「放射性原子核が単位時間に自然崩壊する確率がつねに一定である」という自然崩壊の法則を記述する微分方程式であり，各時刻における減少率を与える．得られた解 (2.3) からは，放射性原子核が減少する過程の全体像がわかる（図 2.2 も参照）．

つぎに，力学でおなじみの単振動の問題を挙げておこう．なお，ここで現れる微分方程式の簡単な解法は，第 4 章で学ぶ．

例 2.2　**単振動**

x 軸上を運動する質量 m の質点が，原点からの距離に比例しつねに原点を向く力（復元力）を受けるものとする．たとえば，図 2.1 のように，ばね定数 k のばねを介して壁につながれ，摩擦なしで x 軸上を運動する質点（図では球形の物体として表示）を考えればよい．質点の釣り合いの位置を $x = 0$ とする．質点の位置 x は時間 t の関数となり，質点の運動方程式はつぎのように表される．

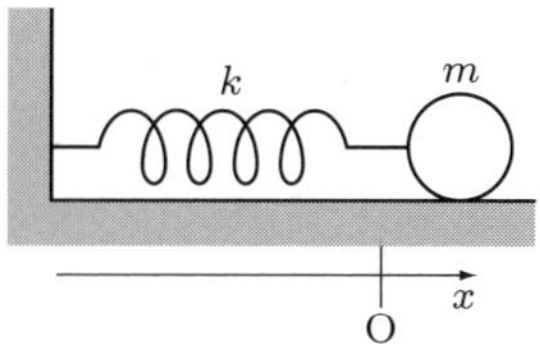

図 2.1　質点とばねによる単振動のモデル

$$m\frac{d^2x}{dt^2} = -kx \quad (k\text{ は正の定数}) \tag{2.4}$$

$$\therefore \boxed{\frac{d^2x}{dt^2} = -\omega^2 x \quad \left(\omega = \sqrt{\frac{k}{m}}\right)} \tag{2.5}$$

第 4 章で学ぶように，この微分方程式の解はつぎのように表される．

$$\boxed{\begin{array}{l} x = C_1 \cos\omega t + C_2 \sin\omega t \\ \qquad (C_1,\ C_2\text{ は任意定数}) \end{array}} \tag{2.6}$$

復習

ニュートンの運動方程式

（質量）×（加速度）＝（質点に働く力）

運動する質点の位置 x（時間 t の関数）に対して，

速度：$v = \dfrac{dx}{dt}$

加速度：$a = \dfrac{dv}{dt} = \dfrac{d^2x}{dt^2}$

この運動は，いわゆる単振動である．式 (2.5) は，各時刻における「質点の加速度 d^2x/dt^2 と位置 x の関係」を記述する微分方程式であり，解 (2.6) は質点の運動の全体像を表す．

［例 2.1］と［例 2.2］で微分方程式について学んだことをまとめると，つぎのようになる．

> 微分方程式：変化する現象について，変化を支配する法則・原理を記述する．
> 微分方程式の解：変化の過程の全体像を表す．

微分方程式を解くことにより，変化の全体像がわかり，変化を予測することができる．また逆に，変化する現象の根底にある法則・原理を探ることもできる．

問題 2.1 ［例 2.2］の単振動を考える．式 (2.6) が微分方程式 (2.5) の解であることを確かめよ．［Ref. 表 1.1 (4), (5)］

微分方程式とは何か？

［例 2.1］と［例 2.2］で，微分方程式の例を学んだ．ここでは，一般的に微分方程式とはどのようなものであるかを述べる．

変化する現象が，独立変数 x の関数 y により記述されるとする．たとえば，質点の運動を考えるときは，x は時間，y は質点の位置となる．x での y の変化を考えるとき，その x における y の導関数

$$y' = \frac{dy}{dx} \ (1\text{ 階}), \quad y'' = \frac{d^2y}{dx^2} \ (2\text{ 階}), \quad \cdots, \quad y^{(n)} = \frac{d^{(n)}y}{dx^{(n)}} \ (n\text{ 階})$$

が重要な役割を果たす．y の変化を支配する法則・原理は，$x, y, y', \cdots, y^{(n)}$ のあいだの関係式で記述されることが多い．

> $x, y, y', \cdots, y^{(n)}$ のあいだに成り立つ関係式
>
> $$F\left(x, y, y', \cdots, y^{(n)}\right) = 0$$
>
> を，y を未知関数とする**微分方程式**という．

この関係式は，x によらず恒等的に成り立たなければならない．また，ここでは独立変数を x，未知関数を y で表しているが，これ以降扱う具体的な問題では，通常用

いられる文字を使用する．たとえば，質点の運動を考えるときは，独立変数として時間 t を，未知関数として質点の位置 x を用いる．何が独立変数で何が未知関数なのかに注意しよう．

> 微分方程式を満足する関数 $y(x)$ を**微分方程式の解**とよび，解を求めることを**微分方程式を解く**という．

微分方程式の階数と次数

微分方程式に含まれる導関数の最高階数を，その微分方程式の**階数**という．また，微分方程式が未知関数とその導関数の多項式であるとき，最高階の導関数の次数を，その微分方程式の**次数**という．

例 2.3 (1) $\dfrac{dN}{dt} = -\gamma N$（$\gamma$ は定数）（1 階 1 次微分方程式）

(2) $\dfrac{d^2x}{dt^2} = -\omega^2 x$（$\omega$ は定数）（2 階 1 次微分方程式）

(3) $(y')^2 + y^2 = 1$ （1 階 2 次微分方程式）

とくに次数に注目しないときは，単に **1 階微分方程式**，**2 階微分方程式**などという．また，微分方程式が未知関数とその導関数の多項式の形にならないときは，次数は定義されない．

未知関数 y とその導関数 $y', y'', \cdots, y^{(n)}$ について 1 次式になっている微分方程式を，$\boldsymbol{n}$ **階線形微分方程式**という．

例 2.4 (1) $y' + P(x)y = Q(x)$ （1 階線形微分方程式）

(2) $y'' + P(x)y' + Q(x)y = R(x)$ （2 階線形微分方程式）

一般解と特殊解

1 階微分方程式 (2.1) を解くためには，1 回積分すればよく，任意定数が 1 個導入された．つぎに，簡単な 2 階微分方程式を例にとり，解に導入される任意定数を考える．

例 2.5
$$y'' + \frac{2}{x}y' = y' + \frac{y}{x} \tag{2.7}$$

両辺に x を掛けると，$xy'' + 2y' = xy' + y$ となる．右辺を微分すると，$(xy' + y)' = y' + xy'' + y' = xy'' + 2y'$ となり，これは左辺に等しい．したがって，$xy' + y = z$

とおくと，微分方程式は $z' = z$ と書き換えられる．放射性原子核の自然崩壊の微分方程式（[例 2.1]）の場合と同様にしてこれを解くと，$z = C_1 e^x$（C_1 は任意定数）が得られる．$z = xy' + y = (xy)'$ であるから $(xy)' = C_1 e^x$ となり，これを積分すると，

$$xy = C_1 e^x + C_2$$

$$\therefore\ y = \frac{C_1}{x} e^x + \frac{C_2}{x} \quad (C_1,\ C_2 \text{ は任意定数}) \tag{2.8}$$

が得られる．解を求めるために2回積分を行い，任意定数が2個導入されたことに注意しよう．

1階微分方程式 (2.1) では任意定数1個，2階微分方程式 (2.7) では任意定数2個を含む解が得られた．[例 2.2] の単振動の場合も，2階微分方程式 (2.5) は，任意定数2個を含む解 (2.6) をもつ．このことは階数によらず一般的に成り立つ．

> 一般に，n 階微分方程式は n 個の任意定数を含む解をもち，そのような解を**一般解**という．n 個の任意定数にある特定の値を代入して得られる解を**特殊解**という．

一般解 (2.3) では任意定数は一つだけであるから，条件式が一つあれば定数 C が定まる．たとえば，$t = 0$ のとき $N = N_0$（定数）とすると，$C = N_0$ となり，特殊解 $N = N_0 \exp(-\gamma t)$ が得られる．一般解 (2.6) では任意定数は二つあるから，条件式が二つあれば定数 C_1, C_2 が定まる．たとえば，$t = 0$ のとき $x = x_0$（定数），$dx/dt = v_0$（定数）とすると，$C_1 = x_0$, $C_2 = v_0/\omega$ となり，特殊解 $x = x_0 \cos \omega t + (v_0/\omega) \sin \omega t$ が得られる．

問題 2.2　単振動の一般解 (2.6) に対し，「$t = 0$ のとき $x = x_0$（定数），$dx/dt = v_0$（定数)」という条件を課すと，特殊解 $x = x_0 \cos \omega t + (v_0/\omega) \sin \omega t$ が得られることを確かめよ．

[Ref. 表 1.1 (4), (5)]

初期条件と境界条件

すぐ上で述べた「$t = 0$ のとき $N = N_0$（定数)」や「$t = 0$ のとき $x = x_0$（定数），$dx/dt = v_0$（定数)」のように，独立変数の一つの値に対する関数および導関数の値を指定するものを，**初期条件**という．1階微分方程式の場合は，一般解が一つの任意定数を含むので，関数の値のみを指定する．一般に n 階微分方程式の場合は，一般解が n 個の任意定数を含むので，関数と $(n-1)$ 階までの導関数の値を指定する．初期条件を満たす特殊解を求める問題を，**初期値問題**という．初期値問題は，時間的変化を

考える問題によく現れる．

一方，独立変数の複数の値において，関数または導関数の値（場合によっては，関数と導関数の 1 次結合の値）を指定するものを**境界条件**という．たとえば，2 階微分方程式の場合，独立変数の異なる二つの値において，関数または導関数の値を指定すると，二つの任意定数の値が定まる．実際の問題では，独立変数の二つの値が考えている区間の両端，すなわち境界にある場合が多い．境界条件を満たす特殊解を求める問題を，**境界値問題**という．境界値問題は，空間的変化を考える問題によく現れる（たとえば，演習問題 4.7）．

2 階微分方程式の場合について，初期条件と境界条件をまとめたのが表 2.1 である．

表 2.1　2 階微分方程式の初期条件と境界条件

2 階微分方程式 $F(x, y, y', y'') = 0$	
初期条件	境界条件
$x = a$ における y および y' の値を指定	$x = a, b\ (a \neq b)$ における y または y' の値を指定

問題 2.3　つぎの微分方程式について，以下の問いに答えよ．

$$\frac{d^2y}{dx^2} = \gamma^2 y \quad (\gamma \text{ は正の定数})$$

(1) 関数 $y = C_1 \exp(\gamma x) + C_2 \exp(-\gamma x)$ （C_1, C_2 は任意定数）が微分方程式の一般解であることを確かめよ．　[Ref. 表 1.1 (2)]

(2)「$x = 0$ のとき $y = 1$, $dy/dx = 0$」という初期条件を満たす特殊解を求めよ．

解曲線

[例 2.1] の放射性原子核の自然崩壊を表す一般解 (2.3) を考える．任意定数 C に特定の値を代入すると，tN 平面上において，解を表す曲線が定まる．このような解を表す曲線を**解曲線**という．解曲線を描くと，解の振る舞いが目で見てわかるようになる．図 2.2 は，C にいろいろな値 N_i $(i = 0, 1, \cdots, 4)$ を代入して得られる解曲線を示す．微分方程式 (2.1) からわかるように，解曲線上の任意の点 (t, N) における接線の傾き（図 2.2 の小線分の傾き）は，$-\gamma N$ に等しい．

ここで，ひとまず微分方程式のことは忘れて，式 (2.3) を任意定数を一つ含む曲線の集まり，すなわち**曲線族**と考えよう．式 (2.3) を t で微分して得られる式 $dN/dt = -\gamma C \exp(-\gamma t)$ と式 (2.3) から C を消去すると，微分方程式 (2.1) が得られる．このことからわかるように，微分方程式 (2.1) は，曲線族 (2.3) のすべての曲線が共通に

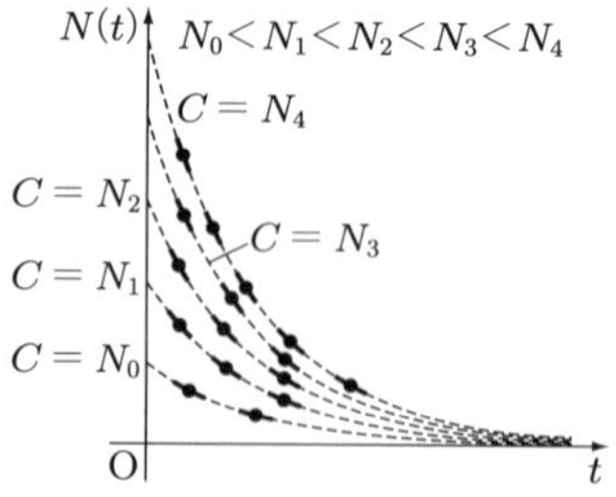

図 2.2　$dN/dt = -\gamma N$ の解曲線

もっている性質を表している．

> 微分方程式の一般解は，任意定数を含む曲線族を定める．また，この微分方程式は，この曲線族のすべての曲線が共通にもっている性質を表している．

曲線族を一般解とする微分方程式

すぐ上で，曲線族 (2.3) を一般解とする微分方程式が，式 (2.1) になることを述べた．ここでは一般的に，曲線族が与えられたとき，これを一般解とする微分方程式を求める方法を考えよう．

(1) 任意定数を一つ含む曲線族の場合

一つの任意定数 C を含む曲線族の方程式を $F(x, y, C) = 0$ とする．この両辺を x について微分すると，導関数 $y'(= dy/dx)$ が現れ，x, y, y', C の関数となる．これを $G(x, y, y', C) = 0$ と表す．$F(x, y, C) = 0$ と $G(x, y, y', C) = 0$ から C を消去すれば，求める 1 階微分方程式が得られる．

> ▷ **注意**　上記の $G = 0$ の方程式が C を含まず，$G(x, y, y') = 0$ となった場合は，これが求める微分方程式である．

例題 2.1　放物線 $y = x^2/4$ 上の点 $\left(C,\ C^2/4\right)$ における接線を考える．

C を任意定数と考えると，接線は無数にあり，これらは曲線族（直線族）を構成する（図 2.3）．この曲線族を一般解とする 1 階微分方程式を求めよ．

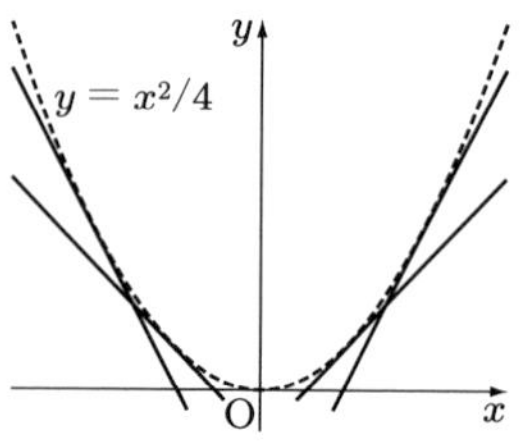

図 2.3　$y = x^2/4$ の接線

▷ **注意** 曲線族のどの曲線にも接し，その接点の軌跡となっている曲線を，この曲線族の**包絡線**という．放物線 $y = x^2/4$ は，上記の無数の接線により構成される曲線族（直線族）の包絡線である．

《**解**》 $y = x^2/4$ より，$y' = x/2$ であるから，点 $\left(C,\, C^2/4\right)$ における接線の方程式は，つぎのように表される．

$$y - \frac{1}{4}C^2 = \frac{1}{2}C(x - C) \quad \therefore\ y = \frac{1}{2}Cx - \frac{1}{4}C^2 \tag{2.9}$$

この両辺を微分すると，

$$y' = \frac{1}{2}C \tag{2.10}$$

式 (2.9) と式 (2.10) から C を消去すると，つぎのような求める 1 階微分方程式が得られる．

$$y = xy' - (y')^2 \tag{2.11}$$

式 (2.9) がこの微分方程式の解であることは，容易に確かめられる．

▷ **注意 1** 式 (2.11) のような $y = xy' + g(y')$（$g(y')$ は y' の関数）の形の微分方程式を，**クレロー**（Clairaut）**の微分方程式**という．
▷ **注意 2** 微分方程式 (2.11) は，式 (2.9) 以外の解をもつ．これについては，つぎの特異解の項で述べる．

(2) 任意定数を二つ含む曲線族の場合

二つの任意定数 C_1, C_2 を含む曲線族の方程式を $F(x, y, C_1, C_2) = 0$ とする．また，この両辺を x について 1 回微分して得られる方程式，2 回微分して得られる方程式を，それぞれ $G(x, y, y', C_1, C_2) = 0$, $H(x, y, y', y'', C_1, C_2) = 0$ とする．これらの三つの方程式から C_1, C_2 を消去すると，求める 2 階微分方程式が得られる．

■ 特異解

［例題 2.1］に戻ろう．放物線 $y = x^2/4$ の無数の接線 $y = Cx/2 - C^2/4$（C は任意定数）を一般解とする微分方程式は，$y = xy' - (y')^2$ である．実は放物線 $y = x^2/4$ も，この微分方程式の解になっている．このことは，$y' = x/2$ より $xy' - (y')^2 = x^2/2 - (x/2)^2 = x^2/4$ となることからわかる．ところが，一般解 $y = Cx/2 - C^2/4$ の C にどのような値を代入しても，$y = x^2/4$ は得られない．このような解 $y = x^2/4$ を特異解という．

一般解の任意定数にどのような値を代入しても得られない解を，**特異解**という．

▷ **注意 1**　一般解から，任意定数 $\to \pm\infty$（$\to \infty$ または $\to -\infty$）の極限として得られる解は，通常，「特異解」ではなく「特殊解」とみなされる．

▷ **注意 2**　［例題 2.1］において，接点で放物線から接線に，あるいは接線から放物線に乗り移る関数（一般解と特異解をつないだもの）も，微分方程式の解である．

▷ **注意 3**　一般の微分方程式に対し，特異解をもつかどうかを判定するのは容易でなく，本書では立ち入らない．特異解についてとくに注意がない限り，特異解をもたないものとして，学習を進めてよい．

問題 2.4　x 軸に接する無数の放物線 $y = (x - C)^2$（C は任意定数，図 2.4）を一般解とする 1 階微分方程式を求めよ．また，この微分方程式の特異解を予想し，それが解になっていることを確かめよ．

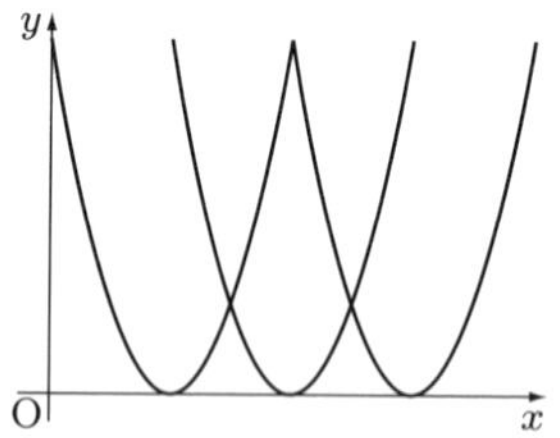

図 2.4　曲線族 $y = (x - C)^2$ に含まれる放物線

2.2 変数分離形

つぎのような，**変数分離形**とよばれる 1 階微分方程式を考える．

$$\boxed{\frac{dy}{dx} = f(x)g(y)} \tag{2.12}$$

右辺が x の関数 $f(x)$ と y の関数 $g(y)$ の積であることに注意しよう．

解法　$g(y) \neq 0$ として，式 (2.12) の両辺を $g(y)$ で割ると，$\dfrac{1}{g(y)}\dfrac{dy}{dx} = f(x)$ となる．これを x について積分すると，つぎのようになる．

$$\int \frac{1}{g(y)}\frac{dy}{dx}dx = \int f(x)dx + C \tag{2.13}$$

式 (2.13) の右辺にすでに任意定数 C を含ませてあるので，式 (2.13) の中の積分を行ったとき，積分定数をつける必要はない．式 (2.13) の左辺の y が x の関数であることに注意し，第 1 章で復習した置換積分の公式 (1.3) を思い起こそう．そうすると，式 (2.13) の左辺は，積分 $\displaystyle\int \frac{1}{g(y)}dy$ の積分変数 y を x に変える置換積分を行ったものにほかならないことがわかる．よって，式 (2.13) はつぎのようになる．

$$\int \frac{1}{g(y)}dy = \int f(x)dx + C \tag{2.14}$$

両辺の積分を実行すれば，一般解が求まる．$g(y) \neq 0$ として式 (2.14) を得たが，もし $g(k) = 0$ となる k が存在すれば，x によらず一定値 k をとる関数 $y \equiv k$ も式 (2.12) の解である．この解は，式 (2.14) から得られる一般解の C に特定の値を代入して得られることが多い．

式 (2.14) は，形式的にはつぎのようにして求められる．

$$\frac{dy}{dx} = f(x)g(y)$$

↓ 両辺に dx を掛けて $g(y)$（$g(y) \neq 0$ とする）で割る

$$\frac{1}{g(y)}dy = f(x)dx \quad \text{（変数を分離した形）} \tag{2.15}$$

↓ 積分

$$\int \frac{1}{g(y)}dy = \int f(x)dx + C \tag{2.14}$$

▷ **注意 1**　式 (2.12) は **1** 階微分方程式なので，この一般解は任意定数を一つ含む．
▷ **注意 2**　式 (2.14) の中の積分を行うとき，積分定数をつける必要はない．
▷ **注意 3**　式 (2.15) の左辺は y のみを，右辺は x のみを含むので，このような形にすることを「変数を分離する」という．

例題 2.2　つぎの微分方程式の一般解を求めよ．

$$\frac{dy}{dx} = 3x^2y \tag{2.16}$$

《解》 $y \neq 0$ として変数を分離すると，$\dfrac{1}{y}dy = 3x^2dx$ となる．この両辺を積分すると，つぎのようになる．

$$\int \frac{1}{y}dy = 3\int x^2dx + C_1 \quad \therefore\ \log|y| = x^3 + C_1 \quad (C_1 \text{ は任意定数})$$

対数関数（自然対数）log と指数関数 exp は互いに逆関数であるから，

$$|y| = \exp(x^3 + C_1) = \exp(C_1)\exp(x^3)$$

$$\therefore\ y = C\exp(x^3) \quad (C = \pm\exp(C_1)) \tag{2.17}$$

復習
積分公式
$$\int \frac{1}{y}dy = \log|y| + C$$
（C は積分定数）

$y \neq 0$ として解を求めたが，$y \equiv 0$（恒等的にゼロ）も微分方程式の解になっている．この解は，式 (2.17) で $C = 0$ とおくことにより得られる．以上より，微分方程式の一般解はつぎのようになる．

$$y = C\exp(x^3) \quad (C \text{ は任意定数}) \tag{2.18}$$

▷ **注意**　合成関数の微分法を思い起こし，式 (2.18) を微分すると［Ref. 表 1.1(9)］，

$$\frac{dy}{dx} = C\exp(x^3)\frac{d}{dx}(x^3) = 3Cx^2\exp(x^3)$$

となる．これと式 (2.18) より C を消去すると，もとの微分方程式 (2.16) が得られる．

問題 2.5　つぎの微分方程式の一般解を求めよ．

(1) $\dfrac{dy}{dx} = \dfrac{xy}{x^2+1}$　［Ref. 表 1.4(6)］

(2) $\dfrac{dy}{dx} = \exp(x+y)$　［Ref. 表 1.3(3)］

(3) $\dfrac{dy}{dx} = y(y+1)\tan x$　［Ref. 表 1.2(7)，表 1.3(2)］

ⓘ ヒント　$\dfrac{1}{y(y+1)} = \dfrac{1}{y} - \dfrac{1}{y+1}$

つぎの例題で扱うロジスティック方程式は，増殖して飽和に至る過程を記述するためによく用いられる．

例題 2.3　新しい電化製品が普及する過程を考えよう．全世帯数 N_{T}（定数）のうち，この電化製品を購入した世帯の数を N とする．未購入の世帯は，購入済み世帯からの情報に基づいて購入を決めると考え，N の時間変化率 dN/dt は，購入済み世帯数 N と未購入世帯数 $N_{\mathrm{T}} - N$ のおのおのに比例すると仮定すると，つぎの**ロジスティック (logistic) 方程式**が得られる．

$$\frac{dN}{dt} = \gamma N\frac{N_{\mathrm{T}} - N}{N_{\mathrm{T}}} = \gamma N\left(1 - \frac{N}{N_{\mathrm{T}}}\right) \quad (\gamma \text{ は正の定数})$$

この式の両辺を γN_{T} で割って，$N/N_{\mathrm{T}} = y$, $\gamma t = x$ とおくと，つぎの微分方程式に書き換えられる．

$$\boxed{\frac{dy}{dx} = y(1-y)} \tag{2.19}$$

初期条件「$x = 0$ のとき $y = y_0$（定数）」のもとで，この微分方程式を解け．ただし，題意により $0 < y_0 < 1$ $(0 < N < N_{\mathrm{T}})$ とする．

《解》 $y(1-y) \neq 0$ として，微分方程式 (2.19) の変数を分離すると

$$\frac{1}{y(1-y)}dy = dx$$

となり，両辺を積分すると，

$$\int \frac{1}{y(1-y)}dy = \int dx + C_1 \quad (C_1 \text{ は任意定数}) \tag{2.20}$$

が得られる．ここで，

$$\int \frac{1}{y(1-y)}dy = \int \left(\frac{1}{y} - \frac{1}{y-1}\right) dy = \log|y| - \log|y-1| = \log\left|\frac{y}{y-1}\right|$$

$$\int dx = \int 1dx = x$$

であるから，式 (2.20) はつぎのようになる．

$$\log\left|\frac{y}{y-1}\right| = x + C_1$$

復習

分数関数の積分

分数関数を部分分数に分ける．

$$\frac{1}{y(1-y)} = \frac{1}{y} + \frac{1}{1-y} = \frac{1}{y} - \frac{1}{y-1}$$

対数関数（自然対数）log と指数関数 exp は互いに逆関数であるから，

$$\left|\frac{y}{y-1}\right| = \exp(x + C_1)$$

$$\therefore \ \frac{y}{y-1} = C_2 e^x \quad (C_2 = \pm\exp(C_1))$$

となる．これを y について解くと，

$$y = \frac{C_2 e^x}{C_2 e^x - 1}$$

$$\therefore \ y = \frac{1}{1 + Ce^{-x}} \quad \left(C = -\frac{1}{C_2}\right) \tag{2.21}$$

が得られる．最初に $y(1-y) \neq 0$ として微分方程式 (2.19) の両辺を $y(1-y)$ で割ったが，$y \equiv 0$（恒等的にゼロ）あるいは $y \equiv 1$（恒等的に 1）も式 (2.19) の解である．これらの解は

それぞれ，式 (2.21) で $C \to \pm\infty$（$C \to \infty$ または $C \to -\infty$），$C = 0$ とおけば得られる．
以上より，式 (2.19) の一般解はつぎのようになる．

$$y = \frac{1}{1 + Ce^{-x}} \quad (C \text{ は任意定数})$$

「$x = 0$ のとき $y = y_0$（定数）」となるように C を決めると，$C = (1/y_0) - 1$ となるから，求める解はつぎのようになる．

$$y = \frac{1}{1 + \{(1/y_0) - 1\}\, e^{-x}} \tag{2.22}$$

$y_0 = 0.01, 0.03, 0.10$ に対する解をグラフに表すと，図 2.5 のようになる．どの解曲線も，x 軸方向に平行移動すると他の解曲線と重なり，初期条件は普及率 y の増加の振る舞いに影響しない．また，普及率が 2 割程度を超えると，普及が急速に進むことがわかる．

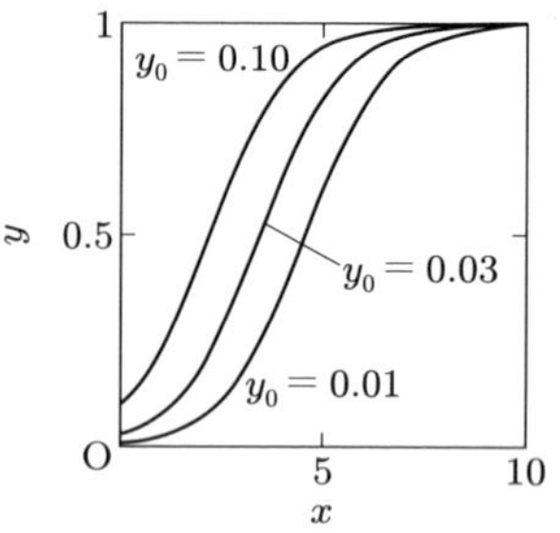

図 2.5　式 (2.22) の解曲線

問題 2.6　電化製品が普及する過程

［例題 2.3］では，未購入の世帯は，購入済み世帯からの情報に基づいて購入を決めると考えたが，さらに広告のようなマスメディアの影響を受けて購入を決める場合も考えよう．dN/dt に対するマスメディアによる寄与は，未購入世帯数に比例すると考えられ，微分方程式はつぎのように拡張される．

$$\frac{dN}{dt} = \gamma N \frac{N_{\mathrm{T}} - N}{N_{\mathrm{T}}} + \beta\gamma(N_{\mathrm{T}} - N) = \gamma(N + \beta N_{\mathrm{T}})\left(1 - \frac{N}{N_{\mathrm{T}}}\right)$$

ここで，マスメディアによる寄与の比例定数を $\beta\gamma$（β は正の定数）とおいた．両辺を γN_{T} で割って，$N/N_{\mathrm{T}} = y, \gamma t = x$ とおくと，つぎのようになる．

$$\frac{dy}{dx} = (y + \beta)(1 - y) \tag{2.23}$$

初期条件「$x = 0$ のとき $y = y_0$（定数）」のもとで，この微分方程式を解け．ただし，題意により $0 < y_0 < 1$ $(0 < N < N_{\mathrm{T}})$ とする．［例題 2.3］の解と比較し，マスメディアの影響を調べよ．

［Ref. 表 1.3(2)］

> ⓘ ヒント　$\dfrac{1}{(y+\beta)(1-y)} = \dfrac{1}{\beta+1}\left(\dfrac{1}{y+\beta} - \dfrac{1}{y-1}\right)$

◆進んだ学習：変数分離形の応用

つぎの微分方程式は，簡単な変数の置き換えにより，変数分離形に帰着される．

$$\frac{dy}{dx} = f(ax+by+c) \quad (a,\ b,\ c \text{ は定数，右辺は } ax+by+c \text{ の関数})$$

この微分方程式の解法は，**付録 A.1** で学習しよう．

2.3　同次形

つぎのような**同次形**とよばれる 1 階微分方程式を考える．

$$\boxed{\frac{dy}{dx} = f\left(\frac{y}{x}\right)} \tag{2.24}$$

右辺が y/x の関数であることに注意しよう．

解法　$y/x = u$，すなわち $\boxed{y = xu}$ とおく．ここで，u は x の関数である．$y' = u + xu'$ と $y/x = u$ を式 (2.24) に代入すると，

$$u + x\frac{du}{dx} = f(u) \quad \therefore\ \frac{du}{dx} = \frac{f(u)-u}{x}$$

が得られる．この微分方程式は，u を未知関数とする変数分離形である．あとは，2.2 節で学んだ変数分離形の解法を用いて，これを解けばよい．

解法のまとめ

$$\boxed{\frac{dy}{dx} = f\left(\frac{y}{x}\right)} \xrightarrow[y = xu,\ y' = u + xu']{} \boxed{\frac{du}{dx} = \frac{f(u)-u}{x}}$$

（同次形）　　　　（変数分離形）

例題 2.4　つぎの微分方程式の一般解を求めよ．

$$\frac{dy}{dx} = \frac{x^2+y^2}{xy}$$

《解》 この微分方程式を $\dfrac{dy}{dx}=\dfrac{x}{y}+\dfrac{y}{x}$ と書き換えると，右辺は $\dfrac{y}{x}$ の関数であり，これは同次形である．$\boxed{y=xu}$ とおき，$y/x=u$, $y'=u+xu'$ を微分方程式に代入すると，

$$u+x\frac{du}{dx}=\frac{1}{u}+u \quad \therefore\ x\frac{du}{dx}=\frac{1}{u}$$

が得られる．これは変数分離形である．変数を分離して積分すると，

$$\int u\,du=\int\frac{1}{x}dx+C_1 \quad (C_1 \text{ は任意定数}) \quad \therefore\ \frac{1}{2}u^2=\log|x|+C_1$$

となる．$u=y/x$ より，$2C_1=C$ とおくと，求める一般解はつぎのようになる．

$$y^2=2x^2\log|x|+Cx^2 \quad (C \text{ は任意定数})$$

▷ **注意** 解は，必ずしも $y=f(x)$（x の関数）の形に表す必要はない．なるべく簡潔でわかりやすい形に表せばよい．

問題 2.7 つぎの微分方程式の一般解を求めよ．

(1) $\dfrac{dy}{dx}=\dfrac{x^4+y^4}{xy^3}$ ［Ref. 表 1.2(1), (2)］ (2) $\dfrac{dy}{dx}=\dfrac{y^2-x^2}{2xy}$ ［Ref. 表 1.4(6)］

(3) $\dfrac{dy}{dx}=\dfrac{y}{x}\log\dfrac{y}{x}$ ［Ref. 表 1.4(3)］

◆進んだ学習：同次形の応用

つぎの1階微分方程式は同次形である．解法を**付録 A.2** で学習しよう．

$$\frac{dy}{dx}=f\left(\frac{px+qy}{ax+by}\right) \quad (a,\ b,\ p,\ q \text{ は定数，右辺は分数式の関数})$$

2.4 完全微分形

1階微分方程式

$$P(x,y)+Q(x,y)\frac{dy}{dx}=0$$

の両辺に dx を掛けて得られる微分方程式

$$\boxed{P(x,y)dx+Q(x,y)dy=0} \tag{2.25}$$

を考えよう．ここで，$P(x,y)$, $Q(x,y)$ は x,y の関数である．

まず初めに準備として，関数 $F(x,y)$ の全微分について述べる．

関数 $F(x,y)$ の全微分

xy 平面上の領域 D で微分可能な関数 $F(x,y)$ を考える．$z=F(x,y)$ とおくと，これは xyz 空間内の曲面を表す．領域 D で「微分可能」あるいは「全微分可能」であるとは，「この曲面上の各点で接平面がつくれる」ということである．D の点が，(x,y) からその近傍にある $(x+dx,\ y+dy)$ に変位したときの関数 F の変化量 dF は，次のように表される．

$$\boxed{dF=\frac{\partial F}{\partial x}dx+\frac{\partial F}{\partial y}dy} \tag{2.26}$$

これを関数 $F(x,y)$ の**微分**あるいは**全微分**という．ここで，$\partial F(x,y)/\partial x$, $\partial F(x,y)/\partial y$ をそれぞれ $\partial F/\partial x$, $\partial F/\partial y$ と略記した．図 2.6 は変位に伴う F の変化を表し，dz が dF に対応する．

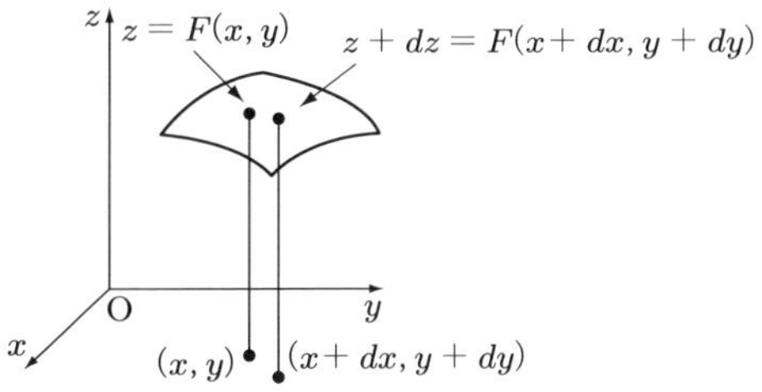

図 2.6　全微分 (2.26) の図解

全微分 (2.26) の形に注意しながら，微分方程式 (2.25) の解法を考えよう．式 (2.25) において，

$$\frac{\partial F}{\partial x}(x,y)=P(x,y),\quad \frac{\partial F}{\partial y}(x,y)=Q(x,y) \tag{2.27}$$

を満たす関数 $F(x,y)$ が存在するとき，式 (2.25) を**完全微分形**方程式という．このような $F(x,y)$ が存在するとき，式 (2.25) の左辺は F の全微分の形になり，式 (2.25) はつぎのように書き換えられる．

$$dF=\frac{\partial F}{\partial x}dx+\frac{\partial F}{\partial y}dy=0 \tag{2.28}$$

$dF=0$ を積分すると，一般解

$$F(x, y) = C \quad (C \text{ は任意定数}) \tag{2.29}$$

が得られる．

xyz 空間内の曲面 $z = F(x, y)$ を地理の地形になぞらえ，z 座標を高さとみなすと，式 (2.29) は高さ C での「等高線」を表す方程式になる（図 2.7）．式 (2.29) は，任意定数 C を含む曲線族を表し，式 (2.25) は曲線族のすべての曲線（等高線）が共通にもっている性質を局所的に表す方程式なのである．

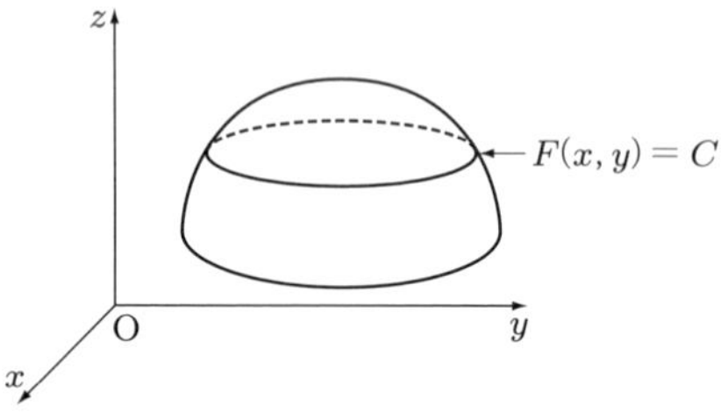

図 2.7　曲面 $z = F(x, y)$ と等高線 $F(x, y) = C$

例 2.6　微分方程式　$\boldsymbol{x dx + y dy = 0}$

$F(x, y) = (1/2)(x^2 + y^2)$ とすると，$\partial F/\partial x = x$, $\partial F/\partial y = y$ が成り立ち，微分方程式は

$$dF = \frac{\partial F}{\partial x} dx + \frac{\partial F}{\partial y} dy = 0$$

と書ける．一般解は $F(x, y) = (1/2)(x^2 + y^2) = C$ となる．$C > 0$ に注意し，改めて $C = R^2/2$（R は正の任意定数）とおくと，一般解は $x^2 + y^2 = R^2$ となり，これは半径 R の円を表す．

完全微分形であるための条件

つぎに，領域 D で定義された $P(x, y)$, $Q(x, y)$ に対し，式 (2.27) を満たす $F(x, y)$ が存在するための条件を学ぶ．

$P(x, y)$, $Q(x, y)$ が xy 平面全体，半平面あるいは長方形領域 D で連続微分可能（P, Q の x, y に関する偏導関数が連続）であるとき，

$$P(x, y)dx + Q(x, y)dy = 0 \tag{2.25}$$

が完全微分形であるための必要十分条件は，領域 D で

$$\frac{\partial P}{\partial y}(x,y) = \frac{\partial Q}{\partial x}(x,y) \tag{2.30}$$

が成り立つことである．

▷ **注意 1**　ここでは D として，xy 平面全体，境界線が x 軸あるいは y 軸と平行な半平面（$x > 0$ あるいは $y > 0$ など），または各辺が x 軸あるいは y 軸と平行な長方形領域を考える．

▷ **注意 2**　領域 D は上記のものに限らず「単連結」領域であればよいが，本書ではそこまでは立ち入らない．

■ 完全微分形方程式の解法

微分方程式が完全微分形であるとき，式 (2.27) を満たす関数 $F(x,y)$ を求めよう．$\partial F(x,y)/\partial x = P(x,y)$ を x について積分すると，

$$F(x,y) = \int^x P(t,y)dt + G(y) \tag{2.31}$$

となる．左辺の変数 x と区別するために，右辺の積分では積分変数を t とした．右辺の積分 $\int^x P(t,y)dt$ では，t について積分してから，t を x で置き換える．右辺の $G(y)$ は，x を含まない y のみの関数である．

式 (2.31) を $\partial F(x,y)/\partial y = Q(x,y)$ に代入すると，

$$\frac{dG}{dy}(y) = Q(x,y) - \frac{\partial}{\partial y}\int^x P(t,y)dt \tag{2.32}$$

が得られ，これを y について積分すると，つぎのようになる．

$$G(y) = \int^y \left\{ Q(x,u) - \frac{\partial}{\partial u}\int^x P(t,u)dt \right\} du \tag{2.33}$$

$P(x,y)$ は連続微分可能であることに注意すると，式 (2.30) より，

$$\begin{aligned}
&\frac{\partial}{\partial x}\left\{ Q(x,u) - \frac{\partial}{\partial u}\int^x P(t,u)dt \right\} \\
&\quad = \frac{\partial Q}{\partial x}(x,u) - \frac{\partial}{\partial x}\left\{ \int^x \frac{\partial P}{\partial u}(t,u)dt \right\} = \frac{\partial Q}{\partial x}(x,u) - \frac{\partial P}{\partial u}(x,u) = 0
\end{aligned}$$

が得られる．このことは，$Q(x,u)$ のうち x を含む項が $\dfrac{\partial}{\partial u}\int^x P(t,u)dt$ から現れる項と相殺し，$Q(x,u) - \dfrac{\partial}{\partial u}\int^x P(t,u)dt$ は u だけを含む項あるいは定数項のみになる

ことを意味する．したがって，式 (2.33) の右辺は確かに y のみの関数であり，$G(y)$ は $\int^y Q(x,u)\,du$ から y のみを含む項を選び出したものに等しい．この $G(y)$ を式 (2.31) に代入する．

ここでは，まず $\partial F(x,y)/\partial x = P(x,y)$ を x について積分したが，$\partial F(x,y)/\partial y = Q(x,y)$ を y について積分しても，同様にして $F(x,y)$ が求められる．

以上より，つぎの手順で一般解を求めればよい．

(1) つぎの I, J を求める．

$$I = \int P(x,y)dx, \quad J = \int Q(x,y)dy$$

ここで，積分定数をつける必要はない．

(2) J の項のうち y のみを含む項を I に加えたものを $F(x,y)$ とする．あるいは，I の項のうち x のみを含む項を J に加えたものを $F(x,y)$ としても，同じ結果になる．

(3) $F(x,y) = C$（C は任意定数）が求める一般解である．

▷ **注意 1**　(1) の I の積分では，y を定数とみなして，x について積分する．同様に J の積分では，x を定数とみなして，y について積分する．

▷ **注意 2**　(2) において，J に y のみを含む項がない場合は，I を $F(x,y)$ とする．また，I に x のみを含む項がない場合は，J を $F(x,y)$ とする．

▷ **注意 3**　領域 D で $P(x,y)$, $Q(x,y)$ が連続であるから，領域 D で積分 I, J は必ず求められる．

完全微分形の例題をやってみよう．

例題 2.5　つぎの微分方程式の一般解を求めよ．

(1) $(x^2+y^2)dx + 2y(x-y)dy = 0$

(2) $(y + e^y \cos x)dx + (x + e^y \sin x)dy = 0$

《解》　(1), (2) のどちらも $Pdx + Qdy = 0$ のタイプであり，P, Q は xy 平面全体 D で連続微分可能である．$\partial P/\partial y = \partial Q/\partial x$ が成り立てば，微分方程式は完全微分形である．

(1) $P = x^2 + y^2$, $Q = 2y(x-y)$ より，

$$\frac{\partial P}{\partial y} = 2y, \quad \frac{\partial Q}{\partial x} = 2y \quad \therefore \ \frac{\partial P}{\partial y} = \frac{\partial Q}{\partial x}$$

よって，つぎのように積分を計算する．

$$I = \int P dx = \int (x^2 + y^2) dx = \frac{1}{3}x^3 + xy^2$$
$$J = \int Q dy = 2\int y(x - y) dy = xy^2 - \frac{2}{3}y^3$$

J の項のうち y のみを含む項 $-(2/3)\,y^3$ を I に加えたものを $F(x, y)$ とすると，

$$F(x, y) = \frac{1}{3}x^3 + xy^2 - \frac{2}{3}y^3$$

となる．よって，求める一般解は，$x^3 + 3xy^2 - 2y^3 = C$（C は任意定数）となる．

(2) $P = y + e^y \cos x$, $Q = x + e^y \sin x$ より

$$\frac{\partial P}{\partial y} = 1 + e^y \cos x, \quad \frac{\partial Q}{\partial x} = 1 + e^y \cos x \quad \therefore \frac{\partial P}{\partial y} = \frac{\partial Q}{\partial x}$$

つぎのように積分を計算する．

$$I = \int P dx = \int (y + e^y \cos x) dx = xy + e^y \sin x$$
$$J = \int Q dy = \int (x + e^y \sin x) dy = xy + e^y \sin x$$

J には y のみを含む項は存在しない．よって，求める一般解は，$xy + e^y \sin x = C$（C は任意定数）となる．

例題 2.6　図 2.8 のような断熱シリンダー，断熱ピストンの容器に入れた n モルの単原子分子理想気体が平衡状態にある．気体が実質的に平衡状態に保たれるように，ピストンは十分ゆっくり動かすものとする．気体の圧力を p，体積を V，絶対温度を T とすると，状態方程式 $pV = nRT$ が成り立つ．ここで，R は気体定数である．気体は周りと熱のやり取りを行わないので，ピストンが気体にした仕事は，気体の内部エネルギーに変わる．体積が微小量 dV だけ変化するとき，ピストンが気体にした仕事 $-pdV$ は，気体の内部エネルギーの変化 $(3/2)\,nRdT$ に等しい．すなわち

$$pdV + \frac{3}{2}nRdT = 0$$

である．状態方程式 $p = nRT/V$ を用いてこの方程式を書き換えると，

$$\frac{1}{V}dV + \frac{3}{2T}dT = 0 \tag{2.34}$$

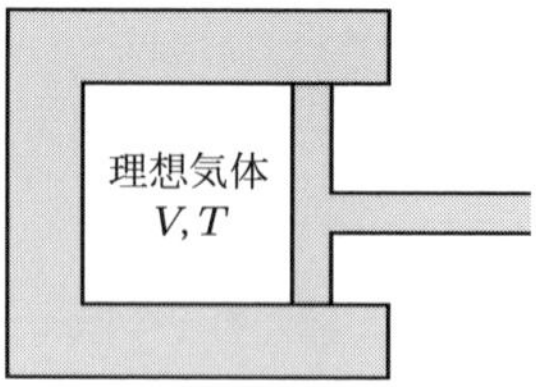

図 2.8　断熱容器に入れた理想気体

となる．つぎの問いに答えよ．

(1) 微分方程式 (2.34) が完全微分形であることを確かめ，一般解を求めよ．

(2) 体積 V_0，温度 T_0 の気体をピストンで圧縮し，体積を $(1/8)\,V_0$ とした．このとき，気体の温度 T はどのようになるか．

▷ **注意**　単原子分子理想気体とは，各分子がただ 1 個の原子からなり，分子間の相互作用がほとんど無視できる気体を指す．

《解》　(1) 式 (2.34) において，$1/V$, $3/(2T)$ はいずれも $V>0$ かつ $T>0$ の領域で連続微分可能であり，

$$\frac{\partial}{\partial T}\left(\frac{1}{V}\right)=\frac{\partial}{\partial V}\left(\frac{3}{2T}\right)=0$$

が成り立つので，式 (2.34) は完全微分形である．つぎのように積分を計算する．

$$I=\int\frac{1}{V}dV=\log V,\quad J=\frac{3}{2}\int\frac{1}{T}dT=\frac{3}{2}\log T$$

J は T のみを含むから，これを I に加えたものを $F\,(V,T)$ とすると，

$$F\,(V,T)=\log V+\frac{3}{2}\log T=\log\left(VT^{3/2}\right)$$

となる．よって，求める一般解は，$VT^{3/2}=C$ (C は正の任意定数) となる．

(2) 一般解と題意により，$C=V_0T_0^{3/2}$ となり，

$$VT^{3/2}=V_0T_0^{3/2}\qquad\therefore\ T/T_0=(V_0/V)^{2/3}$$

となる．これに $V=(1/8)\,V_0$ を代入すると，$T=4T_0$ が得られる．

▷ **注意**　式 (2.34) を $dT/dV=-(2T)/(3V)$ と書き換え，変数分離形として解くこともできる．

問題 2.8 つぎの微分方程式の一般解を求めよ．

(1) $3x^2(y+1)\,dx + (x^3+y^3)\,dy = 0$

(2) $y^2(\log x + 1)\,dx + 2xy\log x\,dy = 0 \quad (x>0)$ [Ref. 表 1.2(4)]

(3) $\left(1+\dfrac{x}{\sqrt{x^2+y^2+1}}\right)dx + \dfrac{y}{\sqrt{x^2+y^2+1}}dy = 0$ [Ref. 表 1.4(7)($k=-1/2$)]

◆進んだ学習：積分因子

微分方程式 $Pdx+Qdy=0$ が完全微分形でなくても，これにある関数 $\mu(x,y)$ を掛けた微分方程式

$$\mu(x,y)P(x,y)dx + \mu(x,y)Q(x,y)dy = 0 \tag{2.35}$$

が完全微分形になることがある．このような関数 $\mu(x,y)$ を**積分因子**という．これについては**付録 A.3** で学習しよう．

■ 1 階線形微分方程式の学習に向けて

本章では，変数分離形，同次形，完全微分形について学んできた．これらはいずれも 1 階微分方程式である．本章で扱わなかった 1 階線形微分方程式

$$y' + P(x)y = Q(x)$$

については，次の第 3 章で学習する．線形微分方程式は理工学で広く用いられる重要な微分方程式であり，次章はそれへの入門となる．

第 2 章のまとめ

(i) n 階微分方程式に対し，

一般解：n 個の任意定数を含む解
特殊解：n 個の任意定数にある特定の値を代入して得られる解
特異解：一般解の任意定数にどのような値を代入しても得られない解

> ▷ **注意**　本書では，とくに断らない限り，特異解はないものとしてよい．

(ii) 変数分離形

$$\boxed{\frac{dy}{dx} = f(x)g(y)} \xrightarrow{\text{変数を分離}} \boxed{\frac{1}{g(y)}dy = f(x)dx} \xrightarrow{\text{積分}} \boxed{\int \frac{1}{g(y)}dy = \int f(x)dx + C}$$

（C は任意定数）

▷ **注意1**　$g(k)=0$ となる定数 k が存在すれば，$y \equiv k$（恒等的に k に等しい）も解である．この解は，一般解の C に特定の値（$C \to \pm\infty$ を含む）を代入して得られることが多い．

▷ **注意2**　x あるいは y について積分する際，積分定数をつける必要はない．

(iii) 同次形

$$\boxed{\frac{dy}{dx}=f\left(\frac{y}{x}\right)} \xrightarrow[y'=u+xu']{y=xu} \boxed{\frac{du}{dx}=\frac{f(u)-u}{x}} \quad \text{（変数分離形）}$$

(iv) 完全微分形

$P(x,y)$, $Q(x,y)$ が xy 平面全体，半平面，あるいは長方形領域 D で連続微分可能であるとき，$Pdx+Qdy=0$ が完全微分形であるための必要十分条件は，領域 D で $\boxed{\dfrac{\partial P}{\partial y}=\dfrac{\partial Q}{\partial x}}$ が成り立つことである．完全微分形であるとき，以下の手順で一般解が求められる．

① つぎの I, J を求める．

$$I=\int P(x,y)dx, \quad J=\int Q(x,y)dy$$

ここで，積分定数をつける必要はない．

② J の項のうち y のみを含む項を I に加えたものを $F(x,y)$ とする．あるいは，I の項のうち x のみを含む項を J に加えたものを $F(x,y)$ としても，同じ結果になる．

③ $F(x,y)=C$（C は任意定数）が求める一般解である．

演習問題

2.1　水平断面積 A（一定）の筒状容器に入れた水が，水平な底面にあけた小さな穴から流出する場合を考える（図2.9）．水の粘性は無視することにする．底面から測った水面の高さを h とすると，単位時間に穴から流出する水の量（体積）$-A(dh/dt)$ は $\sqrt{h}$ に比例する．比例定数を Ak とおくと，つぎの微分方程式が成り立つ．

$$\boxed{-\frac{dh}{dt}=k\sqrt{h}}$$

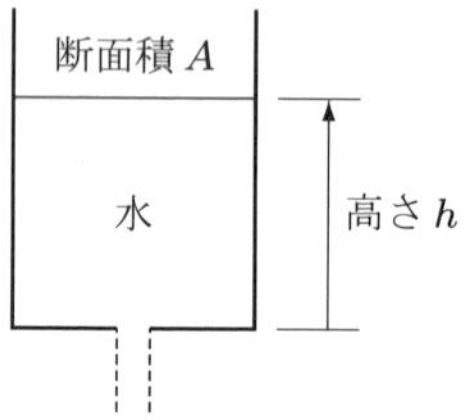

図2.9　水を入れた筒状容器

ここで，k は正の定数である．つぎの問いに答えよ．

(1) 微分方程式の一般解と特異解を求めよ．　[Ref. 表 1.2(1) ($k = -1/2$)]

(2) 時刻 $t = 0$ において，$h = h_0$，単位時間あたりの流出量を Q_0 とする．水が全部流出する時刻 t を h_0, A, Q_0 を用いて表せ．

2.2 分子 A と B が反応して分子 C が生成する化学反応 $A + B \to C$ を考える．この反応は不可逆的，すなわち生成した C が A と B に分解する逆反応は起こらないものとし，時刻 $t = 0$ における A, B, C の濃度をそれぞれ $N_1, N_2, 0$ とする（初期条件）．また，時刻 t での C の濃度を x とする．A と B の衝突により C が生成するので，x の増加率 dx/dt は，A と B の濃度の積 $(N_1 - x)(N_2 - x)$ に比例すると考える．比例定数を k とすると，つぎの微分方程式が成り立つ．

$$\boxed{\frac{dx}{dt} = k(N_1 - x)(N_2 - x)}$$

$N_1 < N_2$ のとき，上記の初期条件を満たす解を求め，化学反応の進行過程を調べよ．

[Ref. 表 1.3(2)]

> ① **ヒント**　$\dfrac{1}{(x - N_1)(x - N_2)} = \dfrac{1}{N_2 - N_1}\left(\dfrac{1}{x - N_2} - \dfrac{1}{x - N_1}\right)$

2.3 生物には，季節の移り変わりとともに盛衰を繰り返す種がある．このような種の個体数の変化を記述するものとして，つぎのような微分方程式を考えよう．

$$\boxed{\frac{dx}{dt} = \gamma x \cos \omega t}$$

ここで，x, t はそれぞれ個体数，時間を表し，γ, ω はゼロでない定数であり，右辺の $\cos \omega t$ が季節的要因（たとえば，気温，水温，食物供給量の変動など）を記述する．「$t = 0$ のとき $x = x_0$（x_0 は正の定数）」という初期条件のもとでこの微分方程式の解を求め，季節による x の変化を調べよ．　[Ref. 表 1.3(6), 表 1.2(2)]

> ▷ **注意**　微分方程式 $dx/dt = \gamma x$ の一般解は $x = C\exp(\gamma t)$（C は任意定数）であり，$\gamma > 0$ ならば x は指数関数的に増加，$\gamma < 0$ ならば指数関数的に減少する．$dx/dt = \gamma x$ の右辺の係数に季節的要因 $\cos \omega t$ を組み入れたのが，上記の微分方程式である．

2.4 つぎの微分方程式の一般解を求めよ．

(1) $3xy^2 \dfrac{dy}{dx} = 2x^3 + y^3$　[Ref. 表 1.4(6)]

(2) $x \dfrac{dy}{dx} = y(\log y - \log x + 1)$　[Ref. 表 1.4(3), 表 1.2(2)]

(3) $(x + ye^{xy})\,dx + (xe^{xy} - 1)\,dy = 0$　[Ref. 例題 2.5, 表 1.3(3)]

第3章
1階線形微分方程式

線形微分方程式は，微分方程式の学習の中でもっとも重要な項目である．第3章では「線形微分方程式への入門」として，もっとも簡単な1階線形微分方程式について学ぶ．本章をマスターすれば，速度を未知関数とする運動方程式（線形のもの）や，簡単な電気回路の問題が解けるようになる．

3.1 斉次と非斉次

未知関数 y とその導関数 y' について1次式になっている微分方程式

$$y' + P(x)y = Q(x) \tag{3.1}$$

を，**1階線形微分方程式**という（例2.4も参照）．ここで，x の関数 $P(x)$, $Q(x)$ は，x のある区間 I 上で連続であるとし，今後この区間 I 上の解を考えるものとする．式(3.1)で $Q(x)$ が恒等的にゼロ（x によらず $Q(x) = 0$）であるもの，すなわち

$$y' + P(x)y = 0 \tag{3.2}$$

を**斉次方程式**，そうでないものを**非斉次方程式**とよぶ．

$y' = dy/dx$ は d/dx を y に作用させたものとみなし，y に作用するものとして

$$L = \frac{d}{dx} + P(x)$$

を定義すると，式(3.1)はつぎのように表すことができる．

$$Ly = \left(\frac{d}{dx} + P(x)\right)y = Q(x) \tag{3.3}$$

L は関数 y に作用し，$Ly = y' + P(x)y$ を与える．L のような，関数に作用して行う演算を定めるものを，**作用素**あるいは**演算子**という．L を用いると，式(3.1), (3.2)はそれぞれ，$Ly = Q(x)$, $Ly = 0$ と略記することができる．

3.2 斉次方程式の一般解

まず，つぎのような斉次方程式を考えよう．

$$Ly = y' + P(x)y = 0 \tag{3.4}$$

この方程式の解は，線形性に基づくつぎの性質をもつ．

> y_1 が $Ly = 0$ の解ならば，Cy_1（C は任意定数）も $Ly = 0$ の解である．

【証明】 $(Cy_1)' = Cy_1'$ に注意すると，

$$L(Cy_1) = (Cy_1)' + P(x)(Cy_1) = C\{y_1' + P(x)y_1\} = CLy_1$$

となる．y_1 が $Ly = 0$ の解ならば，$Ly_1 = 0$ であるから，$L(Cy_1) = 0$ が成り立つ．よって，Cy_1 も $Ly = 0$ の解である．（終）

斉次方程式 $Ly = 0$ は「変数分離形」なので，容易に一般解を求めることができる．

> 斉次方程式 $Ly = y' + P(x)y = 0$ の一般解は，つぎのように表される．
>
> $$y = C\exp\left\{-\int P(x)dx\right\} \quad （C \text{ は任意定数}） \tag{3.5}$$

▷ **注意 1** exp は指数関数を表す．$\exp x$ は e^x と同じものである．
▷ **注意 2** 1 階微分方程式の一般解に含まれる任意定数は一つである．
▷ **注意 3** $Ly = 0$ は特異解をもたず，この一般解が $Ly = 0$ のすべての解を表す．
▷ **注意 4** 積分 $\displaystyle\int P(x)dx$ を求めるとき，積分定数をつける必要はない．

積分定数 C' をつけたとしても，

$$y = C\exp\left\{-\int P(x)dx + C'\right\} = Ce^{C'}\exp\left\{-\int P(x)dx\right\}$$

となり，$Ce^{C'}$ を改めて C とおけば，つけなかった場合と同じことになるからである．
▷ **注意 5** 恒等的にゼロでない解 y_1 が一つみつかったとき，それに任意定数 C を掛けると，一般解になる．

【証明】 $y \neq 0$ とすると，斉次方程式 $dy/dx = -P(x)y$ より，

$$\frac{1}{y}\frac{dy}{dx} = -P(x)$$

となる．両辺を x について積分し，左辺において置換積分を用いると，

復習

置換積分

$$\int f(y)\frac{dy}{dx}dx = \int f(y)dy$$

$$\int \frac{1}{y}\frac{dy}{dx}dx = -\int P(x)dx + C_1$$

$$\therefore\ \int \frac{1}{y}dy = -\int P(x)dx + C_1$$

となる．右辺に積分定数 C_1 が加えられているので，$\int \frac{1}{y}dy$ あるいは $\int P(x)dx$ の積分を求める際には，積分定数をつける必要はない．

ここで，$\int \frac{1}{y}dy = \log|y|$ を用いると，

$$\log|y| = -\int P(x)dx + C_1$$

となる．log（自然対数）と exp は互いに逆関数なので，

$$|y| = \exp\left\{-\int P(x)dx + C_1\right\} = e^{C_1}\exp\left\{-\int P(x)dx\right\}$$

$$y = \pm e^{C_1}\exp\left\{-\int P(x)dx\right\}$$

$$\therefore\ y = C\exp\left\{-\int P(x)dx\right\} \quad \left(C = \pm e^{C_1}\right) \tag{3.6}$$

が得られる．

$y \neq 0$ として解を求めたが，$y \equiv 0$（恒等的にゼロ）も斉次方程式 $Ly = 0$ の解である．$y \equiv 0$ は解 (3.6) で $C = 0$ とおくと得られる．

以上より，一般解は式 (3.5) のように表される．（終）

■ 直線上のベクトルと斉次方程式の解

ある直線 l 上のベクトル全体を考えよう．ベクトル $\boldsymbol{a}$ が直線 l 上のベクトルならば，任意定数 C と $\boldsymbol{a}$ の積 $C\boldsymbol{a}$ も直線 l 上のベクトルとなる（図 3.1）．

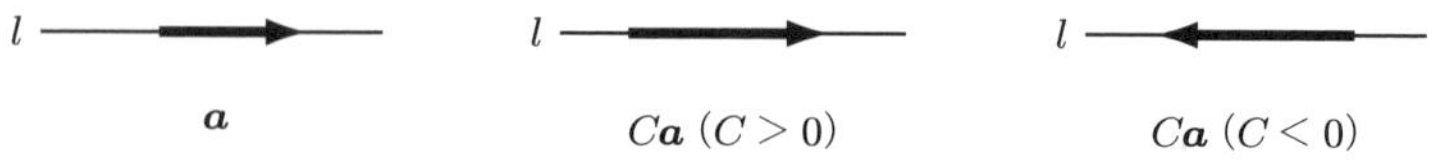

図 3.1　直線 l 上のベクトル

一方，直線 l 上のベクトル $\boldsymbol{a} \neq \boldsymbol{0}$ のとき，定数 C をうまく選ぶことにより，直線 l 上の任意のベクトル $\boldsymbol{r}$ を $\boldsymbol{r} = C\boldsymbol{a}$ と表すことができる．結局，直線 l 上のベクトル全体が $C\boldsymbol{a}$（$\boldsymbol{a} \neq \boldsymbol{0}$, C は任意定数）と表されることがわかる．このことは，斉次方程式の一般解が Cy_1（y_1 は恒等的にゼロでない解，C は任意定数）と表されることに対応する．このように，1 階斉次方程式の解全体は，直線 l 上のベクトル全体と数学的に同じ構造をもつことがわかる（表 3.1）．

表 3.1　直線上のベクトルと 1 階斉次方程式の解の対応関係

直線 l 上のベクトル全体	斉次方程式の解全体
$\boldsymbol{r} = C\boldsymbol{a}$ ここで，C は任意定数，$\boldsymbol{a}$ ($\neq \boldsymbol{0}$) は直線 l 上のあるベクトル	一般解：$y = Cy_1$ ここで，C は任意定数，y_1 は恒等的にゼロでない斉次方程式の特殊解

例題 3.1　公式 (3.5) を用いて，つぎの 1 階斉次方程式の一般解を求めよ．

(1) $y' + xy = 0$　　(2) $y' - \dfrac{2x}{x^2+1}y = 0$

《解》 (1) $P(x) = x$ であるから，公式 (3.5) より，

$$y = C\exp\left\{-\int P(x)dx\right\} = C\exp\left(-\int x\,dx\right) = C\exp\left(-\frac{1}{2}x^2\right)$$

となる．

(2) $P(x) = -2x/(x^2+1)$ であるから，公式 (3.5) より，

$$y = C\exp\left\{-\int P(x)dx\right\} = C\exp\left(\int \frac{2x}{x^2+1}dx\right)$$

となる．ここで，被積分関数の分母を x で微分すると分子に等しくなること，すなわち $(x^2+1)' = 2x$ に注意し，$\displaystyle\int \frac{f'(x)}{f(x)}dx = \log|f(x)|$ を用いると，一般解 $y = C\exp\left\{\log\left(x^2+1\right)\right\} = C\left(x^2+1\right)$ が得られる．

復習
exp と log（自然対数）は互いに逆関数なので，

$$\exp\{\log f(x)\} = f(x) \quad (f(x) > 0)$$

問題 3.1　［例題 3.1］にならって，つぎの1階斉次方程式の一般解を求めよ．

(1) $y' + \left(1 - \dfrac{1}{x}\right) y = 0$　　[Ref. 表 1.2(2)]

(2) $y' + \dfrac{y}{x} \log x = 0 \quad (x > 0)$　　[Ref. 表 1.4(3)]

(3) $y' - \dfrac{2}{\cos x} y = 0$

① ヒント　$\displaystyle\int \frac{1}{\cos x} dx = \int \frac{\cos x}{1 - \sin^2 x} dx$ は，表 1.4(4) のタイプ．

3.3　非斉次方程式

つぎに，非斉次方程式

$$Ly = y' + P(x)y = Q(x) \tag{3.1}$$

の一般解を求めよう．非斉次方程式を解くのは，斉次方程式を解くよりも手間がかかるが，つぎに述べるように定数変化法という便利な方法がある．3.2節の式 (3.5) で示したように，斉次方程式 $Ly = y' + P(x)y = 0$ の一般解はつぎのように表される．

$$y = Cv(x) \qquad \left(v(x) = \exp\left\{-\int P(x)dx\right\}\right)$$

ここで，任意定数 C を未知関数 $u(x)$ で置き換え，$y = u(x)v(x)$ とおいて非斉次方程式 (3.1) の一般解を求める．このように，〈未知関数 × 斉次方程式の解〉とおいて非斉次方程式を解く方法を，**定数変化法**という．

$y = uv$（表記を簡単にするために，変数 x を省略）を式 (3.1) に代入する．

$$(u'v + uv') + Puv = Q \qquad \therefore\ u'v + u(v' + Pv) = Q$$

v は斉次方程式 $Ly = 0$ の解であり，$v' + Pv = 0$ であるから，

$$u'v = Q \qquad \therefore\ u' = \frac{Q}{v} \qquad \left(\frac{1}{v} = \exp\left(\int P dx\right)\right)$$

となる．これを x について積分すると，

復習
$\exp\{-f(x)\} = 1/\exp\{f(x)\}$

$$u = \int \frac{Q}{v} dx + C$$

となる．積分定数 C をつけてあるので，右辺第1項の積分の際，積分定数をつける必要はない．これを $y = uv$ に代入すると，つぎの非斉次方程式の一般解が得られる．

$$y = Cv + v\int \frac{Q}{v}dx$$

以上をまとめると，つぎのようになる．

定数変化法

(1) まず，斉次方程式 $Ly = 0$ の一般解（$y = Cv(x)$）を求める．

(2) つぎに，任意定数 C を未知関数 $u(x)$ で置き換え，$y = u(x)v(x)$ とおいて非斉次方程式 $Ly = Q(x)$ の一般解を求める．

非斉次方程式 $Ly = Q(x)$ の一般解

$$y = Cv(x) + v(x)\int^x \frac{Q(t)}{v(t)}\,dt \quad (C \text{ は任意定数}) \tag{3.7}$$

ここで，

$$v(x) = \exp\left\{-\int P(x)dx\right\} \tag{3.8}$$

▷ **注意 1** 式 (3.7) 右辺の積分 $\displaystyle\int^x \frac{Q(t)}{v(t)}dt$ は，t を積分変数として積分を求めてから，t を x で置き換えることを意味する．x を積分変数とすると，積分の前にある関数 $v(x)$ の変数 x と重複するので，このように表記してある．

▷ **注意 2** 1 階微分方程式の一般解に含まれる任意定数は 1 個である．式 (3.7) と式 (3.8) の右辺にある積分を求める際，積分定数をつける必要はない．

▷ **注意 3** 式 (3.7) 右辺の被積分関数において，$\displaystyle\frac{1}{v(t)} = \exp\left\{\int P(t)dt\right\}$ である．

▷ **注意 4** 定数変化法に習熟すれば，公式 (3.7) を忘れてしまっても，非斉次方程式の一般解を求めることができる．

式 (3.8) からわかるように，連続関数 $P(x)$ が定義されている区間 I 上で，$v(x) > 0$ である．したがって，区間 I 内の任意の点 $x = x_0$ における y の値を任意に指定すると，C の値が一意的に定まる．これはつぎのことを意味する．

区間 I 内の任意の点 $x = x_0$ における y の値を任意に指定すると，これを満たす方程式 (3.1) の解がただ一つだけ必ず存在する（解の存在と一意性）．

非斉次方程式 $Ly = Q(x)$ の一般解の構成に注目しよう．一般解 (3.7) 右辺の第1項は斉次方程式 $Ly = 0$ の一般解であり，第2項は $C = 0$ とおいたときの非斉次方程式 $Ly = Q(x)$ の特殊解に相当する．これより，つぎのことがわかる．

$$[Ly = Q(x) \text{ の一般解}] = [Ly = 0 \text{ の一般解}] + [Ly = Q(x) \text{ の特殊解}] \qquad (3.9)$$

▷ **注意 1**　$Ly = Q(x)$ の特殊解がみつかったとき，これに $Ly = 0$ の一般解を加えたものが $Ly = Q(x)$ の一般解となる．
▷ **注意 2**　式 (3.9) は階数によらず，線形微分方程式一般に成り立つ．

例題 3.2　定数変化法を用いて，つぎの微分方程式の一般解を求めよ．

$$y' + 2xy = 2x^3$$

《解》　まず，斉次方程式 $y' + 2xy = 0$ の一般解を求める．y の係数 $P(x) = 2x$ であるから，C を任意定数として

$$y = C\exp\left\{-\int P(x)dx\right\} = C\exp\left(-2\int x\,dx\right) = C\exp\left(-x^2\right)$$

となる．定数変化法により，C を x の関数 $u(x)$ で置き換え，$y = u(x)\exp(-x^2)$ とおく．以下，$u(x)$ を u と略記する．非斉次方程式 $y' + 2xy = 2x^3$ は，つぎのように書き換えられる．

$$\left\{u'\exp(-x^2) - 2x\,u\exp(-x^2)\right\} + 2x\,u\exp(-x^2) = 2x^3$$

$$u'\exp(-x^2) = 2x^3$$

$$\therefore\ u' = 2x^3\exp(x^2) \quad (\exp(-x^2) = 1/\exp(x^2) \text{ に注意})$$

これを積分し，さらに書き換えると，

$$u = 2\int x^3\exp(x^2)dx + C$$
$$= \int (2x)\,x^2\exp(x^2)dx + C$$

復習

$$\frac{d}{dx}\exp f(x) = f'(x)\exp f(x)$$

たとえば，

$$\frac{d}{dx}\exp(-x^2) = -2x\exp(-x^2)$$

となる．ここで，C は積分定数である．$2x = (x^2)'$ に注意すると，$x^2 = t$ と置換すればよいことがわかる．$x^2 = t,\ 2x = dt/dx$ より，

$$u = \int t\,e^t\frac{dt}{dx}dx + C = \int t\,e^t dt + C$$

が得られる．つぎに部分積分を行うと，

$$u = \int t\left(e^t\right)' dt + C = t\,e^t - \int e^t dt + C = (t-1)\,e^t + C$$

となり，$t = x^2$ を代入すると，

$$u = (x^2 - 1)\exp(x^2) + C$$

となる．これを $y = u\exp(-x^2)$ に代入すると，求める一般解がつぎのように得られる．

$$y = C\exp(-x^2) + x^2 - 1 \quad (C \text{ は任意定数})$$

解法のまとめ

$\boxed{y' + 2xy = 2x^3}$　（解くべき微分方程式）

↓ $y = u\exp(-x^2)$ を代入　（斉次方程式の一般解 $y = C\exp(-x^2)$ より）

$\boxed{u' = 2x^3\exp(x^2)}$　（u を含む項が消えることに注意）

↓ 積分

$\boxed{u = (x^2-1)\exp(x^2) + C}$　（積分定数 C を忘れないように注意）

↓ $y = u\exp(-x^2)$ に代入

$\boxed{y = C\exp(-x^2) + x^2 - 1}$　（求める一般解）

▷ **注意 1**　公式 (3.7) を用いると，つぎのようになる．

$$y = Cv(x) + v(x)\int^x \frac{Q(t)}{v(t)}dt = C\exp(-x^2) + \exp(-x^2)\int^x 2t^3\exp\left(t^2\right)dt$$

上記の解と同様に積分を行うと，$y = C\exp(-x^2) + x^2 - 1$ が得られる．

▷ **注意 2**　得られた一般解の第 1 項 $C\exp(-x^2)$ は，斉次方程式 $y' + 2xy = 0$ の一般解，残りの項 $x^2 - 1$ は，非斉次方程式 $y' + 2xy = 2x^3$ の特殊解である．

問題 3.2　[例題 3.2] にならって，つぎの微分方程式の一般解を求めよ．

(1) $y' - 2xy = x\exp(-x^2)$　[Ref. 表 1.4(8)]

(2) $y' + y\cot x = x$　[Ref. 表 1.2(8), 例 1.1(1a)]

(3) $y' - \dfrac{2}{x}y = \log x \quad (x > 0)$　[Ref. 表 1.2(2), 例 1.1(2)]

■ 定数係数の非斉次方程式

非斉次方程式 (3.1) で，$P(x) = \gamma$（定数）となった場合，すなわち，

$$Ly = y' + \gamma y = Q(x) \tag{3.10}$$

について考えよう．斉次方程式 $Ly = 0$ の一般解は，$y = Ce^{-\gamma x}$（C は任意定数）である．式 (3.9) に注意すると，つぎのことがわかる．

$[Ly = Q(x)$ の一般解$] = Ce^{-\gamma x} + [Ly = Q(x)$ の特殊解$]$　（C は任意定数）

とくに γ が正定数のときは，x が十分大きくなると，右辺の $Ce^{-\gamma x}$ は減衰して $[Ly = Q(x)$ の特殊解$]$ のみが残る．$\gamma > 0$ の場合は，力学系や電気回路にしばしば現れる．章末の演習問題 **3.2** ではそのような力学の問題を，**3.3**, **3.4** では電磁気の問題を扱う．

◆進んだ学習：ベルヌーイの微分方程式

つぎのベルヌーイ（Bernoulli）の微分方程式は非線形であるが，簡単な変換によって1階線形微分方程式に書き換えることができる．

$$y' + P(x)y = Q(x)y^{\alpha} \quad （定数\ \alpha \neq 0, 1）$$

この微分方程式の解法は，**付録 A.4** で学習しよう．

第3章のまとめ

本章では，1階線形微分方程式 $Ly = y' + P(x)y = Q(x)$ の解法を学んだ．

$v(x) = \exp\left\{-\int P(x)dx\right\}$ とすると，

(i) 斉次方程式 $Ly = 0$ の一般解：$y = Cv(x)$　（C は任意定数）

(ii) 非斉次方程式 $Ly = Q(x)$ の一般解：

① 定数変化法により，$y = u(x)v(x)$（$u(x)$ は未知関数）とおいて求める．

② 公式 $y = Cv(x) + v(x)\displaystyle\int^x \frac{Q(t)}{v(t)}dt$ を用いる．

(iii) 非斉次方程式 $Ly = Q(x)$ の一般解の構成：

$$[Ly = Q(x)\ の一般解] = [Ly = 0\ の一般解] + [Ly = Q(x)\ の特殊解]$$

●● 演習問題 ●●

3.1　つぎの微分方程式の一般解を求めよ．

(1) $y' + \dfrac{e^x}{e^x + 1}y = 0$　　[Ref. 表 1.4(2) あるいは (6)]

(2) $y' + \left(x - \dfrac{1}{x}\right) y = x^2$　[Ref. 表 1.2(2)，表 1.4(8)]

(3) $y' + y\, e^x = e^{2x}$　[Ref. 表 1.2(3)，表 1.4(2)，例 1.1(3a)]

(4) $y' - y \cos x = \sin^2 x \cos x$　[Ref. 表 1.2(6), 表 1.4(4), 例 1.1(3b)]

3.2　直線上を運動する質量 m の質点が，その速度 u に比例する抵抗 au（a は正定数）と時間 t に依存する力 $F(t)$ を受けるとする．このとき，この質点の運動方程式は，つぎのように表される．

$$m\frac{du}{dt} + au = F(t) \quad \therefore \quad \boxed{\frac{du}{dt} + \gamma u = f(t) \quad \left(\gamma = \frac{a}{m},\ f(t) = \frac{F(t)}{m}\right)}$$

いま，力 $F(t)$ として，つぎの二つの場合を考える．

(1) $F(t) = F_0$（一定の力），すなわち $f(t) = f_0$　$(f_0 = F_0/m)$

(2) $F(t) = F_0 \sin\omega t$（振幅 F_0，角振動数 ω で振動する力），すなわち $f(t) = f_0 \sin\omega t$ $(f_0 = F_0/m)$

それぞれの場合について，「$t = 0$ のとき $u = 0$」という初期条件のもとで，微分方程式の解を求めよ．　[Ref. 定数変化法，あるいは公式 (3.7), (2) では部分積分]

3.3　図 3.2 のように，抵抗 R の抵抗器と電気容量 C のコンデンサーを直列につないだ回路（RC 回路）に，起電力 $E(t)$（t は時間）を加える．図には電流 I の向きと，コンデンサーに蓄えられた電荷 Q が示されている．

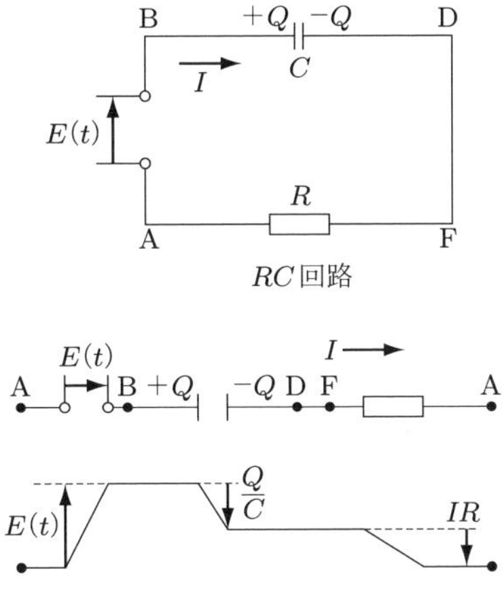

図 3.2　RC 回路と閉回路に沿っての電位の変化

閉回路 ABDFA に沿っての電位の変化から，次式が得られる．

$$E(t) - \frac{Q}{C} - IR = 0 \tag{3.11}$$

電流 I は単位時間あたりの電荷 Q の増加分に等しいから，$I = dQ/dt$ が成り立つ．式 (3.11)

に $I = dQ/dt$ を代入すると，つぎの微分方程式が得られる．

$$\frac{dQ}{dt} + \frac{Q}{RC} = \frac{E(t)}{R} \tag{3.12}$$

補足　コンデンサーでの電位の変化

電気容量 C のコンデンサーに蓄えられている電荷を Q とする．電荷 $-Q$ の極板の電位は，電荷 Q の極板の電位より Q/C だけ低い．

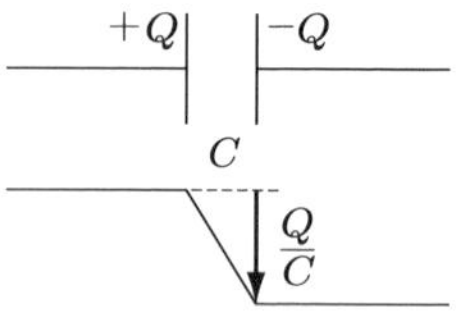

図 3.3　電位の変化

いま，つぎのような起電力 $E(t)$ を考える（図 3.4）．

$$E(t) = \begin{cases} E_0 \dfrac{t}{t_0} & (0 \leq t \leq t_0) \\ E_0 & (t \geq t_0) \end{cases}$$

ここで，E_0, t_0 は正定数である．「$t = 0$ のとき $Q = 0$」という初期条件のもとで微分方程式を解き，Q の時間変化を求めよ．さらに，電流 $I\ (= dQ/dt)$ の時間変化を求め，$0 \leq t \leq t_0$ と $t \geq t_0$ における I の振る舞いの違いを調べよ．　[Ref. 例 1.1(3a)，表 1.3(3)]

① **ヒント**　まず，$0 \leq t \leq t_0$ における解を求める．つぎに，$t \geq t_0$ における一般解を求め，$0 \leq t \leq t_0$ における解と $t = t_0$ で連続につながるように，任意定数を定めればよい．

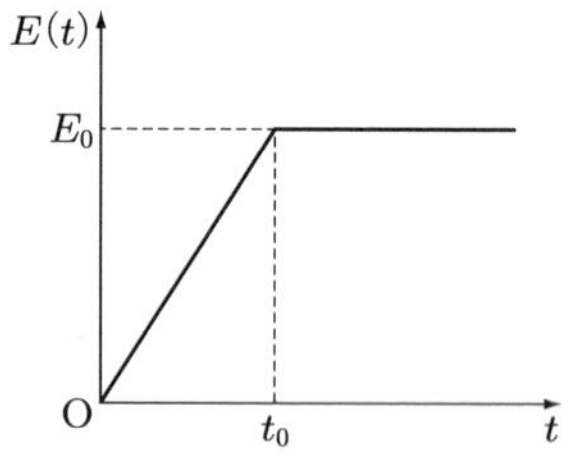

図 3.4　起電力 $E(t)$

3.4　図 3.5 のように，鉛直上向きの（紙面に垂直に裏から表に向く）一様な磁束密度 B の磁場がある．この磁場中の同一水平面上に，2 本の十分に長い直線導体のレールが，間隔 l で平行におかれている．2 本のレールの左端 T, U には，スイッチ S と起電力 E の電池が接続されている．2 本のレールの上に，直線状の質量 m の導体棒をのせる．導体棒とレールの接点を P, Q とし，導体棒の PQ 間の抵抗を R とする．導体棒はレールと垂直を保ちながら，レール上をなめらかにすべることができる．レールおよび電気回路の抵抗は無視できるものとする．はじめに導体棒は静止していた．時刻 $t = 0$ で S を閉じたところ，導体棒には P →

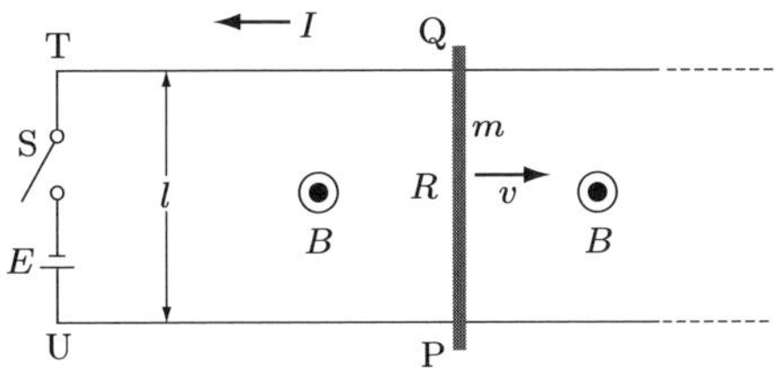

図 3.5　回路につながれた 2 本のレールと導体棒

Q の向きに電流が流れた．導体棒を流れる電流 I は，磁場 B から紙面右向きに IBl の力を受ける．この力により，導体棒は紙面右向きに動き始めた．導体棒の速度（紙面右向きを正）を v とすると，導体棒の PQ 間には，電流 I を減少させようとする向きに誘導起電力 vBl が発生する．閉回路 TUPQT に沿っての電位の変化に注目すると，

$$E - RI - vBl = 0 \tag{3.13}$$

が得られ，また，導体棒の運動方程式より，

$$m\frac{dv}{dt} = IBl \tag{3.14}$$

が成り立つ．未知関数は I と v であるが，式 (3.13) を時間で微分した式と式 (3.14) から dv/dt を消去すると，

$$\boxed{\frac{dI}{dt} + \gamma I = 0} \tag{3.15}$$

が得られ，式 (3.13), (3.14) から I を消去すると，

$$\boxed{\frac{dv}{dt} + \gamma v = \frac{Bl}{mR}E} \tag{3.16}$$

が得られる．式 (3.15), (3.16) で $\boxed{\gamma = \dfrac{(Bl)^2}{mR}}$ である．つぎの問いに答えよ．

(1) $t = 0$ で $v = 0$ であるから，このとき，式 (3.13) より $I = E/R$ である．この初期条件を満たす式 (3.15) の解を求めよ．　［Ref. 公式 (3.5)］

(2) (1) で得られた解 I を式 (3.13) に代入して，v を求めよ．

(3) 初期条件「$t = 0$ で $v = 0$」を満たす式 (3.16) の解を求め，(2) の答えと一致することを確かめよ．　［Ref. 定数変化法, あるいは公式 (3.7), 表 1.3(3)］

(4) I, v の時間依存性をグラフに表し，これを解析せよ．

第4章
2階線形微分方程式

2階線形微分方程式は，力学の運動方程式，電磁気学の回路方程式，量子力学の波動方程式など，理工学のさまざまな分野で使われる．微分方程式を解くことにより，物体の運動，回路の電流や電圧の時間依存性，波動関数の空間依存性などを解析することができる．本章では，この微分方程式の解の性質と解法について学ぶ．2次元ベクトル空間の知識を活用することにより，解の性質を明瞭に理解することができる．「第3章 1階線形微分方程式」で学んだことを思い起こしながら学習していこう．

4.1 斉次と非斉次，解の存在と一意性

未知関数 y とその導関数 y', y'' について1次式になっている微分方程式

$$y'' + P(x)y' + Q(x)y = R(x) \tag{4.1}$$

を，**2階線形微分方程式**という．ここで，x の関数 $P(x), Q(x), R(x)$ は，x のある区間 I 上で連続であるとし，今後この区間 I 上の解を考えるものとする．

● 斉次と非斉次

式 (4.1) で，とくに右辺がゼロになったもの

$$y'' + P(x)y' + Q(x)y = 0 \tag{4.2}$$

を**斉次方程式**，そうでないものを**非斉次方程式**とよぶ．これらのよび名は，1階線形の場合と同様である．非斉次方程式の右辺 $R(x)$ は**非斉次項**とよばれる．

y', y'' をそれぞれ，$\dfrac{d}{dx}, \dfrac{d^2}{dx^2}$ を y に作用させたものと考え，作用素 L を

$$L = \frac{d^2}{dx^2} + P(x)\frac{d}{dx} + Q(x) \tag{4.3}$$

と定義すると，式 (4.1), (4.2) はそれぞれ $Ly = R(x)$, $Ly = 0$ と略記することができる．L は関数 y に作用し，$Ly = y'' + P(x)y' + Q(x)y$ を与える．

■ 解の存在と一意性

> 区間 I 内の任意の点 $x = x_0$ における y と y' の値を任意に指定すると，これを満たす微分方程式 (4.1) の解がただ一つだけ必ず存在する．

解の存在と一意性を保証するこのような定理は，階数によらず線形微分方程式一般に成り立つ．1 階の場合については，3.3 節で述べた．

つぎの 4.2 節では，平面上のベクトルについて復習し，4.3 節では，斉次方程式の解全体が 2 次元ベクトル空間を形成することを学ぶ．

4.2　平面上のベクトル

斉次方程式 $Ly = 0$ の解の性質を論じるための準備として，平面上のベクトル全体の集合 V_2 を考える．V_2 は 2 次元ベクトル空間である．V_2 のベクトルはつぎの条件を満足している．

$\boldsymbol{a}$ と $\boldsymbol{b}$ がどちらも V_2 のベクトルならば，それらの 1 次結合 $\lambda\boldsymbol{a} + \mu\boldsymbol{b}$ （λ, μ は任意定数）も V_2 のベクトルである．　(4.4)

以下では，平面上のベクトルを平面ベクトルとよぶことにする．

■ 平面ベクトルの 1 次独立と 1 次従属

平面ベクトル $\boldsymbol{a}, \boldsymbol{b}$ が互いに他の定数倍によって表されないとき，すなわち定数 $\lambda = \mu = 0$ のときに限り，1 次関係式 $\lambda\boldsymbol{a} + \mu\boldsymbol{b} = \boldsymbol{0}$ が成り立つとき，$\boldsymbol{a}, \boldsymbol{b}$ は **1 次独立**であるという．このような二つのベクトルの組は無数にある．任意に選んだ 1 次独立なベクトル $\boldsymbol{a}, \boldsymbol{b}$ を用いて，任意の平面ベクトル $\boldsymbol{r}$ はつぎのように表される．

$$\boldsymbol{r} = \lambda\boldsymbol{a} + \mu\boldsymbol{b} \tag{4.5}$$

ここで，定数 λ, μ は一意的に定まる（図 4.1(a)）．

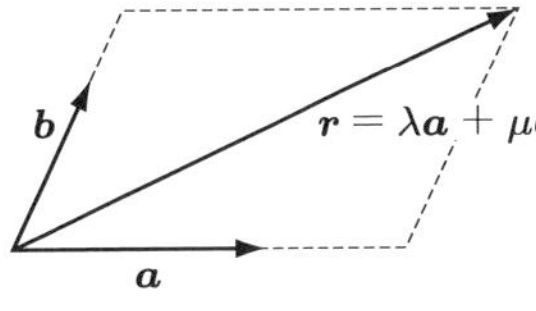

（a）$\boldsymbol{a}, \boldsymbol{b}$ が 1 次独立

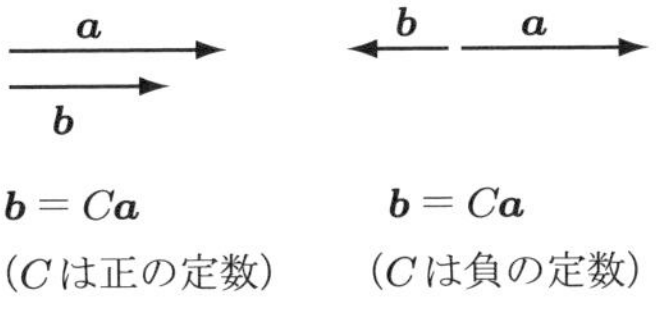

（b）$\boldsymbol{a}, \boldsymbol{b}$ が 1 次従属

図 4.1　ベクトル $\boldsymbol{a}, \boldsymbol{b}$ の 1 次独立と 1 次従属

また，二つのベクトル $\boldsymbol{a}$, $\boldsymbol{b}$ の一方が他方の定数倍として書けるとき，すなわち $\lambda = \mu = 0$ 以外の定数 λ, μ に対して，1 次関係式 $\lambda\boldsymbol{a} + \mu\boldsymbol{b} = \boldsymbol{0}$ が成り立つとき，$\boldsymbol{a}$, $\boldsymbol{b}$ は **1 次従属**であるという（図 4.1(b)）．

4.3　斉次方程式の一般解

ここでは，斉次方程式 $Ly = 0$ の解全体を考える．以下に述べるように，この解全体は 2 次元ベクトル空間を形成する．斉次方程式の解は，線形性に基づく次の性質をもつ．

> y_1, y_2 が斉次方程式 $Ly = 0$ の解ならば，1 次結合 $C_1y_1 + C_2y_2$（C_1, C_2 は任意定数）も $Ly = 0$ の解である．

▷ **注意**　この性質は，平面ベクトルの性質 (4.4) に対応する．

【証明】 2 回微分可能な任意の関数 y_1, y_2 と定数 C_1, C_2 に対して，

$$
\begin{aligned}
&L(C_1y_1 + C_2y_2)\\
&= \frac{d^2}{dx^2}(C_1y_1 + C_2y_2) + P(x)\frac{d}{dx}(C_1y_1 + C_2y_2) + Q(x)(C_1y_1 + C_2y_2)\\
&= C_1\left(\frac{d^2}{dx^2} + P(x)\frac{d}{dx} + Q(x)\right)y_1 + C_2\left(\frac{d^2}{dx^2} + P(x)\frac{d}{dx} + Q(x)\right)y_2\\
&= C_1Ly_1 + C_2Ly_2
\end{aligned}
$$

となる．ゆえに，

$$L(C_1y_1 + C_2y_2) = C_1Ly_1 + C_2Ly_2 \tag{4.6}$$

が成り立つ．

y_1, y_2 が $Ly = 0$ の解ならば，$Ly_1 = 0$, $Ly_2 = 0$ となり，式 (4.6) より $L(C_1y_1 + C_2y_2) = 0$ が成り立つ．したがって，1 次結合 $C_1y_1 + C_2y_2$ も $Ly = 0$ の解である．（終）

関数の 1 次独立と 1 次従属

ベクトルと同様に，関数についても 1 次独立と 1 次従属を定義することができる．

二つの関数 y_1 と y_2 が関数として比例関係にないとき，すなわち定数 $C_1 = C_2 = 0$ のときに限り，1 次関係式 $C_1y_1 + C_2y_2 = 0$ が恒等的に成り立つとき，y_1 と y_2 は **1 次独立**であるという．また，y_1 と y_2 が比例関係にあるとき，すなわち $C_1 = C_2 = 0$ 以外の定数 C_1, C_2 に対し，1 次関係式 $C_1y_1 + C_2y_2 = 0$ が恒等的に成り立つとき，y_1

と y_2 は **1 次従属**であるという．

例 4.1　つぎの各組の関数は 1 次独立である．

(1) $1,\quad x$　(2) $e^x,\quad e^{-x}$　(3) $\cos x,\quad \sin x$

つぎの各組の関数は 1 次従属である．

(1) $x,\quad 2x$　(2) $e^x,\quad e^{x+a}$ $(= e^a e^x$，a はゼロでない定数$)$

(3) $\log|x|,\quad \log(x^2)\ (= 2\log|x|)$

ロンスキアン

ここで学ぶロンスキアンは，複数の関数が 1 次独立あるいは 1 次従属であるための条件を考える際に役立つ．ここでは，二つの関数のロンスキアンを考える．

x を変数とする二つの関数 y_1 と y_2 に対し，

$$W(y_1, y_2) = \begin{vmatrix} y_1 & y_2 \\ y_1' & y_2' \end{vmatrix} = y_1 y_2' - y_1' y_2 \tag{4.7}$$

を y_1, y_2 の**ロンスキアン**（Wronskian），あるいは**ロンスキー**（Wronski）**行列式**という．

> **復習**
> 2 次の正方行列の行列式
> $$\begin{vmatrix} a & b \\ c & d \end{vmatrix} = ad - bc$$

y_1 と y_2 が $Ly = 0$ の解であるときは，つぎの二つの場合しか存在しない．

(i)　x によらずつねに $W(y_1, y_2) \neq 0$

(ii)　恒等的に $W(y_1, y_2) = 0$

証明は省略するが，表 4.1 のように，(i) ならば y_1 と y_2 は 1 次独立，(ii) ならば y_1 と y_2 は 1 次従属となる．

表 4.1　ロンスキアンと解の 1 次独立，1 次従属

ロンスキアン	$Ly = 0$ の解 y_1, y_2
(i) つねに $W(y_1, y_2) \neq 0$	1 次独立
(ii) 恒等的に $W(y_1, y_2) = 0$	1 次従属

例 4.2　微分方程式

$$\frac{d^2y}{dx^2} - \frac{2}{x}\frac{dy}{dx} + \frac{2}{x^2}y = 0 \quad (x \neq 0)$$

について，区間 $x > 0$ あるいは $x < 0$ における解を考える．微分方程式に代入するこ

とにより，$y_1 = x$，$y_2 = x^2$ が解であることがわかる．y_1, y_2 のロンスキアンはつぎのようになり，これは表 4.1 の(i) に該当する．

$$W(y_1, y_2) = \begin{vmatrix} y_1 & y_2 \\ y_1' & y_2' \end{vmatrix} = \begin{vmatrix} x & x^2 \\ 1 & 2x \end{vmatrix} = 2x^2 - x^2 = x^2 \ (> 0)$$

よって，y_1 と y_2 は 1 次独立である．

斉次方程式 $Ly = 0$ の一般解

斉次方程式 $Ly = 0$ の二つの解 y_1, y_2 が 1 次独立であるとき，y_1, y_2 を $Ly = 0$ の**基本解**という．

> 斉次方程式 $Ly = 0$ には無数の基本解が存在する．特定の基本解 y_1, y_2 を選ぶと，$Ly = 0$ の任意の解 y は $y = C_1 y_1 + C_2 y_2$ と表され，定数 C_1, C_2 は一意的に定まる．

この定理から，つぎのことがわかる．

> 斉次方程式 $Ly = 0$ の基本解 y_1, y_2 がわかれば，$Ly = 0$ の一般解はつぎのように表される．
>
> $$y = C_1 y_1 + C_2 y_2 \quad (C_1,\ C_2 \text{は任意定数})$$

▷ **注意 1**　$Ly = 0$ は特異解をもたず，この一般解が $Ly = 0$ のすべての解を表す．
▷ **注意 2**　この一般解の表式は，任意の平面ベクトルの表式 (4.5) に対応する．

例 4.3　単振動

単振動については，［例 2.2］で紹介した．ここでは，第 4 章でこれまでに学んだことに基づいて，単振動を再度扱う．

x 軸上を運動する質量 m の質点が，原点からの距離に比例しつねに原点を向く力（復元力）を受けるものとする．質点の位置 x は時間 t の関数となり，質点の運動方程式はつぎのように表される．

$$m\frac{d^2x}{dt^2} = -kx \quad (k \text{ は正の定数}) \qquad \therefore\ \frac{d^2x}{dt^2} = -\omega^2 x \quad \left(\omega = \sqrt{\frac{k}{m}}\right)$$

三角関数の微分により，

$$\frac{d^2}{dt^2}\cos\omega t = -\omega^2 \cos\omega t$$
$$\frac{d^2}{dt^2}\sin\omega t = -\omega^2 \sin\omega t$$

復習
三角関数の微分

$$\frac{d}{dt}\cos\omega t = -\omega \sin\omega t$$
$$\frac{d}{dt}\sin\omega t = \omega \cos\omega t$$

が成り立つから，$\cos\omega t$, $\sin\omega t$ が運動方程式の解であることがわかる．これらの解は 1 次独立である．したがって，運動方程式の一般解は，つぎのように表される．

$$x = C_1 \cos\omega t + C_2 \sin\omega t \quad (C_1,\ C_2 \text{ は任意定数}) \tag{4.8}$$

この運動は，いわゆる単振動である．なお，単振動する系は，しばしば**調和振動子**とよばれる．

式 (4.8) を t で微分すると，質点の速度 v が得られる．

$$v = \frac{dx}{dt} = -\omega C_1 \sin\omega t + \omega C_2 \cos\omega t$$

[問題 2.2] で確かめたように，時刻 $t=0$ における質点の位置 x_0 と速度 v_0 を指定すると，

$$C_1 = x_0, \quad \omega C_2 = v_0$$

により C_1, C_2 が定まり，解はつぎのようになる．

$$x = x_0 \cos\omega t + \frac{v_0}{\omega}\sin\omega t$$

これより，時刻 $t=0$ における x, dx/dt の値を任意に指定すると，解が一意的に定まることがわかる．

ここで，単振動の要点をまとめておこう．

単振動：運動方程式　$\dfrac{d^2x}{dt^2} = -\omega^2 x$　(4.9)

一般解　$x = C_1 \cos\omega t + C_2 \sin\omega t$　(C_1, C_2 は任意定数)　(4.10)

● 平面ベクトルと $Ly=0$ の解

平面ベクトル全体と斉次方程式 $Ly=0$ の解全体の集合は，ともに 2 次元ベクトル空間を形成する．すでに学んだことから両者の対応関係をまとめると，表 4.2 のよう

表 4.2 平面ベクトルと 2 階斉次方程式の解の対応関係

平面ベクトル	$Ly = 0$ の解
互いに他の定数倍で表されないベクトル $\boldsymbol{a}, \boldsymbol{b} \Rightarrow$ 1 次独立	関数として比例関係にない y_1, y_2 $\Rightarrow$ 1 次独立（基本解）
一方が他方の定数倍で表されるベクトル $\boldsymbol{a}, \boldsymbol{b} \Rightarrow$ 1 次従属	関数として比例関係にある y_1, y_2 $\Rightarrow$ 1 次従属
$\boldsymbol{a}, \boldsymbol{b}$：1 次独立 平面ベクトル全体： $\boldsymbol{r} = \lambda\boldsymbol{a} + \mu\boldsymbol{b}$ ここで，λ, μ は任意定数	y_1, y_2：基本解 $Ly = 0$ の一般解： $y = C_1y_1 + C_2y_2$ ここで，C_1, C_2 は任意定数

になる．

4.4 定数係数の斉次方程式

係数 $P(x)$, $Q(x)$ がそれぞれ実定数 a, b となった斉次方程式

$$y'' + ay' + by = 0 \tag{4.11}$$

の場合は，一般解を求める簡便な方法がある．ここではその方法について述べる．

式 (4.11) と同じ係数 a, b をもつ λ についての 2 次方程式

$$\lambda^2 + a\lambda + b = 0 \tag{4.12}$$

を，式 (4.11) の**特性方程式**という．

2 次方程式の解（復習）

2 次方程式 $\lambda^2 + a\lambda + b = 0$ の解は，つぎのいずれかの方法により求められる．

(1) 因数分解を利用　　(2) 解の公式を利用

(2) の公式により，判別式 $D = a^2 - 4b$ の符号に応じて，解は表 4.3 のように表される．

表 4.3 2 次方程式の解の公式

判別式	$a^2 - 4b > 0$	$a^2 - 4b = 0$	$a^2 - 4b < 0$
解 λ	$\dfrac{1}{2}\left(-a \pm \sqrt{a^2 - 4b}\right)$ （異なる実数解）	$-\dfrac{1}{2}a$ （2 重解）	$\dfrac{1}{2}\left(-a \pm \sqrt{4b - a^2}\,i\right)$ （互いに共役な複素解）

定数係数斉次方程式の一般解

特性方程式 (4.12) を解くことにより，斉次方程式 (4.11) の一般解が表 4.4 のように求められる．

表 4.4　定数係数の 2 階斉次方程式の一般解

$\lambda^2 + a\lambda + b = 0$ の解	$y'' + ay' + by = 0$ の一般解
(i) 異なる実数解 α, β	$y = C_1 e^{\alpha x} + C_2 e^{\beta x}$
(ii) 2 重解 α	$y = (C_1 + C_2 x)e^{\alpha x}$
(iii) 互いに共役な複素解 $\mu \pm \nu i$　(μ, ν は実数)	$y = e^{\mu x}(C_1 \cos \nu x + C_2 \sin \nu x)$

C_1, C_2 は任意定数を表す．

【証明】　つぎの $\tilde{C}_1, \tilde{C}_2$，C_1, C_2 は，いずれも任意定数を表す．

(i) 特性方程式が異なる実数解 α, β をもつ場合

$\lambda^2 + a\lambda + b = 0$ の解が α, β であるから，

$$\lambda^2 + a\lambda + b = (\lambda - \alpha)(\lambda - \beta) = \lambda^2 - (\alpha + \beta)\lambda + \alpha\beta$$

が成り立つ．係数比較により，2 次方程式の解と係数の関係 $a = -(\alpha + \beta)$, $b = \alpha\beta$ が得られ，微分方程式は

$$y'' - (\alpha + \beta)y' + \alpha\beta y = 0$$

と表される．この微分方程式はつぎのように書き換えられる．

$$(y' - \beta y)' = \alpha(y' - \beta y) \tag{4.13}$$

$$(y' - \alpha y)' = \beta(y' - \alpha y) \tag{4.14}$$

$y' - \beta y = z$ とおくと，式 (4.13) は 1 階斉次方程式 $z' = \alpha z$ となる．この微分方程式の一般解は，$z = \tilde{C}_1 e^{\alpha x}$ と表され，これに $z = y' - \beta y$ を代入すると，

$$y' - \beta y = \tilde{C}_1 e^{\alpha x} \tag{4.15}$$

が得られる．同様にして，式 (4.14) より次式が得られる．

$$y' - \alpha y = \tilde{C}_2 e^{\beta x} \tag{4.16}$$

式 (4.16) − 式 (4.15) をつくり，y' を消去すると，

$$(\beta - \alpha)y = -\tilde{C}_1 e^{\alpha x} + \tilde{C}_2 e^{\beta x}$$

両辺を $\beta - \alpha$ $(\neq 0)$ で割り，$-\tilde{C}_1/(\beta - \alpha) = C_1$, $\tilde{C}_2/(\beta - \alpha) = C_2$ とおくと，

$$y = C_1 e^{\alpha x} + C_2 e^{\beta x}$$

が得られる．

(ii) 特性方程式が 2 重解 α をもつ場合

$\lambda^2 + a\lambda + b = 0$ の 2 重解が α であるから，

$$\lambda^2 + a\lambda + b = (\lambda - \alpha)^2 = \lambda^2 - 2\alpha\lambda + \alpha^2$$

が成り立つ．係数比較により，2 次方程式の解と係数の関係 $a = -2\alpha$，$b = \alpha^2$ が得られ，微分方程式はつぎのように表される．

$$y'' - 2\alpha y' + \alpha^2 y = 0$$

(i) の場合と同様に，これを書き換えると，

$$(y' - \alpha y)' = \alpha(y' - \alpha y) \qquad \therefore\ y' - \alpha y = \tilde{C}_1 e^{\alpha x}$$

となる．これは 1 階非斉次方程式である．第 3 章の公式 (3.7) を用いると，この微分方程式の一般解はつぎのようになる．

$$y = e^{\alpha x}\left\{\tilde{C}_2 + \int^x (\tilde{C}_1 e^{\alpha t})e^{-\alpha t}dt\right\} = (\tilde{C}_2 + \tilde{C}_1 x)e^{\alpha x}$$

$\tilde{C}_2, \tilde{C}_1$ をそれぞれ C_1, C_2 とおき直すと，

$$y = (C_1 + C_2 x)\, e^{\alpha x}$$

が得られる．

(iii) 特性方程式が互いに共役な複素解 $\mu \pm \nu i$ をもつ場合

$\lambda^2 + a\lambda + b = 0$ の解が $\mu \pm \nu i$ であるから，

$$\lambda^2 + a\lambda + b = (\lambda - \mu - \nu i)(\lambda - \mu + \nu i) = \lambda^2 - 2\mu\lambda + \mu^2 + \nu^2$$

が成り立つ．係数比較により，2 次方程式の解と係数の関係 $a = -2\mu$, $b = \mu^2 + \nu^2$ が得られ，微分方程式はつぎのように書き換えられる．

$$y'' - 2\mu y' + (\mu^2 + \nu^2)y = 0 \tag{4.17}$$

ここで，$y = ue^{\mu x}$（u は x の関数）と変換する．

$$y = ue^{\mu x}, \quad y' = (u' + \mu u)e^{\mu x}, \quad y'' = (u'' + 2\mu u' + \mu^2 u)e^{\mu x}$$

を式 (4.17) に代入すると，

$$(u'' + 2\mu u' + \mu^2 u)e^{\mu x} - 2\mu(u' + \mu u)e^{\mu x} + (\mu^2 + \nu^2)ue^{\mu x} = 0$$

$$\therefore\ u'' + \nu^2 u = 0 \tag{4.18}$$

が得られる．$y = ue^{\mu x}$ と変換することにより，u' の項を含まない微分方程式（標準形）に書き換えられたことに注意しよう（これは，つぎの 4.5 節で述べる解法 A–2 の方法である）．式 (4.18) はすでに学んだ単振動の運動方程式 (4.9) と同じ形であり，一般解は

$$u = C_1 \cos\nu x + C_2 \sin\nu x$$

と表される．$y = ue^{\mu x}$ より，

$$y = e^{\mu x}\left(C_1 \cos \nu x + C_2 \sin \nu x\right)$$

が得られる．（終）

例題 4.1　特性方程式を用いて，つぎの微分方程式の一般解を求めよ．

(1) $y'' + y' - 2y = 0$　(2) $y'' - 4y' + 4y = 0$　(3) $y'' + 2y' + 2y = 0$

《解》　特性方程式の解を求め，表 4.4 に従って微分方程式の一般解を構成する．

(1) $\lambda^2 + \lambda - 2 = (\lambda - 1)(\lambda + 2) = 0$ の解は，$\lambda = 1, -2$（異なる実数解）．

　これより一般解は，$y = C_1 e^{x} + C_2 e^{-2x}$ となる．

(2) $\lambda^2 - 4\lambda + 4 = (\lambda - 2)^2 = 0$ の解は，$\lambda = 2$（2 重解）．

　これより一般解は，$y = (C_1 + C_2 x)\, e^{2x}$ となる．

(3) $\lambda^2 + 2\lambda + 2 = 0$ の解は，$\lambda = -1 \pm i$（互いに共役な複素解）．

　これより一般解は，$y = e^{-x}\left(C_1 \cos x + C_2 \sin x\right)$ となる．

なお，各一般解において，C_1, C_2 は任意定数である．

問題 4.1　［例題 4.1］にならって，つぎの微分方程式の一般解を求めよ．

(1) $y'' - y' - 6y = 0$　(2) $y'' + 2y' + y = 0$　(3) $y'' - 2y = 0$

(4) $y'' + 4y' + y = 0$　(5) $y'' + 4y = 0$　(6) $y'' + 2y' + 3y = 0$

(7) $y'' - (a+1)y' + ay = 0$　（a は実定数）

(7) のヒント　特性方程式の 2 次関数を因数分解するとよい．$a = 1$ と $a \neq 1$ の場合分けが必要．

例題 4.2　**単振動する系に速度に比例する抵抗が働く場合**

［例 2.2］，［例 4.3］では，単振動について学んだ（図 2.1 を参照）．ここでは，単振動する系（調和振動子）に抵抗が働く場合を考える．x 軸上を運動する質量 m の質点に，原点からの距離に比例しつねに原点を向く力（復元力）と，速度に比例する抵抗 $-\eta\,(dx/dt)$（η は正定数）が働くものとする．このとき，質点の運動方程式は，つぎのように表される．

$$m\frac{d^2x}{dt^2} = -kx - \eta\frac{dx}{dt}$$

$$\therefore\ \boxed{\frac{d^2x}{dt^2} + 2\gamma\frac{dx}{dt} + \omega_0^2 x = 0 \quad \left(\gamma = \frac{\eta}{2m},\ \omega_0 = \sqrt{\frac{k}{m}}\right)} \tag{4.19}$$

ここで，ω_0 は抵抗が働かないときの角振動数，すなわち単振動の角振動数である．dx/dt の係数を γ ではなく 2γ とおいたのは，のちに因子 2 がひんぱんに現れるのを避けるためである．式 (4.19) の一般解を求めよ．

《解》 特性方程式は $\lambda^2+2\gamma\lambda+\omega_0^2=0$ であり，この 2 次方程式の判別式 $D=4\left(\gamma^2-\omega_0^2\right)$ となる．$\gamma>\omega_0$ のとき $D>0$，$\gamma=\omega_0$ のとき $D=0$，$\gamma<\omega_0$ のとき $D<0$ となることに注意して，場合分けをする．式 (4.19) の一般解は，表 4.5 のようになる．表中の C_1, C_2 は任意定数を表す．

表 4.5　式 (4.19) の一般解

	特性方程式の解	式 (4.19) の一般解
(a) $\gamma>\omega_0$	$\lambda=-\gamma\pm\sqrt{\gamma^2-\omega_0^2}$ (異なる実数解)	$x=C_1e^{\lambda_1 t}+C_2e^{\lambda_2 t}$ ここで， $\begin{cases}\lambda_1=-\gamma+\sqrt{\gamma^2-\omega_0^2} & (<0)\\ \lambda_2=-\gamma-\sqrt{\gamma^2-\omega_0^2} & (<0)\end{cases}$
(b) $\gamma=\omega_0$	$\lambda=-\gamma$　(2 重解)	$x=(C_1+C_2t)e^{-\gamma t}$
(c) $\gamma<\omega_0$	$\lambda=-\gamma\pm\sqrt{\omega_0^2-\gamma^2}i$ (互いに共役な複素解)	$x=e^{-\gamma t}\left(C_1\cos\omega_1 t+C_2\sin\omega_1 t\right)$ ここで，$\omega_1=\sqrt{\omega_0^2-\gamma^2}$

表 4.5 の (a), (b), (c) の各場合について，基本解をグラフに表すと，図 4.2 のようになる．(a) では $\gamma/\omega_0=1.5$ $(\gamma>\omega_0)$，(b) では $\gamma/\omega_0=1.0$，(c) では $\gamma/\omega_0=0.2$ $(\gamma<\omega_0)$ である．

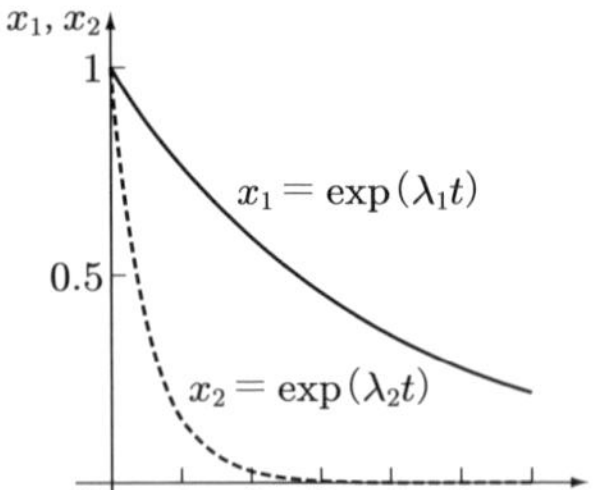

(a) $\gamma/\omega_0=1.5$

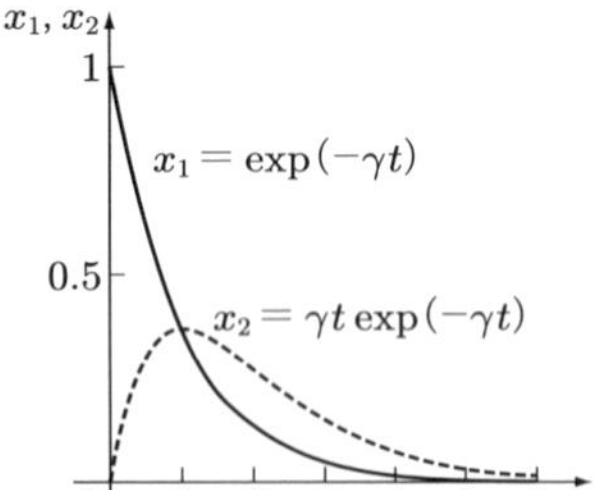

(b) $\gamma/\omega_0=1.0$

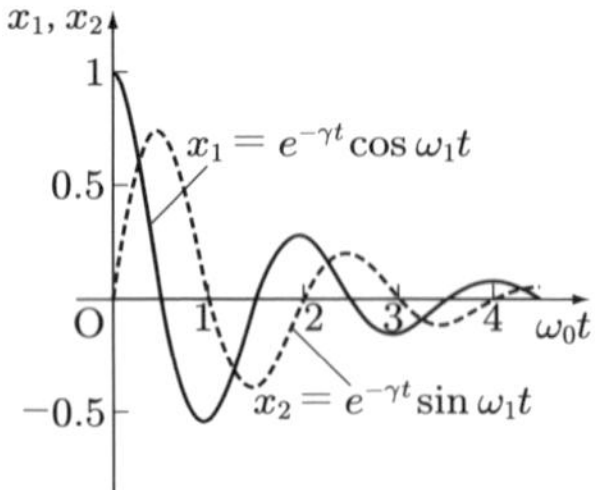

(c) $\gamma/\omega_0=0.2$

図 4.2　式 (4.19) の基本解

抵抗が弱く $\gamma<\omega_0$ のとき，質点は $2\pi/\omega_1$ を周期として振動すると同時に，振幅は指数関数的に減衰する．このときの周期 $2\pi/\omega_1\left(=2\pi/\sqrt{\omega_0^2-\gamma^2}\right)$ は，抵抗がない場合の単振動の周期 $2\pi/\omega_0$ よりも長い．抵抗が強く $\gamma\geq\omega_0$ のとき，質点の運動に周期は存在せず，x は

振動せずに指数関数的に減衰する．$\gamma = \omega_0$ の場合を「臨界減衰」，$\gamma > \omega_0$ の場合を「過減衰」という．たとえば，粘性の強い液体中での運動を考えれば，このような減衰を想像することができるだろう．

例題 4.3 ビーズを通したまっすぐな針金を，その針金の一端 O を中心に一定の角速度 ω で回転させる（図 4.3）．針金は水平面内で回転し，質量 m のビーズが針金に沿って摩擦なしで滑る．針金の端 O からビーズまでの距離を r とする．針金とともに回転する座標系からみると，ビーズの運動方程式はつぎのように表される．

$$m\frac{d^2r}{dt^2} = mr\omega^2 \qquad (4.20)$$

$$\therefore \boxed{\frac{d^2r}{dt^2} - \omega^2 r = 0} \qquad (4.21)$$

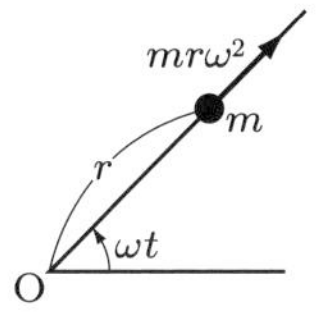

図 4.3 ビーズを通した針金（摩擦なし）

式 (4.20) 左辺の d^2r/dt^2 は針金に沿っての加速度，式 (4.20) 右辺の $mr\omega^2$ は**遠心力**を表す．「時刻 $t = 0$ で $r = a$（正の定数），$dr/dt = 0$」という初期条件のもとで，微分方程式 (4.21) を解け．

《解》 特性方程式 $\lambda^2 - \omega^2 = 0$ の解は，$\lambda = \omega, -\omega$ であるから，式 (4.21) の一般解はつぎのようになる．

$$r = C_1 e^{\omega t} + C_2 e^{-\omega t} \quad （C_1,\ C_2 \text{ は任意定数}）$$

これを t で微分すると，針金に沿ってのビーズの速度が得られる．

$$\frac{dr}{dt} = C_1 \omega e^{\omega t} - C_2 \omega e^{-\omega t}$$

> **復習**
> 指数関数の微分
> $$\frac{d}{dt}e^{\omega t} = \omega e^{\omega t}$$
> $$\frac{d}{dt}e^{-\omega t} = -\omega e^{-\omega t} \quad （\omega \text{ は定数}）$$

初期条件より

$$C_1 + C_2 = a, \quad C_1\omega - C_2\omega = 0 \quad \therefore\ C_1 = C_2 = \frac{1}{2}a$$

以上より，求める解はつぎのようになる．

$$r = \frac{1}{2}a\left(e^{\omega t} + e^{-\omega t}\right)$$

双曲線関数を用いると，この解はつぎのように表される．

$$r = a\cosh\omega t$$

> **復習**
> 双曲線関数
> $$\cosh x = \frac{1}{2}\left(e^x + e^{-x}\right)$$
> $$\sinh x = \frac{1}{2}\left(e^x - e^{-x}\right)$$

針金の回転とともにビーズが描く軌道は，図 4.4 のようになる．12 個の同心円の中心に針金の端 O があり，回転角 $\omega t = 0, \pi/2, \pi$ がそれぞれ一番大きい円の外側に示されている．時間が経つと，端 O からビーズまでの距離 r は，指数関数的に大きくなっていく．

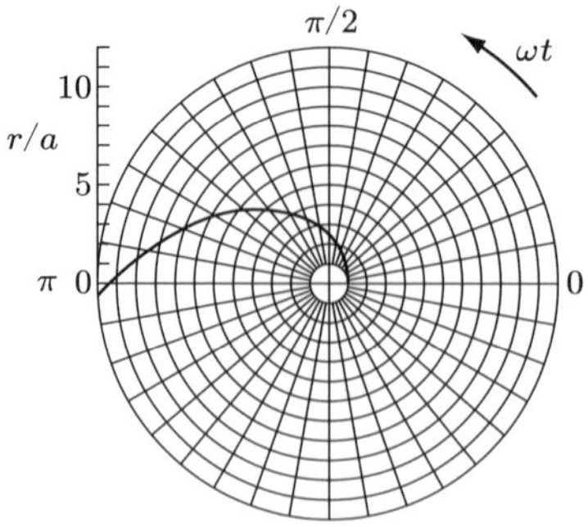

図 4.4　ビーズの軌道

問題 4.2　[例題 4.3] では，ビーズが針金に沿って摩擦なしで滑る場合を扱った．ここでは，ビーズと針金の間に動摩擦係数 μ の動摩擦力が働く場合を考えよう（図 4.5）．針金とともに回転する座標系からみると，ビーズの運動方程式はつぎのように表される．

$$m\frac{d^2r}{dt^2} = mr\omega^2 - 2\mu m\omega\frac{dr}{dt} \tag{4.22}$$

$$\therefore \boxed{\frac{d^2r}{dt^2} + 2\gamma\frac{dr}{dt} - \omega^2 r = 0} \quad (\gamma = \mu\omega) \tag{4.23}$$

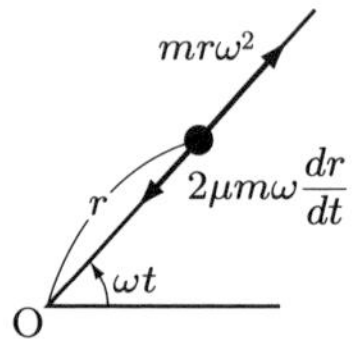

図 4.5　ビーズを通した針金（摩擦あり）

式 (4.22) 右辺の $mr\omega^2$ は**遠心力**，$-2\mu m\omega\,(dr/dt)$ は**動摩擦力**を表す．「時刻 $t=0$ で $r=a$（正の定数），$dr/dt=0$」という初期条件のもとで，微分方程式 (4.23) を解け．

[Ref. 表 4.4]

〈参考〉針金に沿ってビーズが滑ると，ビーズには針金が伸びる方向と垂直の方向にみかけの力（コリオリの力）が働く．このみかけの力は，座標系の回転に由来する．ビーズは針金上に拘束されているので，このみかけの力と垂直抗力が釣り合う．上記の動摩擦力は，この垂直抗力に動摩擦係数 μ を掛けたものになっている．みかけの力については，通常，大学初年次の力学で学ぶ．

4.5 変数係数の斉次方程式

4.4 節で学んだように，定数係数の斉次方程式の場合は，特性方程式の解からただちに一般解を構成することができる．しかし，係数が x の関数になっている斉次方程式

$$Ly = y'' + P(x)y' + Q(x)y = 0 \tag{4.24}$$

の場合は，一般的解法が存在しない．したがって，ここでは限られた場合に適用できるいくつかの解法について学ぶ．

まず，式 (4.24) の特殊解が得られた場合の解法を述べる．

解法 A–1　微分方程式 (4.24) の特殊解 $v(x)$ をみつけ，$y = u(x)v(x)$ とおくと，式 (4.24) は $u'(x)$ を未知関数とする 1 階斉次方程式に帰着される．

▷ **注意**　この解法は，3.3 節で述べた定数変化法を 2 階斉次方程式に適用するものである．定数変化法により階数低下を行う方法を**ダランベール**（d'Alembert）**の階数低下法**という．

解法 A–1 を用いるためには，何らかの方法で式 (4.24) の特殊解 v をみつけなければならない．特殊解の形を予想して，それを式 (4.24) に代入して試してみることになる．たとえば，特殊解として

$$\boxed{y = x^m} \quad \text{あるいは} \quad \boxed{y = e^{mx}}$$

を式 (4.24) に代入して，解となるように定数 m が定まるかどうかを調べる．とくに $y = x, e^x, e^{-x}$ などが特殊解である場合は，ただちに解がみつかることもある．

例題 4.4　解法 A–1 を用いて，つぎの微分方程式の一般解を求めよ．

(1) $x^2y'' - 2y = 0$　　(2) $xy'' - 2(x+1)y' + 4y = 0$

《解》 (1) 特殊解として $y = x^m$ の形を試してみることにし，$y = x^m$, $y'' = m(m-1)x^{m-2}$ を微分方程式に代入する．

$$x^2 \cdot m(m-1)x^{m-2} - 2x^m = 0$$

$$\therefore \ \{m(m-1) - 2\}\, x^m = (m+1)(m-2)x^m = 0$$

$m = 2$ または $m = -1$ ならばこの恒等式が成り立つから，$y = x^2$, $y = 1/x$ が特殊解となる．この二つの解は 1 次独立であり，基本解であるから，一般解は

$$y = C_1x^2 + \frac{C_2}{x} \quad (C_1,\ C_2 \text{ は任意定数})$$

となる．なお，この微分方程式は，後述の解法 A–3 により解くこともできる．

(2) この問題では，$y = x^m$, $y' = mx^{m-1}$, $y'' = m(m-1)x^{m-2}$ を微分方程式に代入しても

$$2(m-2)x^m - m(m-3)x^{m-1} = 0$$

となり，この恒等式が成り立つように m を決めることはできない．そこで，特殊解として $y = e^{mx}$ を試してみることにし，$y = e^{mx}$, $y' = me^{mx}$, $y'' = m^2e^{mx}$ を微分方程式に代入する．

$$m^2xe^{mx} - 2m(x+1)e^{mx} + 4e^{mx} = 0$$

の両辺を e^{mx} で割って整理すると，

$$(m-2)(mx-2) = 0$$

となる．$m = 2$ ならばこの恒等式が成り立つから，$y = e^{2x}$ が特殊解である．

解法 A–1 に従って，$\boxed{y = ue^{2x}}$（u は x の関数）と変換する．$y = ue^{2x}$, $y' = (u' + 2u)e^{2x}$, $y'' = (u'' + 4u' + 4u)e^{2x}$ を微分方程式に代入して，両辺を e^{2x} で割ると，

$$x(u'' + 4u' + 4u) - 2(x+1)(u' + 2u) + 4u = 0$$

$$\therefore\ u'' + 2\left(1 - \frac{1}{x}\right)u' = 0$$

が得られる．これは，u' を未知関数とする 1 階斉次方程式である．公式 (3.5) を用いると，一般解は

$$\begin{aligned} u' &= C_1 \exp\left\{-2\int\left(1 - \frac{1}{x}\right)dx\right\} = C_1 \exp\left(-2x + 2\log|x|\right) \\ &= C_1e^{-2x}\exp\left(2\log|x|\right) = C_1e^{-2x}\exp\left(\log x^2\right) \\ &= C_1x^2e^{-2x} \quad (C_1 \text{ は任意定数}) \end{aligned}$$

となる．これを積分して u を求めると，

$$u = C_1\int x^2e^{-2x}dx + C_2$$

$$(C_2 \text{ は任意定数})$$

となる．部分積分を用いると，

$$\begin{aligned} \int x^2e^{-2x}dx &= -\frac{1}{2}\int x^2(e^{-2x})'dx \\ &= -\frac{1}{2}\left\{x^2e^{-2x} - \int (x^2)'e^{-2x}dx\right\} \end{aligned}$$

復習

exp と log（自然対数）は互いに逆関数なので，

$$\exp\{\log f(x)\} = f(x) \quad (f(x) > 0)$$

復習

部分積分

$$\int f'(x)g(x)dx = f(x)g(x) - \int f(x)g'(x)dx$$

$$= -\frac{1}{2}x^2e^{-2x} + \int xe^{-2x}dx = -\frac{1}{2}x^2e^{-2x} - \frac{1}{2}\int x(e^{-2x})'dx$$

$$= -\frac{1}{2}x^2e^{-2x} - \frac{1}{2}\left(xe^{-2x} - \int e^{-2x}dx\right) = -\frac{1}{2}\left(x^2 + x + \frac{1}{2}\right)e^{-2x}$$

となるから，

$$u = -\frac{1}{2}C_1\left(x^2 + x + \frac{1}{2}\right)e^{-2x} + C_2$$

が得られる．ここで，$-(1/2)C_1$ を改めて C_1 とおき直し，$y = ue^{2x}$ を用いると，求める一般解はつぎのようになる．

$$y = C_1\left(x^2 + x + \frac{1}{2}\right) + C_2e^{2x} \quad (C_1,\ C_2 \text{ は任意定数})$$

問題 4.3　[例題 4.4] にならって，つぎの微分方程式の一般解を求めよ．

(1) $(x^2+1)y'' - 2xy' + 2y = 0$

> ① **ヒント**　$\displaystyle\int \frac{2}{x(x^2+1)}dx = \int \frac{(x^2)'}{x^2(x^2+1)}dx = \int \frac{1}{t(t+1)}dt$　($x^2 = t$ と置換)

(2) $xy'' - (3x+1)y' + 3y = 0$　　[Ref. 表 1.2(2), 例 1.1(3a)]

つぎに，未知関数 y を変換して，微分方程式を標準形（1 階微分項のない形）に書き換える方法を述べる．未知関数 y や独立変数 x を変換して微分方程式をより簡単な形に書き直すと，うまく解ける場合があり，ここで述べる方法もその一つである．

解法 A–2

$$y = u(x)\exp\left\{-\frac{1}{2}\int^x P(t)dt\right\} \tag{4.25}$$

と変換すると，微分方程式 (4.24) は**標準形**

$$u'' + \tilde{Q}(x)\,u = 0 \quad \left(\tilde{Q}(x) = Q(x) - \frac{1}{2}P'(x) - \frac{1}{4}\{P(x)\}^2\right) \tag{4.26}$$

に書き換えられる．標準形に書き換えると，一般解が容易にみつかる場合がある．

> ▷ **注意 1**　式 (4.26) のような 1 階微分項のない斉次方程式を，2 階斉次方程式の標準形という．なお，式 (4.26) では，$u(x)$ が u と略記されている．

▷ **注意 2** 式 (4.25) 右辺の積分 $\int^x P(t)dt$ は，t を積分変数として積分を求めてから，t を x で置き換えることを意味する．x を積分変数とすると，式 (4.25) 右辺の関数 $u(x)$ の変数 x と重複するので，このように表記した．

例題 4.5 つぎの微分方程式を標準形に書き換えることにより，一般解を求めよ．

$$y'' + 4xy' + (4x^2+1)y = 0$$

《解》 $P(x) = 4x$ であるから，

$$y = u(x)\exp\left\{-\frac{1}{2}\int^x P(t)\,dt\right\} = u(x)\exp\left(-2\int^x t\,dt\right)$$
$$= u(x)\exp(-x^2)$$

と変換する．以下，$u(x)$ を u と略記する．

$$y = u\exp(-x^2), \quad y' = (u' - 2xu)\exp(-x^2),$$
$$y'' = \{u'' - 4xu' + 2(2x^2-1)u\}\exp(-x^2)$$

を微分方程式に代入して，両辺を $\exp(-x^2)$ (>0) で割ると，

$$u'' - 4xu' + 2(2x^2-1)u + 4x(u' - 2xu) + (4x^2+1)u = 0$$
$$\therefore\ u'' - u = 0$$

が得られる．これは，定数係数の 2 階斉次方程式である．

特性方程式 $\lambda^2 - 1 = 0$ の解は $\lambda = 1, -1$ であるから，$u'' - u = 0$ の一般解は，

$$u = C_1e^x + C_2e^{-x} \quad (C_1,\ C_2 \text{ は任意定数})$$

となる．$y = u\exp(-x^2)$ より，求める一般解はつぎのようになる．

$$y = \left(C_1e^x + C_2e^{-x}\right)\exp(-x^2) \quad (C_1,\ C_2 \text{ は任意定数})$$

問題 4.4 ［例題 4.5］にならって，つぎの微分方程式の一般解を求めよ．

(1) $y'' - \dfrac{2}{x}y' - 2\left(2 - \dfrac{1}{x^2}\right)y = 0$ [Ref. 表 1.2(2), 表 4.4]

(2) $y'' - 8xy' + 16x^2y = 0$ [Ref. 表 4.4]

つぎに，**オイラーの微分方程式**（斉次）について述べる．この方程式は，定数係数の 2 階斉次方程式に書き換えて解くことができる．

解法 A–3 オイラーの微分方程式（斉次）

$$x^2y'' + axy' + by = 0 \quad (a,\ b \text{ は実定数}) \tag{4.27}$$

は，$x = e^t\ (>0)$，すなわち $t = \log x$ と変換すると，定数係数の 2 階斉次方程式に帰着される．

▷ **注意** $x < 0$ のときは，x を $-x$ とおき直すと $x > 0$ となり，しかも微分方程式の形は不変である．実際，x を $-x$ とおき直しても，$\dfrac{dy}{dx} \to -\dfrac{dy}{dx}$, $\dfrac{d^2y}{dx^2} \to \dfrac{d^2y}{dx^2}$ であるから，$x\dfrac{dy}{dx}$, $x^2\dfrac{d^2y}{dx^2}$ は不変である．したがって，$x < 0$ のときは x を $-x$ とおき直してから，$x = e^t(>0)$ とおけばよい．

式 (4.27) において，y は x の関数であり，$x = e^t$ より x は t の関数であるから，結局 y も t の関数になる．したがって，

$$\frac{dy}{dx} = \frac{dy/dt}{dx/dt} = \frac{1}{e^t}\frac{dy}{dt} = \frac{1}{x}\frac{dy}{dt} \qquad \therefore\ x\frac{dy}{dx} = \frac{dy}{dt} \tag{4.28}$$

となり，さらに，両辺を x で微分すると，

$$\frac{dy}{dx} + x\frac{d^2y}{dx^2} = \frac{d}{dx}\left(\frac{dy}{dt}\right) \tag{4.29}$$

となる．ここで，x, dy/dt がともに t の関数であるから

$$\frac{d}{dx}\left(\frac{dy}{dt}\right) = \frac{d}{dt}\left(\frac{dy}{dt}\right)\bigg/\frac{dx}{dt} = \frac{1}{e^t}\frac{d^2y}{dt^2} = \frac{1}{x}\frac{d^2y}{dt^2}$$

が成り立ち，式 (4.29) はつぎのようになる．

$$x\frac{dy}{dx} + x^2\frac{d^2y}{dx^2} = \frac{d^2y}{dt^2} \tag{4.30}$$

式 (4.28), (4.30) より，次式が得られる．

$$x^2\frac{d^2y}{dx^2} = \frac{d^2y}{dt^2} - \frac{dy}{dt}$$

以上をまとめると，つぎのようになる．

$x = e^t$ とおくと，$x\dfrac{dy}{dx} = \dfrac{dy}{dt}$，　$x^2\dfrac{d^2y}{dx^2} = \dfrac{d^2y}{dt^2} - \dfrac{dy}{dt}$

これらを用いると，式 (4.27) は定数係数の 2 階斉次方程式に書き換えられる．

例題 4.6　つぎの微分方程式の一般解を求めよ．

$$4x^2y'' + 4xy' - y = 0$$

《解》　$x < 0$ のときは，x を $-x$ で置き換えると $x > 0$ となり，微分方程式の形は不変である．$x > 0$ として $x = e^t$ と変換する．

$$xy' = \frac{dy}{dt}, \quad x^2y'' = \frac{d^2y}{dt^2} - \frac{dy}{dt}$$

より，微分方程式は

$$4\left(\frac{d^2y}{dt^2} - \frac{dy}{dt}\right) + 4\frac{dy}{dt} - y = 0 \qquad \therefore \ \frac{d^2y}{dt^2} - \frac{1}{4}y = 0$$

と書き換えられる．これは，定数係数の 2 階斉次方程式である．

特性方程式 $\lambda^2 - 1/4 = 0$ の解は $\lambda = 1/2, -1/2$ であるから，一般解は

$$y = C_1e^{t/2} + C_2e^{-t/2} \quad (C_1,\ C_2 \text{ は任意定数})$$

となり，変数を x に戻すとつぎのようになる．

$$y = C_1\sqrt{x} + \frac{C_2}{\sqrt{x}} \quad \left(e^t = x \text{ より } e^{t/2} = \sqrt{x},\ e^{-t/2} = \frac{1}{e^{t/2}} = \frac{1}{\sqrt{x}} \text{ に注意}\right)$$

$x < 0$ のときは x を $-x$ で置き換えたことを思い出すと，$x < 0$ のときを含めて成り立つ一般解は，つぎのようになる．

$$y = C_1\sqrt{|x|} + \frac{C_2}{\sqrt{|x|}} \quad (C_1,\ C_2 \text{ は任意定数})$$

問題 4.5　[例題 4.6] にならって，つぎの微分方程式の一般解を求めよ．　[Ref. 表 4.4]

(1) $x^2y'' - xy' + y = 0$

(2) $x^2y'' + 3xy' + 3y = 0$

4.6　非斉次方程式

ここでは，つぎのような 2 階**非斉次**方程式の解の構造を考える．

$$Ly = y'' + P(x)y' + Q(x)y = R(x) \tag{4.31}$$

$Ly = R(x)$ の一般解の構造について，つぎの定理が成り立つ．

$$[Ly = R(x) \text{ の一般解}] = [Ly = 0 \text{ の一般解}] + [Ly = R(x) \text{ の特殊解}] \quad (4.32)$$

すでに学んだように，$Ly = 0$ の基本解を y_1, y_2 とすると，$Ly = 0$ の一般解は $C_1y_1 + C_2y_2$（C_1, C_2 は任意定数）の形に書ける．したがって，上の定理をつぎのように書き換えることもできる．

> $Ly = 0$ の基本解を y_1, y_2 とすると，
>
> $$[Ly = R(x) \text{ の一般解}] = (C_1y_1 + C_2y_2) + [Ly = R(x) \text{ の特殊解}] \quad (4.33)$$
>
> ここで，C_1, C_2 は任意定数を表す．

▷ **注意 1**　$Ly = 0$ の一般解がわかっているとき，$Ly = R(x)$ の一般解を求めるには，$Ly = R(x)$ の特殊解が得られさえすればよい．
▷ **注意 2**　$Ly = R(x)$ の特殊解は無数にある．Y_1 と Y_2 を $Ly = R(x)$ の特殊解とすると，Y_2 は Y_1 に $Ly = 0$ の特殊解を加えたものにすぎない．

【証明】　以下で，$Ly = 0$ の基本解を y_1, y_2 とする．$Ly = R(x)$ の任意の解を y，$Ly = R(x)$ の特殊解を Y とし，これらの差 $h = y - Y$ を考える．

$$Lh = L(y - Y) = Ly - LY = R(x) - R(x) = 0$$

より，h は斉次方程式の解であることがわかり，$h = C_1y_1 + C_2y_2$（C_1, C_2 はある定数）の形に表される．ゆえに，$Ly = R(x)$ の任意の解 y が，$Ly = 0$ のある解 h（特殊解）と Y の和で表される．

> **復習**
> 式 (4.3) の L，関数 y, Y，定数 C_1, C_2 に対して，
> $L(C_1y + C_2Y) = C_1Ly + C_2LY$

逆に，$Ly = 0$ の一般解を $h = C_1y_1 + C_2y_2$（C_1, C_2 は任意定数），$Ly = R(x)$ の特殊解を Y とし，これらの和 $y = h + Y$ を考える．

$$Ly = L(h + Y) = Lh + LY = 0 + R(x) = R(x)$$

より，y は $Ly = R(x)$ の解であることがわかる．

以上より，式 (4.32), (4.33) が証明された．　（終）

■ 2 階非斉次方程式の解法

4.4 節と 4.5 節で，2 階**斉次**方程式の解法について学んだ．ここでは，2 階**非斉次**方程式 (4.31) の解法について学習する．斉次方程式と同様に，y', y の係数が x の関数になっている場合は，一般的解法が存在しない．

まず，斉次方程式の特殊解が得られた場合の解法を述べる．

解法 B–1　斉次方程式 $Ly=0$ の特殊解 $v(x)$ が得られたとき，$y=u(x)v(x)$ とおくと，$Ly=R(x)$ は $u'(x)$ を未知関数とする 1 階非斉次方程式に帰着される．

▷ **注意 1**　この解法は，斉次方程式の解法 A–1 を，非斉次の場合を含めて一般化したものである．
▷ **注意 2**　この解法をダランベールの**階数低下法**という．

例題 4.7　2 階非斉次方程式

$$Ly=y''-\frac{x+2}{x}y'+\frac{x+2}{x^2}y=\frac{x}{1+e^{-x}}\quad (x\neq 0)$$

について，つぎの問いに答えよ．以下では，右辺の非斉次項を $R(x)$ とする．

(1) $y=x^m$ を斉次方程式 $Ly=0$ に代入して定数 m を決めることにより，$Ly=0$ の特殊解 $v(x)$ を求めよ．

(2) $y=u(x)v(x)$ と変換し，非斉次方程式 $Ly=R(x)$ を，$u'(x)$ を未知関数とする 1 階非斉次方程式に書き換えよ．

(3) $Ly=R(x)$ の一般解を求めよ．

《解》 (1) $y=x^m$ を $Ly=0$ に代入すると，

$$m(m-1)x^{m-2}-\frac{x+2}{x}mx^{m-1}+\frac{x+2}{x^2}x^m=0$$

となる．両辺を $x^{m-2}(\neq 0)$ で割って整理すると，

$$(m-1)(x-m+2)=0$$

となり，$m=1$ ならばこの恒等式が成り立つので，x が $Ly=0$ の特殊解 v である．あるいは，$Ly=0$ の係数の式に注意すれば，ただちにこの特殊解を見いだすこともできるだろう．

(2) $y=xu$ (u は x の関数) を $Ly=R(x)$ に代入する．

$$2u'+xu''-\frac{x+2}{x}(u+xu')+\frac{x+2}{x^2}xu=\frac{x}{1+e^{-x}}$$

$$x(u''-u')=\frac{x}{1+e^{-x}}$$

両辺を x $(\neq 0)$ で割ると，

$$u''-u'=\frac{1}{1+e^{-x}}$$

さらに $u' = f$ とおくと，この方程式は次のように表される．

$$f' - f = \frac{1}{1+e^{-x}} \tag{4.34}$$

これは $f = u'$ を未知関数とする 1 階非斉次方程式である．

(3) 定数変化法を用いて，式 (4.34) の一般解を求める．斉次方程式 $f' - f = 0$ の一般解は $f = Ce^x$（C は任意定数）である．定数変化法により，$\boxed{f = w\,e^x\,(w \text{ は } x \text{ の関数})}$ を式 (4.34) に代入する．

$$(w' + w)e^x - we^x = \frac{1}{1+e^{-x}} = \frac{e^x}{e^x+1} \quad \left(e^{-x} = \frac{1}{e^x} \text{ に注意}\right)$$

$$\therefore\ w' = \frac{1}{e^x+1}$$

これを積分して w を求める．$e^x = t$ とおくと $e^x dx = dt$，したがって $dx = dt/t$ であるから，

$$w = \int \frac{1}{e^x+1}dx = \int \frac{1}{t(t+1)}\,dt$$

復習

$e^x = t$ と置換すると $e^x dx = dt$，したがって，$dx = dt/t$ であるから，

$$\int f(e^x)dx = \int f(t)\frac{1}{t}dt$$

となる．被積分関数を部分分数に分けて積分すると，

$$\begin{aligned} w &= \int \frac{1}{t(t+1)}dt = \int \left(\frac{1}{t} - \frac{1}{t+1}\right)dt \\ &= \log t - \log(t+1) + C_1 \quad (C_1 \text{ は任意定数，} t = e^x > 0 \text{ に注意}) \\ &= x - \log(e^x+1) + C_1 \quad (\log t = \log e^x = x \text{ に注意}) \end{aligned}$$

となる．これを $f = u' = we^x$ に代入すると，

$$u' = C_1 e^x + xe^x - e^x \log(e^x+1)$$

が得られ，これを積分すると，

$$u = C_1 e^x + \int xe^x dx - \int e^x \log(e^x+1)dx + C_2 \quad (C_2 \text{ は任意定数})$$

となる．ここで，部分積分により

$$\begin{aligned} \int xe^x dx &= \int x(e^x)' dx \\ &= xe^x - \int e^x dx = (x-1)e^x \end{aligned}$$

である．また，$e^x = (e^x+1)'$ に注意して，$e^x + 1 = t$ とおいて置換積分すると，

復習

$f(x) = t$ と置換すると，$f'(x) = \dfrac{dt}{dx}$ であるから，

$$\begin{aligned} \int f'(x)\log f(x)dx &= \int \log t \frac{dt}{dx}dx \\ &= \int \log t\,dt \end{aligned}$$

$$\begin{aligned}\int e^x \log(e^x+1)dx &= \int (e^x+1)' \log(e^x+1)dx \\ &= \int \log t \frac{dt}{dx} dx = \int \log t\, dt = t\log t - t \\ &= (e^x+1)\log(e^x+1) - (e^x+1)\end{aligned}$$

である．ゆえに，

$$\begin{aligned}u &= C_1 e^x + (x-1)e^x - (e^x+1)\log(e^x+1) + (e^x+1) + C_2 \\ &= C_1 e^x + C_2 + 1 + xe^x - (e^x+1)\log(e^x+1)\end{aligned}$$

となる．C_2+1 を改めて C_2 とおき，得られた u を $y = xu$ に代入すると，

$$y = C_1 xe^x + C_2 x + x^2 e^x - x(e^x+1)\log(e^x+1)$$

となり，これが求める $Ly = R(x)$ の一般解である．

解法のまとめ

$$y'' - \frac{x+2}{x}y' + \frac{x+2}{x^2}y = \frac{x}{1+e^{-x}}$$ （解くべき 2 階非斉次方程式）

↓ $y = xu$ を代入　（x は斉次方程式の特殊解）

$$u'' - u' = \frac{1}{1+e^{-x}}$$ （u' を未知関数とする 1 階非斉次方程式）

↓ $u' = we^x$ を代入　（定数変化法）

$$w' = \frac{1}{e^x+1}$$

↓ 積分

$$w = x - \log(e^x+1) + C_1$$

↓ $u' = we^x$ に代入

$$u' = C_1 e^x + xe^x - e^x \log(e^x+1)$$

↓ 積分

$$u = C_1 e^x + C_2 + xe^x - (e^x+1)\log(e^x+1)$$

↓ $y = xu$ に代入

$$y = C_1 xe^x + C_2 x + x^2 e^x - x(e^x+1)\log(e^x+1)$$ （求める一般解）

問題 4.6 ［例題 4.7］の解法にしたがって，つぎの微分方程式の一般解を求めよ．どちらもまず，x^m の形をもつ斉次方程式の特殊解を求めること．

(1) $y'' - \dfrac{2x}{x^2+1}y' + \dfrac{2}{x^2+1}y = 2$ ［Ref. 問題 4.3(1), 表 1.4(6), 部分積分, 表 1.2(13)］

(2) $y'' - \dfrac{x^2-2}{x(x+1)}y' - \dfrac{x+2}{x(x+1)}y = x+1 \quad (x \neq 0, -1)$ ［Ref. 表 1.3(2), 例 1.1(3a)］

つぎに，斉次方程式の 1 組の基本解が得られた場合の解法を述べる．

解法 B–2 斉次方程式 $Ly=0$ の基本解 y_1, y_2 が得られたとき，次の公式を用いて $Ly=R(x)$ の一般解を求める．

$$y = C_1y_1 + C_2y_2 + y_1\int\frac{-y_2R}{W(y_1,y_2)}dx + y_2\int\frac{y_1R}{W(y_1,y_2)}dx \tag{4.35}$$

ここで，C_1, C_2 は任意定数を表す．

▷ **注意 1** y_1, y_2 は $Ly=0$ の基本解，すなわち y_1, y_2 は 1 次独立であるから，公式右辺の被積分関数の分母にあるロンスキアン $W(y_1,y_2)$ はゼロにならない（4.3 節の表 4.1 を参照）．

▷ **注意 2** 公式右辺の積分を実行するとき，積分定数をつける必要はない．公式右辺の第 1 項と第 2 項の和は $Ly=0$ の一般解，第 3 項と第 4 項の和は $Ly=R(x)$ の特殊解である．式 (4.32) あるいは式 (4.33) で示した解の構造になっていることに注意しよう．

▷ **注意 3** 変数を含めて正確に書くと，右辺第 3 項は

$$y_1(x)\int^x\frac{-y_2(t)R(t)}{W(y_1(t),y_2(t))}dt$$

となるが，表式を簡潔にするために，式 (4.35) では積分変数を x とした．積分変数の x と積分の前にある y_1 の変数 x を混同しないように注意しよう．右辺第 4 項についても同様である．

式 (4.35) 右辺の第 3 項と第 4 項の和を Y とし，これが $Ly=R(x)$ の特殊解であることを確かめよう．Y をつぎのように表す．

$$Y = y_1u_1 + y_2u_2 \tag{4.36}$$

ここで，$u_1 = \displaystyle\int\frac{-y_2R}{W(y_1,y_2)}dx$, $u_2 = \displaystyle\int\frac{y_1R}{W(y_1,y_2)}dx$ であり，これらを微分すると $u_1' = \dfrac{-y_2R}{W(y_1,y_2)}$, $u_2' = \dfrac{y_1R}{W(y_1,y_2)}$ が得られる．これらを用いると，

$$y_1u_1' + y_2u_2' = 0 \tag{4.37}$$

$$y_1'u_1' + y_2'u_2' = \frac{y_1y_2' - y_1'y_2}{W(y_1, y_2)}R = R \tag{4.38}$$

となる．式 (4.36) を微分して式 (4.37), (4.38) を用いると，

$$Y' = (y_1'u_1 + y_2'u_2) + (y_1u_1' + y_2u_2') = y_1'u_1 + y_2'u_2$$
$$Y'' = (y_1''u_1 + y_2''u_2) + (y_1'u_1' + y_2'u_2') = y_1''u_1 + y_2''u_2 + R$$

となるから，

$$\begin{aligned} &Y'' + P(x)Y' + Q(x)Y \\ &\quad = u_1\{y_1'' + P(x)y_1' + Q(x)y_1\} + u_2\{y_2'' + P(x)y_2' + Q(x)y_2\} + R = R \\ &\therefore\ Y'' + P(x)Y' + Q(x)Y = R \end{aligned}$$

が得られる．ここで，y_1, y_2 が斉次方程式 $Ly = 0$ の解であることを用いた．以上より，Y が $Ly = R(x)$ の特殊解であることが確かめられた．

例題 4.8　2 階非斉次方程式

$$Ly = y'' - \frac{x}{x-1}y' + \frac{1}{x-1}y = (x-1)\,e^x \sin x \quad (x \neq 1)$$

について，つぎの問いに答えよ．以下では，右辺の非斉次項を $R(x)$ とする．

(1) $y = x^m$, $y = e^{mx}$ をそれぞれ斉次方程式 $Ly = 0$ に代入して定数 m を決めることにより，$Ly = 0$ の基本解を求めよ．

(2) 解法 B–2 の公式 (4.35) を用いて，非斉次方程式 $Ly = R(x)$ の一般解を求めよ．

《解》 (1) $y = x^m$ を $Ly = 0$ に代入すると，

$$m(m-1)x^{m-2} - \frac{x}{x-1}mx^{m-1} + \frac{1}{x-1}x^m = 0$$

となり，両辺に $x - 1$ を掛けて整理すると，

$$(m-1)x^{m-2}(x^2 - mx + m) = 0$$

となる．$m = 1$ ならばこの恒等式が成り立つから，$y = x$ が $Ly = 0$ の特殊解である．つぎに，$y = e^{mx}$ を $Ly = 0$ に代入すると，

$$m^2e^{mx} - \frac{x}{x-1}me^{mx} + \frac{1}{x-1}e^{mx} = 0$$

となり，両辺に $(x-1)/e^{mx}$ $(e^{mx} > 0)$ を掛けて整理すると，

$$(m-1)(mx - m - 1) = 0$$

となる．$m=1$ ならばこの恒等式が成り立つから，$y=e^x$ が $Ly=0$ の特殊解である．こうして得られた $x,\ e^x$ は 1 次独立であるから，これらは $Ly=0$ の基本解となる．$y=x,\ e^x,\ e^{-x}$ などが特殊解である場合は，斉次方程式の形からただちにこれらを見いだすこともできるだろう．

(2) 基本解 $y_1=x,\ y_2=e^x$ のロンスキアン

$$W(y_1,\,y_2)=\begin{vmatrix} y_1 & y_2 \\ y_1' & y_2' \end{vmatrix}=\begin{vmatrix} x & e^x \\ 1 & e^x \end{vmatrix}=(x-1)\,e^x$$

$$(x\neq 1,\ e^x>0 \text{ より，つねに } W(y_1,y_2)\neq 0)$$

と非斉次項 $R(x)=(x-1)e^x\sin x$ より，

$$\int\frac{y_2R}{W(y_1,y_2)}\,dx=\int\frac{e^x(x-1)\,e^x\sin x}{(x-1)\,e^x}\,dx=\int e^x\sin x\,dx$$

$$\int\frac{y_1R}{W(y_1,y_2)}\,dx=\int\frac{x(x-1)\,e^x\sin x}{(x-1)\,e^x}\,dx=\int x\sin x\,dx$$

となる．まず，二つの積分のうちの前者を求める．ここでは，cos, sin の積分を組み合わせて求める方法を用いる．

$$I=\int e^x\cos x\,dx,\quad J=\int e^x\sin x\,dx$$

とおいて部分積分を用いると，

$$I=\int(e^x)'\cos x\,dx=e^x\cos x+\int e^x\sin x\,dx=e^x\cos x+J$$

$$J=\int(e^x)'\sin x\,dx=e^x\sin x-\int e^x\cos x\,dx=e^x\sin x-I$$

が成り立ち，これより次式が得られる．

$$I=\frac{1}{2}e^x(\cos x+\sin x),\quad J=\frac{1}{2}e^x(\sin x-\cos x)$$

ゆえに，

$$\int e^x\sin x\,dx=\frac{1}{2}\,e^x(\sin x-\cos x)$$

となる．つぎに，二つの積分のうちの後者を求める．[例 1.1] (1a) にあるように，部分積分により，

$$\begin{aligned}\int x\sin x\,dx&=-\int x(\cos x)'dx=-x\cos x+\int\cos x\,dx\\&=\sin x-x\cos x\end{aligned}$$

となり，公式 (4.35) より，$Ly = R(x)$ の一般解はつぎのようになる．

$$
\begin{aligned}
y &= C_1 x + C_2 e^x - \frac{1}{2} x\, e^x (\sin x - \cos x) + e^x (\sin x - x \cos x) \\
&= C_1 x + C_2 e^x + e^x \left\{ \left(1 - \frac{1}{2}x\right) \sin x - \frac{1}{2} x \cos x \right\} \quad (C_1,\ C_2 \text{ は任意定数})
\end{aligned}
$$

問題 4.7　2 階非斉次方程式

$$
Ly = y'' + \frac{4}{x} y' + \frac{2}{x^2} y = \frac{e^x}{x} \quad (x \neq 0)
$$

について，つぎの問いに答えよ．

(1) $y = x^m$ を斉次方程式 $Ly = 0$ に代入して定数 m を定めることにより，$Ly = 0$ の基本解を求めよ．

(2) 解法 B–2 の公式 (4.35) を用いて，非斉次方程式 $Ly = e^x/x$ の一般解を求めよ．

[Ref. 例 1.1(3a), (3b)]

式 (4.32) あるいは式 (4.33) からわかるように，$Ly = 0$ の一般解が得られたとき，あとは $Ly = R(x)$ の特殊解を求めればよい．この特殊解を求める解法として，つぎのような**未定係数法**あるいは**代入法**とよばれるものがある．

解法 B–3　未定係数法（代入法）

$Ly = R(x)$ の特殊解の形が推測できるとき，特殊解を未定係数を含む関数の形に表し，これを $Ly = R(x)$ に代入して未定係数を決定する．こうして得られた $Ly = R(x)$ の特殊解と，別に求めた $Ly = 0$ の一般解の和をつくると，$Ly = R(x)$ の一般解が得られる．

▷ **注意**　この解法は，Ly が定数係数（$P(x)$, $Q(x)$ が定数）のとき，きわめて有効である．

未定係数法

解法 B–3 の未定係数法（代入法）では，多くの場合，斉次方程式 $Ly = 0$ の基本解を把握した上で，非斉次方程式 $Ly = R(x)$ の特殊解の形を正しく推測する必要がある．ここでは定数係数の 2 階非斉次方程式

$$
Ly = y'' + ay' + by = R(x) \quad (a,\ b \text{ は定数}) \tag{4.39}
$$

を考える．4.4 節で学んだように，特性方程式の解から斉次方程式 $Ly = 0$ の一般解を

構成することができる（表 4.4 を参照）．この一般解に，未定係数法により得られた非斉次方程式 $Ly = R(x)$ の特殊解を加えたものが，非斉次方程式の一般解である（式 (4.32) と式 (4.33) を参照）．式 (4.39) において $b = 0$ のときは，$y' = f$ とおいて，f を未知関数とする 1 階非斉次方程式に書き直すことができる．したがって，以下では $b \neq 0$ とする．

[1] $R(x)$ が多項式のとき

斉次方程式 $Ly = 0$ の基本解によらず，$Ly = R(x)$ の特殊解を表 4.6 のような多項式の形におけばよい．すなわち，非斉次項 $R(x)$ が m 次多項式ならば，$Ly = R(x)$ の特殊解も m 次多項式の形におく．

表 4.6　$R(x)$ が多項式のときの $Ly = R(x)$ の特殊解

非斉次項 $R(x)$	$Ly = 0$ の基本解	$Ly = R(x)$ の特殊解
α	任意の基本解	A
$\alpha x + \beta$		$Ax + B$
$\alpha x^2 + \beta x + \gamma$		$Ax^2 + Bx + C$
m 次多項式		m 次多項式

$\alpha, \beta, \gamma, A, B, C$ は定数である．上記のように，式 (4.39) で $b \neq 0$ としている．

例題 4.9　つぎの微分方程式の一般解を求めよ．

$$Ly = y'' + 2y' + y = x^2 + x + 1$$

《解》　斉次方程式 $Ly = 0$ の特性方程式 $\lambda^2 + 2\lambda + 1 = (\lambda + 1)^2 = 0$ の解は $\lambda = -1$（2 重解）であるから，表 4.4 より，$Ly = 0$ の基本解は e^{-x}, xe^{-x} となる．

上の表 4.6 に従って，$Ly = x^2 + x + 1$ の特殊解を $\boxed{y = Ax^2 + Bx + C}$ とおく．ここで，A, B, C は定めるべき定数である．この y と $y' = 2Ax + B$, $y'' = 2A$ を $Ly = x^2 + x + 1$ に代入する．

$$2A + 2(2Ax + B) + (Ax^2 + Bx + C) = x^2 + x + 1$$
$$\therefore\ Ax^2 + (4A + B)x + (2A + 2B + C) = x^2 + x + 1$$

係数を比較すると，

$$A = 1, \quad 4A + B = 1, \quad 2A + 2B + C = 1$$
$$\therefore\ A = 1, \quad B = -3, \quad C = 5$$

が得られ，$Ly = x^2 + x + 1$ の特殊解は $y = x^2 - 3x + 5$ となる．以上より，求める一般解はつぎのようになる．

$$y=(C_1+C_2x)e^{-x}+x^2-3x+5 \quad (C_1,\ C_2\ は任意定数)$$

問題 4.8　つぎの微分方程式を考える．

$$y''+2y'+2y=R(x)$$

［例題 4.9］にならって，つぎの各 $R(x)$ に対する一般解を求めよ．

(1) $R(x)=1$　　(2) $R(x)=x$　　(3) $R(x)=x^2$　　［Ref. 表 4.4, 表 4.6］

[2] $\boldsymbol{R(x)=\alpha e^{\beta x}}$ のとき（α, β は定数であり $\alpha\neq 0$, $\beta\neq 0$）

斉次方程式 $Ly=0$ の解を調べて，表 4.7 のように非斉次方程式 $Ly=R(x)$ の特殊解の形を定める．すなわち，非斉次項の $e^{\beta x}$ が $Ly=0$ の解でない場合は，$Ly=R(x)$ の特殊解を $Ae^{\beta x}$ とおく．$e^{\beta x}$ が $Ly=0$ の解であり，$xe^{\beta x}$ が $Ly=0$ の解でない場合は，$Axe^{\beta x}$ とおく．また，$e^{\beta x}$ と $xe^{\beta x}$ がどちらも $Ly=0$ の解である場合は，$Ax^2e^{\beta x}$ とおく．

表 4.7　$R(x)$ が指数関数のときの $Ly=R(x)$ の特殊解

非斉次項 $R(x)$	$Ly=0$ の基本解	$Ly=R(x)$ の特殊解
$\alpha e^{\beta x}$	$e^{\beta x}$, $e^{\gamma x}$ $(\beta\neq\gamma)$	$Axe^{\beta x}$
	$e^{\beta x}$, $xe^{\beta x}$	$Ax^2e^{\beta x}$
	上記 2 例以外	$Ae^{\beta x}$

α, β, γ, A は定数である．

例題 4.10　つぎの微分方程式の一般解を求めよ．

(1) $y''-y'-2y=e^x$　　(2) $y''+y'-2y=3e^x$　　(3) $y''-2y'+y=2e^x$

▷ **注意**　非斉次項の形より，特殊解の形としてただちに Ae^x とおきたくなるが，その前に斉次方程式 $Ly=0$ の基本解を吟味する必要がある．

《解》 (1) 斉次方程式 $Ly=y''-y'-2y=0$ の特性方程式 $\lambda^2-\lambda-2=(\lambda+1)(\lambda-2)=0$ の解は $\lambda=2,\ -1$ であるから，表 4.4 より $Ly=0$ の基本解は e^{2x}, e^{-x} となる．非斉次項 e^x は $Ly=0$ の解になっていないので，$Ly=e^x$ の特殊解として，$\boxed{y=Ae^x}$ とおく．これと $y'=Ae^x$, $y''=Ae^x$ を $Ly=e^x$ に代入する．

$$Ae^x - Ae^x - 2Ae^x = e^x \qquad \therefore\ A = -\frac{1}{2}$$

よって，$Ly = e^x$ の特殊解は $y = -(1/2)e^x$ となる．以上より，$Ly = e^x$ の一般解はつぎのようになる．

$$y = C_1 e^{2x} + C_2 e^{-x} - \frac{1}{2}e^x \quad (C_1,\ C_2 \text{ は任意定数})$$

(2) $Ly = y'' + y' - 2y = 0$ の特性方程式 $\lambda^2 + \lambda - 2 = (\lambda - 1)(\lambda + 2) = 0$ の解は $\lambda = 1$, -2 であるから，$Ly = 0$ の基本解は e^x, e^{-2x} となる．非斉次項の因子 e^x は $Ly = 0$ の解になっているが，$x\,e^x$ は解になっていない．

したがって，$Ly = 3e^x$ の特殊解として $\boxed{y = Axe^x}$ とおく．これと $y' = A(1+x)e^x$, $y'' = A(2+x)e^x$ を $Ly = 3e^x$ に代入する．

$$A(2+x)e^x + A(1+x)e^x - 2Axe^x = 3e^x$$
$$3Ae^x = 3e^x \qquad \therefore\ A = 1$$

よって，$Ly = 3e^x$ の特殊解は $y = x\,e^x$ となる．以上より，$Ly = 3e^x$ の一般解はつぎのようになる．

$$y = C_1 e^x + C_2 e^{-2x} + x\,e^x \quad (C_1,\ C_2 \text{ は任意定数})$$

(3) $Ly = y'' - 2y' + y = 0$ の特性方程式 $\lambda^2 - 2\lambda + 1 = (\lambda - 1)^2 = 0$ の解は $\lambda = 1$（2 重解）であるから，$Ly = 0$ の基本解は e^x, $x\,e^x$ となる．非斉次項の因子 e^x は $Ly = 0$ の解であり，さらに $x\,e^x$ も解である．

したがって，$Ly = 2e^x$ の特殊解として $\boxed{y = Ax^2e^x}$ とおく．これと $y' = A(x^2 + 2x)e^x$, $y'' = A(x^2 + 4x + 2)e^x$ を $Ly = 2e^x$ に代入する．

$$A(x^2 + 4x + 2)e^x - 2A(x^2 + 2x)e^x + Ax^2e^x = 2e^x$$
$$2Ae^x = 2e^x \qquad \therefore\ A = 1$$

よって，$Ly = 2e^x$ の特殊解は x^2e^x となる．以上より，$Ly = 2e^x$ の一般解はつぎのようになる．

$$y = (C_1 + C_2 x)\,e^x + x^2\,e^x \quad (C_1,\ C_2 \text{ は任意定数})$$

問題 4.9　［例題 4.10］にならって，つぎの微分方程式の一般解を求めよ．

(1) $y'' - 2y' + 5y = e^{2x}$　　(2) $y'' + y' - 6y = e^{2x}$　　(3) $y'' - 4y' + 4y = e^{2x}$

［Ref. 表 4.4, 表 4.7］

[3] $R(x) = \alpha\cos\beta x$ または $\alpha\sin\beta x$ のとき（α, β は定数であり，$\alpha \neq 0$, $\beta \neq 0$）

斉次方程式 $Ly = 0$ の解を調べて，表 4.8 のように非斉次方程式 $Ly = R(x)$ の特殊解の形を定める．すなわち，非斉次項の $\cos\beta x$ または $\sin\beta x$ が $Ly=0$ の解でない場合は，$Ly=R(x)$ の特殊解を $A\cos\beta x+B\sin\beta x$ とおく．$\cos\beta x$ または $\sin\beta x$ が $Ly=0$ の解である場合は，$x(A\cos\beta x+B\sin\beta x)$ とおく（$\cos\beta x$, $\sin\beta x$ の一方が $Ly=0$ の解ならば，他方も解である）．

表 4.8　$R(x)$ が三角関数のときの $Ly=R(x)$ の特殊解

非斉次項 $R(x)$	$Ly=0$ の基本解	$Ly=R(x)$ の特殊解
$\alpha\cos\beta x$ または $\alpha\sin\beta x$	$\cos\beta x$, $\sin\beta x$	$x\,(A\cos\beta x+B\sin\beta x)$
	上記以外	$A\cos\beta x+B\sin\beta x$

$\alpha\ (\neq 0)$, $\beta\ (\neq 0)$, A, B は定数である．

例題 4.11　つぎの微分方程式を考える．

$$Ly=y''+y=R(x)$$

このとき，つぎの各 $R(x)$ に対する一般解を求めよ．

(1) $R(x)=\sin 2x$　　(2) $R(x)=\sin x$　　[Ref. 表 4.4, 表 4.8]

《解》 斉次方程式 $Ly=y''+y=0$ の特性方程式 $\lambda^2+1=0$ より $\lambda=\pm i$ であるから，表 4.4 より $Ly=0$ の基本解は $\cos x$, $\sin x$ となる．

(1) 非斉次項 $\sin 2x$ は $Ly=0$ の解でないから，$Ly=\sin 2x$ の特殊解として $\boxed{y=A\cos 2x+B\sin 2x}$ とおく．これを微分方程式に代入すると，

$$-4(A\cos 2x+B\sin 2x)+(A\cos 2x+B\sin 2x)=\sin 2x$$

$$-3A\cos 2x-3B\sin 2x=\sin 2x \qquad \therefore\ A=0,\quad B=-\frac{1}{3}$$

微分方程式に y' の項がないことからも，$A=0$ がわかるであろう．
よって，$Ly=\sin 2x$ の特殊解は $y=-(1/3)\sin 2x$ となる．以上より，$Ly=\sin 2x$ の一般解はつぎのようになる．

$$y=C_1\cos x+C_2\sin x-\frac{1}{3}\sin 2x \quad (C_1,\ C_2 \text{ は任意定数})$$

(2) 非斉次項 $\sin x$ は $Ly=0$ の解であるから，$Ly=\sin x$ の特殊解として $\boxed{y=x\,(A\cos x+B\sin x)}$ とおく．これを $Ly=\sin x$ に代入すると，

$$-2A\sin x+2B\cos x=\sin x \qquad \therefore\ A=-\frac{1}{2},\quad B=0$$

よって，$Ly=\sin x$ の特殊解は $y=-(1/2)x\cos x$ となる．以上より，$Ly=\sin x$ の一

般解はつぎのようになる．

$$y = C_1 \cos x + C_2 \sin x - \frac{1}{2} x \cos x \quad (C_1,\ C_2 \text{ は任意定数})$$

問題 4.10 つぎの微分方程式を考える．

$$y'' + 4y = R(x)$$

［例題 4.11］にならって，つぎの各 $R(x)$ に対する一般解を求めよ．

(1) $R(x) = \cos x$ (2) $R(x) = \cos 2x$ ［Ref. 表 4.4, 表 4.8］

[4] その他の非斉次項 $R(x)$ の場合

これまで，非斉次項 $R(x) = (m$ 次多項式$)$, $\alpha e^{\beta x}$, $\alpha \cos \beta x$ または $\alpha \sin \beta x$ の場合について学んだ．$R(x)$ がもう少し複雑な形になったとき，非斉次方程式の特殊解をどのような形におけばよいかを，表 4.9 にまとめておく．

表 4.9 種々の $R(x)$ に対する $Ly = R(x)$ の特殊解

非斉次項 $R(x)$	$Ly = 0$ の基本解	$Ly = R(x)$ の特殊解
$e^{\beta x} \times (m$ 次多項式$)$	$e^{\beta x}, \quad e^{\gamma x}\ (\beta \neq \gamma)$	$x\, e^{\beta x} \times (m$ 次多項式$)$
	$e^{\beta x}, \quad x e^{\beta x}$	$x^2 e^{\beta x} \times (m$ 次多項式$)$
	上記 2 例以外	$e^{\beta x} \times (m$ 次多項式$)$
$\cos \beta x \times (m$ 次多項式$)$ または $\sin \beta x \times (m$ 次多項式$)$	$\cos \beta x, \quad \sin \beta x$	$x \cos \beta x \times (m$ 次多項式$)$ $+ x \sin \beta x \times (m$ 次多項式$)$
	上記以外	$\cos \beta x \times (m$ 次多項式$)$ $+ \sin \beta x \times (m$ 次多項式$)$
$e^{\gamma x} \cos \beta x \times (m$ 次多項式$)$ または $e^{\gamma x} \sin \beta x \times (m$ 次多項式$)$	$e^{\gamma x} \cos \beta x$, $e^{\gamma x} \sin \beta x$	$x e^{\gamma x} \cos \beta x \times (m$ 次多項式$)$ $+ x e^{\gamma x} \sin \beta x \times (m$ 次多項式$)$
	上記以外	$e^{\gamma x} \cos \beta x \times (m$ 次多項式$)$ $+ e^{\gamma x} \sin \beta x \times (m$ 次多項式$)$

■ 解の重ね合わせの定理

前項の未定係数法では，y', y の係数がそれぞれ定数 a, b である場合を考えたが，ここで学ぶ定理はもっと一般的に，y', y の係数がそれぞれ x の関数 $P(x)$, $Q(x)$ である場合に成り立つ．

つぎのように，非斉次項が二つの項 $R_1(x)$ と $R_2(x)$ の和である場合を考える．

$$Ly = y'' + P(x)y' + Q(x)y = R_1(x) + R_2(x)$$

> y_1 が $Ly = R_1(x)$ の特殊解，y_2 が $Ly = R_2(x)$ の特殊解ならば，$y = y_1 + y_2$ は $Ly = R_1(x) + R_2(x)$ の特殊解である（解の重ね合わせの定理）．

【証明】　式 (4.3) の L, $y = y_1 + y_2$ に対し，

$$Ly = L(y_1 + y_2) = Ly_1 + Ly_2$$

である．y_1 が $Ly = R_1(x)$ の特殊解，y_2 が $Ly = R_2(x)$ の特殊解であるから，$Ly_1 = R_1(x)$, $Ly_2 = R_2(x)$ が成り立ち，つぎのようになる．

$$Ly = L(y_1 + y_2) = R_1(x) + R_2(x)$$

ゆえに，$y = y_1 + y_2$ は $Ly = R_1(x) + R_2(x)$ の特殊解である．（終）

> **復習**
> 式 (4.3) の L，関数 y_1, y_2，定数 C_1, C_2 に対して，
> $$L(C_1y_1+C_2y_2) = C_1Ly_1+C_2Ly_2$$

▷ **注意 1**　$Ly = R_1(x) + R_2(x)$ の特殊解を求めるとき，$Ly = R_1(x)$ の特殊解，$Ly = R_2(x)$ の特殊解を求めて和をつくればよい．

▷ **注意 2**　非斉次項が三つ以上の項の和である場合も，同様の定理が成り立つ．

例題 4.12　つぎの微分方程式の一般解を求めよ．

$$Ly = y'' + y = \sin 2x + \sin x$$

《解》　［例題 4.11］の解からわかるように，まず，$Ly = 0$ の基本解は $\cos x$, $\sin x$ である．また，$y = -(1/3)\sin 2x$ は $Ly = \sin 2x$ の特殊解，$y = -(1/2)x\cos x$ は $Ly = \sin x$ の特殊解である．解の重ね合わせの定理より，$-(1/3)\sin 2x - (1/2)x\cos x$ は $Ly = \sin 2x + \sin x$ の特殊解である．

以上より，$Ly = \sin 2x + \sin x$ の一般解はつぎのようになる．

$$y = C_1\cos x + C_2\sin x - \frac{1}{3}\sin 2x - \frac{1}{2}x\cos x \quad (C_1,\ C_2 \text{ は任意定数})$$

問題 4.11　解の重ね合わせの定理を用いて，つぎの微分方程式の特殊解を求め，さらに一般解を求めよ．

(1) $y'' + y' - 2y = e^x + \cos x$　［Ref. 表 4.4, 表 4.7, 表 4.8］

(2) $y'' + y = x^2 + \sin x$　［Ref. 表 4.4, 表 4.6, 表 4.8］

非斉次方程式でも，標準形に書き換える方法が有効な場合がある．

解法 B–4

$$y = u(x)\exp\left\{-\frac{1}{2}\int^x P(t)dt\right\} \tag{4.25}$$

と変換すると，微分方程式 (4.31) は**標準形**

$$u'' + \tilde{Q}(x)u = \tilde{R}(x) \tag{4.40}$$

に書き換えられる．ここで，

$$\tilde{Q}(x) = Q(x) - \frac{1}{2}P'(x) - \frac{1}{4}\{P(x)\}^2 \tag{4.41}$$

$$\tilde{R}(x) = R(x)\exp\left\{\frac{1}{2}\int^x P(t)dt\right\} \tag{4.42}$$

である．標準形に書き換えると，一般解が容易にみつかる場合がある．

▷ **注意 1**　式 (4.40) のような 1 階微分項のない非斉次方程式を，2 階非斉次方程式の標準形という．なお，式 (4.40) では，$u(x)$ が u と略記されている．

▷ **注意 2**　この解法は，斉次方程式の解法 A–2 を，非斉次の場合を含めて一般化したものである．しかし，非斉次方程式 (4.31) を標準形 (4.40) に書き換えるのではなく，まず解法 A–2 により，斉次方程式 $Ly = 0$ を標準形に書き換える方法もある．こうして $Ly = 0$ の解が得られれば，解法 B–1 や解法 B–2 を用いることができる．

例題 4.13　標準形に書き換えて，つぎの微分方程式の一般解を求めよ．

$$y'' + \frac{4}{x}y' - \frac{x^2-2}{x^2}y = \frac{1}{x}e^x$$

《解》

$$\begin{aligned} y &= u(x)\exp\left\{-\frac{1}{2}\int^x P(t)dt\right\} \\ &= u(x)\exp\left(-2\int^x \frac{1}{t}dt\right) \\ &= u(x)\exp\left(-2\log|x|\right) \\ &= u(x)\exp\left(\log x^{-2}\right) = x^{-2}u(x) \end{aligned}$$

復習
exp と log（自然対数）は互いに逆関数なので，

$$\exp\{\log f(x)\} = f(x) \quad (f(x) > 0)$$

とおく．以下，$u(x)$ を u と略記する．この式と

$$y' = -2x^{-3}u + x^{-2}u' = x^{-2}\left(-2x^{-1}u + u'\right)$$

$$y'' = 6x^{-4}u - 4x^{-3}u' + x^{-2}u'' = x^{-2}\left(6x^{-2}u - 4x^{-1}u' + u''\right)$$

を微分方程式に代入する．

$$x^{-2}\left\{\left(6x^{-2}u - 4x^{-1}u' + u''\right) + 4\left(-2x^{-2}u + x^{-1}u'\right) - \left(1 - 2x^{-2}\right)u\right\} = x^{-1}e^x$$

$$x^{-2}\left(u'' - u\right) = x^{-1}e^x$$

$$\therefore\ \boxed{u'' - u = xe^x} \tag{4.43}$$

これは，定数係数の 2 階非斉次方程式である．斉次方程式 $u'' - u = 0$ の特性方程式 $\lambda^2 - 1 = 0$ の解は $\lambda = \pm 1$ であるから，表 4.4 より，$u'' - u = 0$ の一般解はつぎのようになる．

$$u = C_1e^x + C_2e^{-x} \quad (C_1,\ C_2 \text{ は任意定数})$$

未定係数法を用いて，式 (4.43) の特殊解を求めよう．表 4.9 より，定数係数の 2 階非斉次方程式 $Lu = u'' + au' + bu = xe^x$ の特殊解は，表 4.10 のようになる．

表 4.10　$Lu = u'' + au' + bu = xe^x$ の特殊解

非斉次項 $R(x)$	$Lu = 0$ の基本解	$Lu = R(x)$ の特殊解
xe^x	e^x,　$e^{\gamma x}\ (\gamma \neq 1)$	$x(Ax + B)\,e^x$
	e^x,　xe^x	$x^2(Ax + B)\,e^x$
	上記 2 例以外	$(Ax + B)\,e^x$

式 (4.43) は，表 4.10 の三つの場合のうちの最初に該当する．したがって，特殊解として $\boxed{u = x\,(Ax + B)\,e^x}$ とおき，これを式 (4.43) に代入して，両辺を $e^x\ (> 0)$ で割る．

$$\left\{Ax^2 + (4A + B)x + 2(A + B)\right\} - \left(Ax^2 + Bx\right) = x$$

$$\therefore\ 4Ax + 2(A + B) = x$$

係数を比較すると，

$$4A = 1, \quad A + B = 0 \quad \therefore\ A = \frac{1}{4}, \quad B = -\frac{1}{4}$$

ゆえに，特殊解はつぎのようになる．

$$u = \frac{1}{4}x(x - 1)e^x$$

以上より，$u'' - u = xe^x$ の一般解はつぎのようになる．

$$u = C_1e^x + C_2e^{-x} + \frac{1}{4}x(x - 1)e^x$$

これを $y = x^{-2}u$ に代入すると，求める一般解が得られる．

$$y = \frac{1}{x^2}\left(C_1 e^x + C_2 e^{-x}\right) + \frac{x-1}{4x}e^x \quad (C_1,\ C_2 \text{ は任意定数})$$

▷ **注意**(別解)　$y = x^{-2}u$ とおいて斉次方程式

$$y'' + \frac{4}{x}y' - \frac{x^2-2}{x^2}y = 0$$

を標準形に書き換えると，$u'' - u = 0$ となり，この微分方程式の基本解 e^x, e^{-x} が求まる．したがって，$y = x^{-2}u$ より，$x^{-2}e^x$, $x^{-2}e^{-x}$ は上記の斉次方程式の基本解である．あとは解法 B–1 あるいは解法 B–2 を用いると，問題の非斉次方程式の一般解が得られる．

問題 4.12　[例題 4.13] のように標準形に書き換えることにより，つぎの微分方程式の一般解を求めよ．

(1) $y'' - 4xy' + 4x^2y = \exp(x^2 + x)$　[Ref. 表 4.4, 表 4.7]

(2) $y'' - \dfrac{2}{x}y' + \dfrac{x^2+2}{x^2}y = x\sin x\cos x$　[Ref. 表 4.4, 表 4.8]

第 4 章のまとめ

[A] 斉次方程式　$Ly = y'' + P(x)y' + Q(x)y = 0$

(i) $Ly = 0$ の解 y_1, y_2 が 1 次独立であるための必要十分条件は，

$$\text{ロンスキアン } W(y_1, y_2) \neq 0$$

(ii) y_1, y_2 が $Ly = 0$ の 1 次独立な解（基本解）のとき，

$$Ly = 0 \text{ の一般解：} y = C_1y_1 + C_2y_2 \quad (C_1,\ C_2 \text{ は任意定数})$$

(iii) $Ly = 0$ の解法

① 定数係数の斉次方程式 $Ly = y'' + ay' + by = 0$（a, b は定数）の一般解は，特性方程式 $\lambda^2 + a\lambda + b = 0$ の解から構成できる（表 4.4 を参照）．

② $Ly = 0$ の特殊解 $v(x)$ をみつけて，$y = u(x)v(x)$ とおく．

$$Ly = 0 \xrightarrow[y = uv]{} u' \text{ を未知関数とする 1 階斉次方程式}$$

特殊解 $v(x)$ をみつけるためには，たとえば，x^m, e^{mx} の形の解を試してみるとよい．

③ $y = u(x)\exp\left\{-\dfrac{1}{2}\displaystyle\int^x P(t)dt\right\}$ とおくと，

$$y'' + P(x)y' + Q(x)y = 0 \to u'' + \tilde{Q}(x)u = 0 \quad (\text{標準形})$$

標準形（斉次）に書き換えることにより，解ける場合がある．

④ オイラーの微分方程式（斉次）$x^2y'' + axy' + by = 0$ （a, b は定数）では，$x = e^t$ とおくと

$$x\frac{dy}{dx} = \frac{dy}{dt}, \quad x^2\frac{d^2y}{dx^2} = \frac{d^2y}{dt^2} - \frac{dy}{dt}$$

が成り立ち，

$$x^2y'' + axy' + by = 0 \xrightarrow[x=e^t]{} \text{定数係数の 2 階斉次方程式}$$

[B] 非斉次方程式　$Ly = y'' + P(x)y' + Q(x)y = R(x)$

(i) [$Ly = R(x)$ の一般解] = [$Ly = 0$ の一般解] + [$Ly = R(x)$ の特殊解]

(ii) $Ly = R(x)$ の解法

① $Ly = 0$ の特殊解 $v(x)$ をみつけて，$y = u(x)v(x)$ とおく．

$$Ly = R(x) \xrightarrow[y=uv]{} u' \text{ を未知関数とする 1 階非斉次方程式}$$

② $Ly = 0$ の基本解 y_1, y_2 が得られたとき，公式 (4.35) を用いて $Ly = R(x)$ の一般解を求める．

③ 未定係数法により $Ly = R(x)$ の特殊解を求め，この特殊解と $Ly = 0$ の一般解の和をつくる．非斉次項 $R(x) = R_1(x) + R_2(x)$ のときは，解の重ね合わせの定理を用いる．すなわち，y_1 が $Ly = R_1(x)$ の特殊解，y_2 が $Ly = R_2(x)$ の特殊解ならば，$y = y_1 + y_2$ は $Ly = R_1(x) + R_2(x)$ の特殊解である．

④ $y = u(x)\exp\left\{-\dfrac{1}{2}\displaystyle\int^x P(t)dt\right\}$ とおいて，$Ly = R(x)$ を標準形（非斉次）に書き換えてみる．

演習問題

4.1　つぎの微分方程式を考える．

$$y'' + 4y' + 5y = R(x)$$

以下の各 $R(x)$ に対する一般解を求めよ．

(1) $R(x) \equiv 0$ （恒等的にゼロ）　[Ref. 表 4.4]

(2) $R(x) = x$　[Ref. 表 4.6]

(3) $R(x) = \cos x$　[Ref. 表 4.8]

(4) $R(x) = e^{-2x}\sin x$　[Ref. 表 4.9]

(5) $R(x) = x + \cos x$　[Ref. 解の重ね合わせの定理]

4.2　つぎの微分方程式を考える．

$$y'' + 3y' + 2y = R(x)$$

以下の各 $R(x)$ に対する一般解を求めよ．

(1) $R(x) \equiv 0$ （恒等的にゼロ）　[Ref. 表 4.4]

(2) $R(x) = e^x$ [Ref. 表 4.7]

(3) $R(x) = e^{-x}$ [Ref. 表 4.7]

(4) $R(x) = x\,e^{-x}$ [Ref. 表 4.9 または表 4.10]

(5) $R(x) = e^x + e^{-x}$ [Ref. 解の重ね合わせの定理]

4.3 つぎの微分方程式を考える．

$$y'' - \frac{4}{x}y' + \left(1 + \frac{6}{x^2}\right)y = R(x)$$

以下の各 $R(x)$ に対する一般解を求めよ． [Ref. 解法 B–4]

(1) $R(x) \equiv 0$ （恒等的にゼロ） [Ref. 表 4.4]

(2) $R(x) = x^2 \sin 2x$ [Ref. 表 4.8]

(3) $R(x) = x^2 \sin x$ [Ref. 表 4.8]

(4) $R(x) = x^3 \sin x$ [Ref. 表 4.9]

4.4 つぎの微分方程式を考える（オイラーの微分方程式（非斉次））．

$$x^2y'' - xy' + y = R(x)$$

以下の各 $R(x)$ に対する一般解を求めよ． [Ref. 斉次の場合の解法 A–3]

(1) $R(x) \equiv 0$ （恒等的にゼロ） [Ref. 表 4.4]

(2) $R(x) = x^2$ [Ref. 表 4.7]

(3) $R(x) = \log x \quad (x > 0)$ [Ref. 表 4.6]

(4) $R(x) = x \log x \quad (x > 0)$ [Ref. 表 4.10]

4.5 長さ l の一様な鎖が小さく軽い滑車に掛けられ，滑車の両側に垂れ下がっている（図 4.6）．滑車は水平な軸のまわりに滑らかに回転する．鎖の右側の長さを x とすると，左側の長さは $l - x$ となる．鎖の単位長さあたりの質量を σ とすると，鎖の右側の部分に作用する重力は σxg，左側の部分に作用する重力は $\sigma(l-x)g$ となる．ここで，g は重力加速度を表す．鎖の運動方程式はつぎのようになる．

$$\sigma l \frac{d^2x}{dt^2} = \sigma xg - \sigma(l-x)g \quad \therefore \quad \boxed{\frac{d^2x}{dt^2} - \frac{2g}{l}x = -g}$$

時刻 $t = 0$ において，$x = a > l/2,\ dx/dt = 0$ とすると，右側の鎖が滑り落ち始める．時刻 $t > 0$ では x はどのようになるか．ただし，$x \leq l$ の範囲で考えること． [Ref. 表 4.4, 表 4.6]

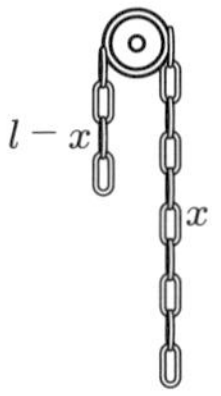

図 4.6　滑車に掛けられた鎖

4.6　直線状の十分に長い針金が，針金上の点 O を中心にして，鉛直面内で一定の角速度 ω で回転する（図 4.7）．この針金に通した質量 m のビーズが，針金に沿って摩擦なしで滑る．ビーズの位置を指定するための座標軸として，針金上に r 軸をとる．点 O からビーズまでの距離を $|r|$ とし，点 O に関して，時刻 $t=0$ のときビーズがあった側を $r>0$，反対側を $r<0$ とする．$t=0$ のとき，針金は水平の位置にあるとする．針金とともに回転する座標系からみると，ビーズの運動方程式は，つぎのように表される．

$$m\frac{d^2r}{dt^2} = mr\omega^2 - mg\sin\omega t \quad \therefore \boxed{\frac{d^2r}{dt^2} - \omega^2 r = -g\sin\omega t}$$

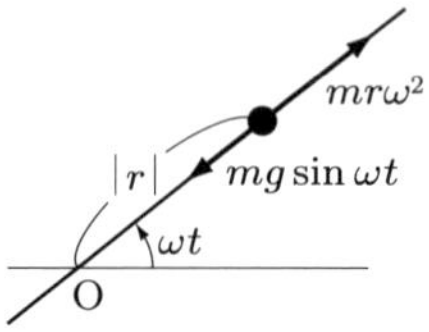

図 4.7　ビーズを通した針金

運動方程式の右辺にある $mr\omega^2$ は遠心力，g は重力加速度，$-mg\sin\omega t$ は重力 mg の針金に沿った方向の成分である．時刻 $t=0$ において，$r=a(>0)$, $dr/dt=0$ とし，時刻 $t>0$ におけるビーズの位置を求めよ．また，三つの場合，(i) $\omega=\sqrt{g/(2a)}$，(ii) $\omega>\sqrt{g/(2a)}$，(iii) $\omega<\sqrt{g/(2a)}$ においてビーズの軌道がどのように異なるかを答えよ．解 r の表式で，時間が十分に経つと支配的になる項に注目して考えてみよ．　[Ref. 表 4.4, 表 4.8]

4.7　微分方程式

$$\frac{d^2y}{dx^2} + k^2 y = 0 \quad (k \text{ は正定数})$$

の恒等的にゼロでない解を考える．「$x=0$ および $x=l$（正定数）のとき $y=0$」という境界条件のもとで，このような解が存在するためには，k はどのような値であればよいか．また，その k の値に対する解を求め，これを図示せよ．　[Ref. 表 4.4]

▷ **注意**　この問題は，両端を固定した弦の基準振動の波形，あるいは量子力学の井戸型ポテンシャルの問題と関連する．理工系での今後の学習で，再びこの微分方程式に出会うことになるだろう．

第5章 線形微分方程式の級数解法

これまで学んできた微分方程式の解法では，解が多項式や有理式，初等関数で表すことができた．しかし，実際の問題ではそうでない場合が多く存在する．このような場合に大きな威力を発揮するのが，本章で学ぶ**級数解法**である．2 階線形微分方程式の解を整級数の形で表す方法，さらにそれを発展させたフロベニウス法について学ぶ．

5.1 はじめに

本章では，線形微分方程式の解 y がつぎのような変数 x の**整級数**（**べき級数**）で表される場合を考える．

$$y = \sum_{n=0}^{\infty} a_n (x - x_0)^n \tag{5.1}$$

ここで，x_0 を**中心**（展開中心），a_n を**係数**，$a_n(x - x_0)^n$ を**項**という．整級数による解法により，初等関数で表すことができない解も扱えるようになる．さらに本章の後半では，整級数に $(x - x_0)^\lambda$ （λ は定数）の因子を掛けた，つぎのような形で解を表す方法について述べる（フロベニウス法）．

$$y = (x - x_0)^\lambda \sum_{n=0}^{\infty} a_n (x - x_0)^n \quad (a_0 \neq 0) \tag{5.2}$$

5.2 整級数の復習

式 (5.1) で，右辺の $x - x_0$ を x でおき直したつぎの整級数を考える．

$$\sum_{n=0}^{\infty} a_n x^n = a_0 + a_1 x + a_2 x^2 + \cdots + a_n x^n + \cdots \tag{5.3}$$

この整級数の収束と発散の性質は，つぎの三つの場合のいずれかになる．

(i) 収束半径 $\rho > 0$ が存在し，$|x| < \rho$ ならば整級数 (5.3) は収束し，$|x| > \rho$ ならば発散する．

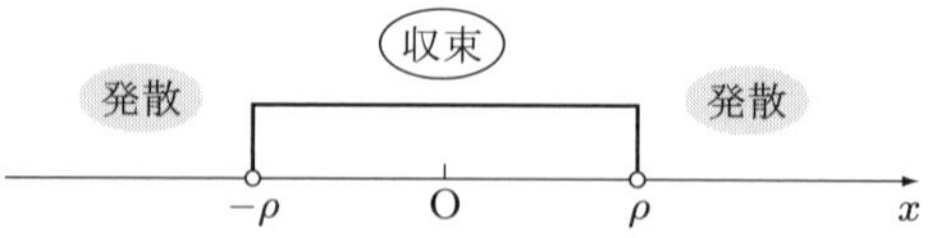

図 5.1　整級数の収束域（$0 < \rho < +\infty$ の場合）

(ii) $x = 0$ のときに限り収束し，$x \neq 0$ ならば発散する（収束半径 $\rho = 0$）.

(iii) 任意の x に対し収束する（収束半径 $\rho = +\infty$）.

区間 $-\rho < x < \rho$ を**収束域**あるいは**収束円**という（図 5.1）. $x = \rho, -\rho$ における収束，発散は場合による．たとえば，$x = \rho$ で収束し，$x = -\rho$ で発散することもある.

■ 収束半径 ρ を求める方法

つぎのように，係数 a_n に関する極限値が存在すれば，これから ρ が得られる.

(i) $$\lim_{n\to\infty}\left|\frac{a_{n+1}}{a_n}\right| = \frac{1}{\rho} \tag{5.4}$$

(ii) $$\lim_{n\to\infty}\sqrt[n]{|a_n|} = \frac{1}{\rho} \tag{5.5}$$

極限値が 0 のときは $\rho = +\infty$，極限値が $+\infty$ のときは $\rho = 0$ となる.

■ 項別微分と項別積分

整級数は収束域で**項別微分**可能，かつ**項別積分**可能である．また，この微分あるいは積分の演算によって得られる整級数の収束半径は，演算前の収束半径と同じである．整級数の項別微分（1回，2回）と項別積分を，表 5.1 にまとめる.

表 5.1　整級数の項別微分と項別積分

もとの整級数	$f(x) = \displaystyle\sum_{n=0}^{\infty} a_n x^n$　（$\|x\| < \rho$, ρ は収束半径）
項別微分 1 回	$f'(x) = \displaystyle\sum_{n=1}^{\infty} n a_n x^{n-1} = \sum_{n=0}^{\infty} (n+1) a_{n+1} x^n$　（$\|x\| < \rho$）
項別微分 2 回	$f''(x) = \displaystyle\sum_{n=2}^{\infty} n(n-1) a_n x^{n-2} = \sum_{n=0}^{\infty} (n+1)(n+2) a_{n+2} x^n$ （$\|x\| < \rho$）
項別積分	$\displaystyle\int_0^x f(t)dt = \sum_{n=0}^{\infty} \frac{a_n}{n+1} x^{n+1} = \sum_{n=1}^{\infty} \frac{a_{n-1}}{n} x^n$　（$\|x\| < \rho$）

▷ **注意 1**　項別微分可能とは，整級数の微分が，各項ごとに先に微分してから和をとった整級数に等しいことである．項別積分についても同様である．

▷ **注意 2**　表 5.1 にある 1 回目の項別微分における書き換え

$$\sum_{n=1}^{\infty} na_n x^{n-1} = \sum_{n=0}^{\infty} (n+1)a_{n+1}x^n$$

では，n を $n+1$ で置き換えている．この置き換えにより，$n=1$ からの和が $n=0$ からの和になることに注意しよう．右辺では，項が簡単な x^n の形になっている．

例題 5.1　つぎの整級数 $f(x)$ を考える．

$$f(x) = \sum_{n=0}^{\infty} \frac{x^{2n+1}}{2n+1} = x + \frac{x^3}{3} + \frac{x^5}{5} + \frac{x^7}{7} + \cdots$$

以下の問いに答えよ．

(1) 整級数 $f(x)$ の収束半径を求めよ．

(2) $f(x)$ を項別微分して得られる $f'(x)$ の整級数を，初等関数を用いて表せ．

(3) (2) で得られた初等関数を積分することにより，整級数 $f(x)$ を初等関数で表せ．

《解》 (1) $f(x) = x\sum_{n=0}^{\infty} \frac{x^{2n}}{2n+1} = x\sum_{n=0}^{\infty} \frac{t^n}{2n+1}$ （$t = x^2$）と書き換えられるので，まず整級数 $\sum_{n=0}^{\infty} a_n t^n = \sum_{n=0}^{\infty} \frac{t^n}{2n+1}$ の収束半径を求める．

$\lim_{n\to\infty} \left|\frac{a_{n+1}}{a_n}\right| = \lim_{n\to\infty} \frac{2n+1}{2n+3} = 1$ であるから，$\sum_{n=0}^{\infty} a_n t^n$ の収束半径は 1 となる．$t = x^2$ であるから，整級数 $f(x)$ の収束半径も 1 である．

(2) $-1 < x < 1$ において，$f'(x)$ は整級数 $f(x)$ を項別微分すると得られる．すなわち，$f'(x) = \sum_{n=0}^{\infty} x^{2n} = \sum_{n=0}^{\infty} (x^2)^n$ である．この無限等比級数は $-1 < x < 1$ のとき収束し，$f'(x) = \frac{1}{1-x^2}$ となる．

復習

無限等比級数

$|r| < 1$ ならば

$$\sum_{n=0}^{\infty} r^n = 1 + r + r^2 + r^3 + \cdots = \frac{1}{1-r}$$

(3) 問題で与えられた整級数より，$f(0) = 0$ である．
これに注意して $f'(t) = 1/(1-t^2)$ を $t=0$ から $t=x$ （$-1 < x < 1$）まで積分すると，

$$\begin{aligned} f(x) &= \int_0^x \frac{1}{1-t^2}dt = -\int_0^x \frac{1}{t^2-1}dt = \frac{1}{2}\int_0^x \left(\frac{1}{t+1} - \frac{1}{t-1}\right)dt \\ &= \frac{1}{2}\left[\log|t+1| - \log|t-1|\right]_0^x = \frac{1}{2}\{\log(1+x) - \log(1-x)\} \end{aligned}$$

$$= \frac{1}{2}\log\frac{1+x}{1-x}$$

$$\therefore\quad f(x) = \sum_{n=0}^{\infty}\frac{x^{2n+1}}{2n+1} = \frac{1}{2}\log\frac{1+x}{1-x}\quad(-1<x<1)$$

となる．

解法の手順をまとめると，つぎのようになる．

$$f(x) = \sum_{n=0}^{\infty}\frac{x^{2n+1}}{2n+1}\quad(|x|<1)$$

→ 項別微分 →

$$f'(x) = \sum_{n=0}^{\infty}x^{2n} = \frac{1}{1-x^2}\quad(|x|<1)$$

↓ 積分，$f(0)=0$ に注意

$$f(x) = \frac{1}{2}\log\frac{1+x}{1-x}\quad(|x|<1)$$

問題 5.1　つぎの整級数 $f(x)$ を考える．

$$f(x) = \sum_{n=0}^{\infty}\frac{(-1)^n}{2n+1}x^{2n+1} = x - \frac{x^3}{3} + \frac{x^5}{5} - \frac{x^7}{7} + \cdots$$

[例題 5.1] (1)～(3) の手順にならって，この整級数を初等関数で表せ．

[Ref. 例 1.3(1), 表 1.2(13)]

5.3　正則点における級数解法

つぎのような 2 階線形微分方程式を考える．

$$y'' + P(x)y' + Q(x)y = R(x) \tag{5.6}$$

$P(x)$, $Q(x)$, $R(x)$ がいずれも点 x_0 を中心とし，ある収束半径 $\rho\ (>0)$ をもつ整級数で表されるとき，点 x_0 を微分方程式の**正則点**あるいは**正常点**という．また，その他の点を**特異点**という．

▷ **注意**　$P(x), Q(x), R(x)$ の収束半径 ρ が異なるときは，最小のものを選ぶ．

つぎの定理が成り立つ．

式 (5.6) の $P(x)$, $Q(x)$, $R(x)$ がいずれも点 x_0 を中心とし，収束半径 $\rho\ (>0)$ の整級数で表されるならば，式 (5.6) の任意の解も $|x-x_0|<\rho$ において，点 x_0

を中心とする整級数で表される．

▷ **注意** x の多項式は，任意の x で収束する整級数とみなせるので，$P(x)$, $Q(x)$, $R(x)$ が x の多項式のときは，$\rho = +\infty$ となる．

この定理の証明はここでは行わないが，解を求める手順は明らかだろう．まず，$P(x)$, $Q(x)$, $R(x)$，および未知関数 y を整級数で表して，式 (5.6) に代入する．両辺の各 x^n の係数を等しいとおくと，任意定数を二つ含む形で y の整級数の係数が求まる．

例題 5.2 つぎの微分方程式の一般解を，$x = 0$ を中心とする整級数で表せ．

$$y'' - xy = 0$$

▷ **注意** この微分方程式は**エアリー（Airy）の微分方程式**とよばれ，半導体界面近くに束縛された 2 次元電子や，電場中の電子を扱う際にしばしば現れる．

《解》 y の係数 $-x$ は x の多項式であるから，微分方程式の任意の解は，$x = 0$ を中心とし，収束半径 $\rho = +\infty$ の整級数で表される．解を $y = \sum_{n=0}^{\infty} a_n x^n$ とおくと，

$$y'' = \sum_{n=2}^{\infty} n(n-1)a_n x^{n-2} = \sum_{n=0}^{\infty} (n+1)(n+2)a_{n+2}x^n$$

となる．これらを微分方程式に代入すると，

$$\sum_{n=0}^{\infty} (n+1)(n+2)a_{n+2}x^n - \sum_{n=0}^{\infty} a_n x^{n+1} = 0$$

となる．左辺第 2 項で，n を $n-1$ でおき直すと，

$$\sum_{n=0}^{\infty} (n+1)(n+2)a_{n+2}x^n - \sum_{n=1}^{\infty} a_{n-1} x^n = 0$$

となる．左辺第 1 項の和は $n = 0$ から，第 2 項の和は $n = 1$ から始まることに注意して書き換えると，

$$2a_2 + \sum_{n=1}^{\infty} \{(n+1)(n+2)a_{n+2} - a_{n-1}\} x^n = 0$$

が得られる．この式が x によらず恒等的に成り立つためには，各係数がゼロでなければならないから，

$$2a_2 = 0, \quad (n+1)(n+2)a_{n+2} - a_{n-1} = 0 \quad (n \geq 1)$$

$$\therefore\ a_2 = 0, \quad a_{n+2} = \frac{a_{n-1}}{(n+1)(n+2)} \quad (n \geq 1)$$

である．得られた漸化式は，図 5.2 のように，ある係数 a_{n-1} から番号が 3 だけ進んだ係数 a_{n+2} を定める．

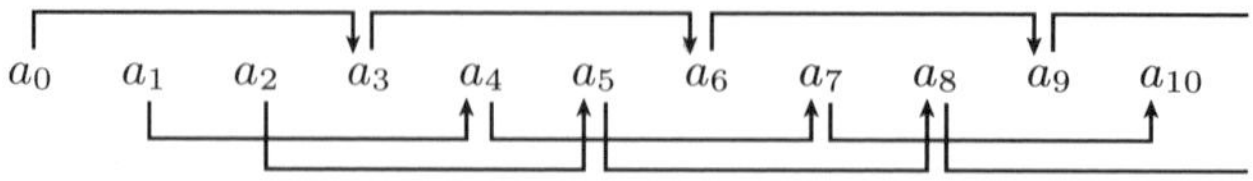

図 5.2　係数 a_n を決める手順

a_0 から順に係数を決めると，

$$a_3 = \frac{1}{2 \cdot 3}a_0 = \frac{1}{3!}a_0, \quad a_6 = \frac{a_3}{5 \cdot 6} = \frac{a_0}{(3!) \cdot 5 \cdot 6} = \frac{1 \cdot 4}{6!}a_0,$$

$$a_9 = \frac{a_6}{8 \cdot 9} = \frac{1 \cdot 4}{(6!) \cdot 8 \cdot 9}a_0 = \frac{1 \cdot 4 \cdot 7}{9!}a_0, \quad \cdots,$$

$$a_{3m} = \frac{1 \cdot 4 \cdot 7 \cdot \cdots \cdot (3m-2)}{(3m)!}a_0, \quad \cdots$$

となる．ここで，$1 \cdot 4 \cdot 7 \cdot \cdots \cdot (3m-2) = (3m-2)!!!$ と表すことにすると，

$$a_{3m} = \frac{(3m-2)!!!}{(3m)!}a_0 \quad (m = 1, 2, 3, \cdots)$$

である．また，a_1 から順に係数を決めると，

$$a_4 = \frac{1}{3 \cdot 4}a_1 = \frac{2}{4!}a_1, \quad a_7 = \frac{1}{6 \cdot 7}a_4 = \frac{2}{(4!) \cdot 6 \cdot 7}a_1 = \frac{2 \cdot 5}{7!}a_1,$$

$$\cdots, \quad a_{3m+1} = \frac{2 \cdot 5 \cdot 8 \cdot \cdots \cdot (3m-1)}{(3m+1)!}a_1, \quad \cdots$$

となる．ここで，$2 \cdot 5 \cdot 8 \cdot \cdots \cdot (3m-1) = (3m-1)!!!$ と表すことにすると，

$$a_{3m+1} = \frac{(3m-1)!!!}{(3m+1)!}a_1 \quad (m = 1, 2, 3, \cdots)$$

である．また，$a_2 = 0$ から順に係数を決めると，

$$a_5 = \frac{1}{4 \cdot 5}a_2 = 0, \quad a_8 = \frac{1}{7 \cdot 8}a_5 = 0, \quad \cdots,$$

$$a_{3m+2} = \frac{a_{3m-1}}{(3m+1)(3m+2)} = 0, \cdots \quad \therefore\ a_{3m+2} = 0 \quad (m = 0, 1, 2, \cdots)$$

となる．以上より，

$$y = \sum_{n=0}^{\infty} a_n x^n = \sum_{m=0}^{\infty} a_{3m} x^{3m} + \sum_{m=0}^{\infty} a_{3m+1} x^{3m+1} + \sum_{m=0}^{\infty} a_{3m+2} x^{3m+2}$$

$$= a_0 \sum_{m=0}^{\infty} \frac{(3m-2)!!!}{(3m)!} x^{3m} + a_1 \sum_{m=0}^{\infty} \frac{(3m-1)!!!}{(3m+1)!} x^{3m+1}$$

となる．ただし，$(-2)!!! = 1$, $(-1)!!! = 1$ と定義する．任意の係数 a_0, a_1 をそれぞれ任意定数 C_1, C_2 と書くと，求める一般解はつぎのようになる．

$y = C_1 y_1 + C_2 y_2$　（C_1, C_2 は任意定数）

$$y_1 = \sum_{n=0}^{\infty} \frac{(3n-2)!!!}{(3n)!} x^{3n}, \quad y_2 = \sum_{n=0}^{\infty} \frac{(3n-1)!!!}{(3n+1)!} x^{3n+1}$$

ここで，

$$(3n-2)!!! = 1 \cdot 4 \cdot 7 \cdot \cdots \cdot (3n-2) \quad (n = 1, 2, 3, \cdots),$$

$$(3n-1)!!! = 2 \cdot 5 \cdot 8 \cdot \cdots \cdot (3n-1) \quad (n = 1, 2, 3, \cdots),$$

$$(-2)!!! = 1, \quad (-1)!!! = 1$$

である．

実際の物理の問題では，基本解としてつぎのような y_1, y_2 の 1 次結合 Ai, Bi が用いられる．

$$Ai = \alpha_1 y_1 - \alpha_2 y_2, \quad Bi = \sqrt{3}(\alpha_1 y_1 + \alpha_2 y_2)$$

ここで，

$$\alpha_1 = \frac{1}{3^{2/3}\Gamma(2/3)} = 0.355028\cdots, \quad \alpha_2 = \frac{1}{3^{1/3}\Gamma(1/3)} = 0.258819\cdots$$

である．分母に現れるガンマ関数 Γ はつぎのように定義される．

$$\Gamma(x) = \int_0^{\infty} t^{x-1} e^{-t} dt \quad (x > 0)$$

エアリー関数 $Ai(x)$, $Bi(x)$ をグラフに表すと，図 5.3 のようになる．$x < 0$ では三角関数的に振動する関数となり，$x > 0$ では指数関数的に増加あるいは減少する関数になる．微分方程式 $y'' - xy = 0$ の x を負の定数 $-k^2$ で置き換えると，一般解は $y = C_1 \cos kx + C_2 \sin kx$（三角関数）となる．また，$x$ を正の定数 γ^2 で置き換えると，一般解は $y = C_1 \exp(\gamma x) + C_2 \exp(-\gamma x)$（指数関数）となる．このことから，微分方程式 $y'' - xy = 0$ の解の振る舞いが定性的に理解できる．

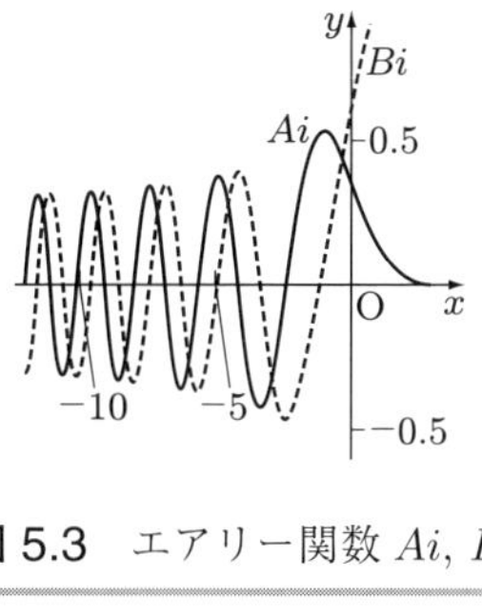

図 5.3　エアリー関数 Ai, Bi

問題 5.2　つぎの微分方程式の一般解を，$x=0$ を中心とする整級数の形で求めよ．また，解が初等関数で表せるかどうかを吟味せよ．

(1) $y''+xy'+y=0$　[Ref. 例 1.3(2)]

(2) $y''+\dfrac{4x}{x^2+1}y'+\dfrac{2}{x^2+1}y=0$　[Ref. 例 1.3(1)]

問題 5.3　つぎのような形の微分方程式を**ルジャンドル（Legendre）の微分方程式**という．

$$y''-\frac{2x}{1-x^2}y'+\frac{\nu(\nu+1)}{1-x^2}y=0$$

応用上重要なのは，定数 $\nu=0,1,2,\cdots$ の場合である．ここでは $\nu=1$ の場合を考える．つぎの問いに答えよ．

(1) 微分方程式の一般解を，$x=0$ を中心とする整級数の形で求めよ．また，解が初等関数で表せるかどうかを吟味せよ．　[Ref. 例題 5.1]

(2) $x=1,\ -1$ で解が発散せず有限の値をとるという条件を課すと，解はどのようになるか．

〈参考〉$\nu=0,1,2,\cdots$ のとき，$x=1,\ -1$ で有限であるルジャンドルの微分方程式の解は，ν 次の多項式になる．とくに，定数倍して $x=1$ のとき $y=1$ となるようにしたものを，**ルジャンドルの多項式**とよび，$P_\nu(x)$ で表す．

5.4 確定特異点における級数解法

2 階線形微分方程式

$$y''+P(x)y'+Q(x)y=0 \tag{5.7}$$

において，点 x_0 が特異点であっても，$P(x)$, $Q(x)$ がつぎのように表される場合を考える．

$$P(x)=\frac{1}{x-x_0}\sum_{n=0}^{\infty}p_n(x-x_0)^n \tag{5.8}$$

$$Q(x)=\frac{1}{(x-x_0)^2}\sum_{n=0}^{\infty}q_n(x-x_0)^n \tag{5.9}$$

p_n あるいは q_n を係数とする整級数の収束域は $|x-x_0|<\rho$（$\rho>0$）であるとする．このとき，点 x_0 は微分方程式 (5.7) の**確定特異点**であるという．$p_0=0, q_0=q_1=0$ のときは，点 x_0 が正則点になることに注意しよう．表記を簡単にするため，以下では x 軸の原点を点 x_0 にとり，$x_0=0$ とする．このようにしても，一般性を失わない．

決定方程式

定数係数かつ斉次の2階線形微分方程式では，特性方程式の解からただちに基本解を構成することができた．これと同様に，ここでは決定方程式の解から基本解の形を定めることができる．

式 (5.8), (5.9) で $x_0 = 0$ とおいた $P(x)$, $Q(x)$ に対し，$0 < x < \rho$ において，式 (5.7) はつぎのような形の解をもつことが知られている．

$$y = x^{\lambda} \sum_{n=0}^{\infty} a_n x^n \quad (a_0 \neq 0) \tag{5.10}$$

ここで，λ は定数，a_n は係数である．このように，整級数 $\sum_{n=0}^{\infty} a_n x^n$ に x^{λ} を掛けた形，あるいは，整級数 $\sum_{n=0}^{\infty} a_n (x-x_0)^n$ に $(x-x_0)^{\lambda}$ を掛けた形で解を表す方法を**フロベニウス**（Frobenius）**法**という．

λ を決める方程式を求める．式 (5.7) の両辺に x^2 を掛けた

$$x^2 y'' + \{x\,P(x)\}(x\,y') + \{x^2 Q(x)\} y = 0$$

に $xP(x) = \sum_{m=0}^{\infty} p_m x^m$, $x^2 Q(x) = \sum_{m=0}^{\infty} q_m x^m$ と式 (5.10) を代入すると，次式が得られる．

$$\sum_{n=0}^{\infty} (\lambda+n)(\lambda+n-1) a_n x^{\lambda+n} + \left(\sum_{m=0}^{\infty} p_m x^m\right)\left\{\sum_{n=0}^{\infty} (\lambda+n) a_n x^{\lambda+n}\right\} + \left(\sum_{m=0}^{\infty} q_m x^m\right)\left(\sum_{n=0}^{\infty} a_n x^{\lambda+n}\right) = 0$$

x の最小次数のべき x^{λ} の係数をゼロをおくと，

$$\lambda(\lambda-1)a_0 + p_0 \lambda a_0 + q_0 a_0 = 0 \qquad \therefore\ a_0\{\lambda(\lambda-1) + p_0\lambda + q_0\} = 0$$

となり，$a_0 \neq 0$ であるから，

$$\boxed{\lambda(\lambda-1) + p_0\lambda + q_0 = 0} \tag{5.11}$$

が得られる．これが**決定方程式**とよばれるものである．$x_0 = 0$ が確定特異点であるとき，つぎのように，$x = 0$ での $xP(x)$, $x^2 Q(x)$ の値から簡単に p_0, q_0 を求めることもできる．

$$p_0 = [xP(x)]_{x=0}, \quad q_0 = [x^2 Q(x)]_{x=0}$$

微分方程式の基本解

つぎの微分方程式の基本解を考える．

$$y'' + P(x)y' + Q(x)y = 0 \tag{5.7}$$

ここで，$x=0$ は確定特異点であり，

$$P(x) = \frac{1}{x}\sum_{n=0}^{\infty} p_n x^n \quad (0 < |x| < \rho) \tag{5.12}$$

$$Q(x) = \frac{1}{x^2}\sum_{n=0}^{\infty} q_n x^n \quad (0 < |x| < \rho) \tag{5.13}$$

である．$P(x)$, $Q(x)$ が実数値をとる場合を考えるので，係数 p_n, q_n は実数である．決定方程式 $\lambda(\lambda-1)+p_0\lambda+q_0=0$ の解 λ_1, λ_2 から，$0<|x|<\rho$ における基本解の形が定まる．解 λ_1, λ_2 については，

(i) 異なる実数解　　(ii) 2 重解　　(iii) 互いに共役な複素解

の三つの場合がある．複雑さを避けるために，ここでは(i)，(ii) の場合のみを扱い，(iii) についてはあとで簡単に要点を述べる．

$\lambda_1 \geq \lambda_2$（λ_1, λ_2 は実数）とすると，微分方程式はつねにつぎの形の解をもつ．

$$\boxed{y_1 = |x|^{\lambda_1}\sum_{n=0}^{\infty} a_n x^n \quad (a_0 \neq 0)} \tag{5.14}$$

y_1 と 1 次独立なもう一つの解 y_2 は，$\lambda_1-\lambda_2$ の値により，表 5.2 のような形に表される．

式 (5.14) と表 5.2 で示されている解は，絶対値を用いることにより $-\rho<x<0$ でも成り立つようになっている．しかし，実際に解を求めるときは，絶対値を考慮せずにまず $0<x<\rho$ における解を求めてから，あとで必要なところに絶対値をつければよい．たとえば，式 (5.14) で $\lambda_1 = 1/2$ であるとき，絶対値が必要であることは明らかだろう．一方，絶対値が不要の場合もある．たとえば，λ_1 が整数，$x<0$ のとき，λ_1 の偶数，奇数に応じて $|x|^{\lambda_1}$ は x^{λ_1} あるいは $-x^{\lambda_1}$ に等しいから，λ_1 が整数のとき式 (5.14) の絶対値は不要である．

決定方程式の解が互いに共役な複素解であるときは，上記の式 (5.14) と表 5.2①から基本解が得られる．式 (5.14) では，$\lambda_1 = \alpha + \beta i$（$\alpha$, β は実数）とおき

表 5.2　確定特異点における解 y_2

$\lambda_1-\lambda_2$（≥ 0）の値	解 y_2
① $\lambda_1-\lambda_2 \neq$ 整数	$y_2=\lvert x\rvert^{\lambda_2}\sum_{n=0}^{\infty} b_n x^n \quad (b_0\neq 0)$
② $\lambda_1=\lambda_2=\lambda$	$y_2=y_1\log\lvert x\rvert+\lvert x\rvert^{\lambda}\sum_{n=1}^{\infty} b_n x^n$
③ $\lambda_1-\lambda_2=$ 正の整数	$y_2=Cy_1\log\lvert x\rvert+\lvert x\rvert^{\lambda_2}\sum_{n=0}^{\infty} b_n x^n \quad (b_0\neq 0)$

b_n は係数，C は定数である．

▷ **注意 1**　②の解 y_2 の整級数は，$n=1$ から始まることに注意しよう．
▷ **注意 2**　③の解 y_2 に含まれる定数 C はゼロになることもある．$C\neq 0$ のときは，$C=1$ とおいて係数 b_n を定めてもよい．

$$|x|^{\lambda_1}=|x|^{\alpha+\beta i}=|x|^{\alpha}\exp\left(i\beta\log|x|\right)$$

とすればよい．係数 a_n を決める漸化式に複素数の λ_1 が含まれるため，式 (5.14) の係数 a_n は複素数になる．表 5.2①では $\lambda_2=\alpha-\beta i$ とおき，同様に考える．係数 b_n は，a_n の共役複素数に等しい．a_n の絶対値を A_n，偏角を θ_n とすると，式 (5.14)，表 5.2①の解はつぎのように表される．

$$\begin{aligned} y_1 &= |x|^{\alpha}\sum_{n=0}^{\infty} A_n x^n \exp\left\{i\left(\beta\log|x|+\theta_n\right)\right\} \\ y_2 &= |x|^{\alpha}\sum_{n=0}^{\infty} A_n x^n \exp\left\{-i\left(\beta\log|x|+\theta_n\right)\right\} \end{aligned}$$

微分方程式の係数 $P(x)$, $Q(x)$ が実数値をとる場合を考えるので，y_1 が解ならば，その共役複素数である y_2 も解になる．y_1, y_2 は 1 次独立であり，基本解になる．オイラー（Euler）の公式 $\exp(i\theta)=\cos\theta+i\sin\theta$ を思い起こすと，実数の基本解を求めるためには，$(y_1+y_2)/2$, $(y_1-y_2)/(2i)$ をつくればよいことがわかる．以下では，決定方程式の解が実数である場合のみを扱う．

■ ベッセルの微分方程式

確定特異点における解を求める例として，つぎのようなベッセル（Bessel）の微分方程式を考える．

$$\boxed{y'' + \frac{1}{x}y' + \left(1 - \frac{\nu^2}{x^2}\right)y = 0 \quad (\text{定数}\ \nu \geq 0)} \tag{5.15}$$

この微分方程式は，波動方程式，熱伝導方程式，電磁気学のラプラス方程式などを円筒座標 (r, θ, z) を用いて解く際，r を変数とする微分方程式として現れる．

$x = 0$ は式 (5.15) の確定特異点であり，y'の係数 $= (1/x) \times$ 定数，y の係数 $= (1/x^2) \times (x$ の多項式) より $\rho = +\infty$ である．つぎに，式 (5.15) の決定方程式 $\lambda(\lambda - 1) + \lambda - \nu^2 = (\lambda + \nu)(\lambda - \nu) = 0$ の解を求めると，$\lambda_1 = \nu,\ \lambda_2 = -\nu$（$\lambda_1 \geq \lambda_2$）が得られる．

ここでは，とくに $\boldsymbol{\nu = 0}$ の場合を考え，まず $x > 0$ での解を求めよう．式 (5.15) はつぎの形の解をもつ．

$$y_1 = x^0 \sum_{n=0}^{\infty} a_n x^n = \sum_{n=0}^{\infty} a_n x^n \quad (a_0 \neq 0)$$

これと $y_1' = \sum_{n=1}^{\infty} n a_n x^{n-1},\ y_1'' = \sum_{n=2}^{\infty} n(n-1) a_n x^{n-2}$ を $xy_1'' + y_1' + xy_1 = 0$ に代入すると，つぎのようになる．

$$\sum_{n=2}^{\infty} n(n-1) a_n x^{n-1} + \sum_{n=1}^{\infty} n a_n x^{n-1} + \sum_{n=0}^{\infty} a_n x^{n+1} = 0$$

左辺第1項と第2項の和では，それぞれ n を $n+1$ で置き換え，第3項の和では n を $n-1$ で置き換えると，

$$\sum_{n=1}^{\infty} n(n+1) a_{n+1} x^n + \sum_{n=0}^{\infty} (n+1) a_{n+1} x^n + \sum_{n=1}^{\infty} a_{n-1} x^n = 0$$

となる．左辺第1項と第3項の和は $n = 1$ から，第2項の和は $n = 0$ から始まることに注意して整理すると，

$$a_1 + \sum_{n=1}^{\infty} \left\{ n(n+1) a_{n+1} + (n+1) a_{n+1} + a_{n-1} \right\} x^n = 0$$

$$\therefore\ a_1 + \sum_{n=1}^{\infty} \left\{ (n+1)^2 a_{n+1} + a_{n-1} \right\} x^n = 0$$

となる．この等式が恒等的に成り立つためには，各係数がゼロにならなければならないから，

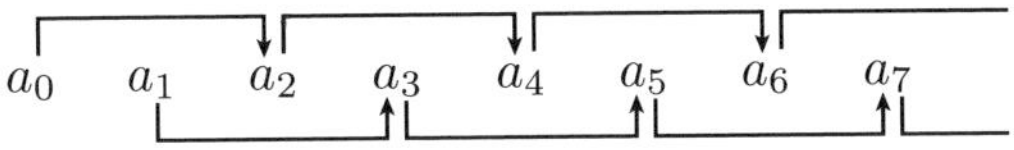

図 5.4　係数 a_n を決める手順

$$a_1 = 0, \quad (n+1)^2 a_{n+1} + a_{n-1} = 0 \quad (n \geq 1)$$

$$\therefore \quad \boxed{a_1 = 0, \quad a_{n+1} = -\frac{1}{(n+1)^2} a_{n-1} \quad (n \geq 1)}$$

が得られる．得られた漸化式を用いて，図 5.4 のように順に係数を決める．

a_0 $(\neq 0)$ から始めると，

$$a_2 = -\frac{1}{2^2} a_0, \quad a_4 = -\frac{1}{4^2} a_2 = \frac{1}{(2 \cdot 4)^2} a_0$$

$$a_6 = -\frac{1}{6^2} a_4 = -\frac{1}{(2 \cdot 4 \cdot 6)^2} a_0, \quad \cdots,$$

$$a_{2m} = \frac{(-1)^m}{\{2 \cdot 4 \cdot 6 \cdot \cdots \cdot (2m)\}^2} a_0, \quad \cdots$$

$$\therefore \quad a_{2m} = \frac{(-1)^m}{\{2 \cdot 4 \cdot 6 \cdot \cdots \cdot (2m)\}^2} a_0 = \frac{(-1)^m}{2^{2m} (m!)^2} a_0 \quad (m = 0, 1, 2, \cdots)$$

となる．$0! = 1$ と定義されるので，この式は $m = 0$ に対しても成り立つ．

$a_1 = 0$ から始めると，

$$a_3 = a_5 = a_7 = \cdots = a_{2m+1} = \cdots = 0$$

$$\therefore \quad a_{2m+1} = 0 \quad (m = 0, 1, 2, \cdots)$$

となる．以上より，

$$y_1 = \sum_{n=0}^{\infty} a_n x^n = \sum_{m=0}^{\infty} a_{2m} x^{2m} + \sum_{m=0}^{\infty} a_{2m+1} x^{2m+1}$$

$$= a_0 \sum_{m=0}^{\infty} \frac{(-1)^m}{2^{2m} (m!)^2} x^{2m} = a_0 \sum_{m=0}^{\infty} \frac{(-1)^m}{(m!)^2} \left(\frac{x}{2}\right)^{2m} \tag{5.16}$$

が得られる．基本解を得るためには，$a_0 = 1$ とおいてもよい．

つぎに，y_1 と 1 次独立なもう一つの解 y_2 を求めよう．$\lambda_1 - \lambda_2 = 2\nu = 0$ であるから，表 5.2 の②に該当する．

$$y_2 = y_1 \log x + g \tag{5.17}$$

ここで，

$$g = \sum_{n=1}^{\infty} b_n x^n \tag{5.18}$$

である．式 (5.17) と $y_2' = y_1' \log x + x^{-1} y_1 + g'$, $y_2'' = y_1'' \log x + 2x^{-1} y_1' - x^{-2} y_1 + g''$ を微分方程式 $xy_2'' + y_2' + xy_2 = 0$ に代入して整理すると，

$$(xy_1'' + y_1' + xy_1) \log x + 2y_1' + xg'' + g' + xg = 0 \tag{5.19}$$

となる．y_1 は微分方程式の解であるから，

$$xy_1'' + y_1' + xy_1 = 0$$

であり，これを式 (5.19) に代入すると，つぎのようになる．

$$2y_1' + xg'' + g' + xg = 0$$

これに $y_1' = \sum_{n=1}^{\infty} 2na_{2n} x^{2n-1} \left(a_{2n} = \dfrac{(-1)^n}{2^{2n}(n!)^2} \right)$, $g = \sum_{n=1}^{\infty} b_n x^n$, $g' = \sum_{n=1}^{\infty} nb_n x^{n-1}$, $g'' = \sum_{n=2}^{\infty} n(n-1) b_n x^{n-2}$ を代入すると，

$$4\sum_{n=1}^{\infty} na_{2n} x^{2n-1} + \sum_{n=2}^{\infty} n(n-1) b_n x^{n-1} + \sum_{n=1}^{\infty} nb_n x^{n-1} + \sum_{n=1}^{\infty} b_n x^{n+1} = 0$$

となり，左辺第2項，第3項の和では n を $n+1$ で置き換え，第4項の和では n を $n-1$ で置き換えると，

$$4\sum_{n=1}^{\infty} na_{2n} x^{2n-1} + \sum_{n=1}^{\infty} n(n+1) b_{n+1} x^n + \sum_{n=0}^{\infty} (n+1) b_{n+1} x^n + \sum_{n=2}^{\infty} b_{n-1} x^n = 0$$

となる．左辺第1項は，x^1 から始まる x の奇数次のべきの項の和である．その他の項は x^n の項の和であり，第2項の和は $n=1$ から，第3項の和は $n=0$ から，第4項の和は $n=2$ から始まっている．これらのことに注意すると，

$$b_1 + 4(a_2 + b_2)x + 4\sum_{n=2}^{\infty} na_{2n} x^{2n-1} + \sum_{n=2}^{\infty} \left\{ (n+1)^2 b_{n+1} + b_{n-1} \right\} x^n = 0$$

となる．左辺第4項では，n が偶数である場合と奇数である場合に分けて考え，各係数をゼロとおくと，

$$b_1 = 0, \quad a_2 + b_2 = 0, \quad 4na_{2n} + (2n)^2 b_{2n} + b_{2n-2} = 0 \quad (n \geq 2)$$

$$(2n+1)^2 b_{2n+1} + b_{2n-1} = 0 \quad (n \geq 1)$$

$$\therefore \quad \boxed{\begin{aligned} & b_1 = 0 & (5.20)\\ & b_2 = -a_2 & (5.21)\\ & b_{2n} = -\frac{1}{(2n)^2} b_{2n-2} - \frac{1}{n} a_{2n} \quad (n \geq 2) & (5.22)\\ & b_{2n+1} = -\frac{1}{(2n+1)^2} b_{2n-1} \quad (n \geq 1) & (5.23) \end{aligned}}$$

が得られる．ここで，

$$a_{2n} = \frac{(-1)^n}{2^{2n}(n!)^2} = -\frac{(-1)^{n-1}}{(2n)^2 2^{2(n-1)} \{(n-1)!\}^2} = -\frac{1}{(2n)^2} a_{2n-2}$$

$$\therefore \ (2n)^2 a_{2n} = -a_{2n-2} \tag{5.24}$$

が成り立つことに注意する．式 (5.22) の両辺を a_{2n} $(\neq 0)$ で割って，式 (5.24) を用いると，

$$\frac{b_{2n}}{a_{2n}} = \frac{b_{2n-2}}{a_{2n-2}} - \frac{1}{n} \quad (n \geq 2)$$

$$\therefore \ c_{2n} = c_{2n-2} - \frac{1}{n} \quad \left(c_{2n} = \frac{b_{2n}}{a_{2n}}, \ n \geq 2 \right)$$

となる．式 (5.21) より $c_2 = b_2/a_2 = -1$ である．c_2 から始めて順に c_{2n} を決めると，

$$c_4 = c_2 - \frac{1}{2} = -1 - \frac{1}{2}, \quad c_6 = c_4 - \frac{1}{3} = -1 - \frac{1}{2} - \frac{1}{3}, \quad \cdots,$$

$$c_{2n} = -1 - \frac{1}{2} - \frac{1}{3} - \cdots - \frac{1}{n}, \quad \cdots,$$

$$\therefore \ c_{2n} = -1 - \frac{1}{2} - \frac{1}{3} - \cdots - \frac{1}{n} \quad (n \geq 1)$$

となる．$c_{2n} = b_{2n}/a_{2n}$ であるから，

$$b_{2n} = -\varphi_n a_{2n} \quad (n \geq 1) \tag{5.25}$$

と表される．ここで，

$$\varphi_n = 1 + \frac{1}{2} + \frac{1}{3} + \cdots + \frac{1}{n}, \quad a_{2n} = \frac{(-1)^n}{2^{2n}(n!)^2}$$

である．つぎに，式 (5.20), (5.23) を用いて，b_1 $(=0)$ から始めて順に b_{2n+1} を決めると，

$$b_3 = b_5 = b_7 = \cdots = b_{2n+1} = \cdots = 0$$
$$\therefore\ b_{2n+1} = 0 \quad (n = 0, 1, 2, \cdots) \tag{5.26}$$

となる．式 (5.25), (5.26) を式 (5.18) の係数に代入すると，

$$g = -\sum_{n=1}^{\infty} \varphi_n a_{2n} x^{2n} = -\sum_{n=1}^{\infty} \frac{(-1)^n}{2^{2n}(n!)^2}\varphi_n x^{2n}$$
$$= \sum_{n=1}^{\infty} \frac{(-1)^{n-1}}{(n!)^2}\varphi_n \left(\frac{x}{2}\right)^{2n}$$

となり，これを式 (5.17) に代入すれば y_2 が得られる．

得られた解が $x < 0$ でも成り立つように，y_2 の $\log x$ を $\log|x|$ と書き換えると，一般解はつぎのように表される．

$$y = C_1 y_1 + C_2 y_2 \quad (C_1,\ C_2\ \text{は任意定数}) \tag{5.27}$$

ここで，

$$y_1 = \sum_{n=0}^{\infty} \frac{(-1)^n}{(n!)^2}\left(\frac{x}{2}\right)^{2n} \tag{5.28}$$

$$y_2 = y_1 \log|x| + \sum_{n=1}^{\infty} \frac{(-1)^{n-1}}{(n!)^2}\varphi_n \left(\frac{x}{2}\right)^{2n} \quad \left(\varphi_n = \sum_{k=1}^{n}\frac{1}{k}\right) \tag{5.29}$$

式 (5.28) は 0 次の**第 1 種ベッセル関数**とよばれ，通例 $J_0(x)$ と表される．$J_0(x)$ と 1 次独立な解としてよく用いられるのは，上記の y_2 よりは，むしろつぎのような y_1 $(= J_0(x))$ と y_2 の 1 次結合である．

$$Y_0(x) = \frac{2}{\pi}\{y_2 + (\gamma - \log 2)J_0(x)\}$$

ここで，γ はつぎのように定義される**オイラー**（Euler）**の定数**である．

$$\gamma = \lim_{n\to\infty}(\varphi_n - \log n) = 0.57721566\cdots$$

この $Y_0(x)$ は，0 次の**第 2 種ベッセル関数**あるいは 0 次の**ノイマン**（Neumann）**関数**とよばれる．$J_0(x)$ と $Y_0(x)$ をグラフに表すと，図 5.5 のようになる．いずれも振動

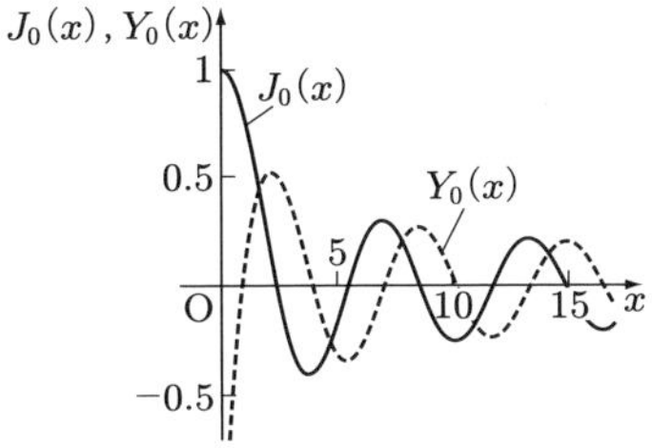

図 5.5　$J_0(x)$ と $Y_0(x)$ のグラフ

しながら振幅が減衰する．

$x \to \infty$ の極限では，$J_0(x)$, $Y_0(x)$ はそれぞれつぎのような減衰する余弦波，正弦波に収束する．

$$J_0(x) \to \sqrt{\frac{2}{\pi x}} \cos\left(x - \frac{\pi}{4}\right)$$

$$Y_0(x) \to \sqrt{\frac{2}{\pi x}} \sin\left(x - \frac{\pi}{4}\right)$$

問題 5.4　$x = 0$ が確定特異点であることに注意し，つぎの微分方程式の基本解を級数の形で求めよ．また，得られた基本解が初等関数で表せるかどうか吟味せよ．

［Ref. 式 (5.14)，表 5.2］

(1) $y'' + \dfrac{1}{2x}y' - \dfrac{1}{4x}y = 0$　［Ref. 例 1.3(4), (5)］

(2) $y'' - \dfrac{x+1}{x}y' + \dfrac{1}{x^2}y = 0$　［Ref. 例 1.3(2)］

(3) $y'' + \dfrac{2}{x}y' + y = 0$　［Ref. 例 1.3(4)］

第 5 章のまとめ

[A] 正則点における級数解法

つぎのような非斉次の 2 階線形微分方程式を考えた．

$$y'' + P(x)y' + Q(x)y = R(x) \tag{5.6}$$

$P(x)$, $Q(x)$, $R(x)$ がいずれも点 x_0 を中心とし，収束半径 ρ (> 0) の整級数で表されるならば，式 (5.6) の任意の解も $|x - x_0| < \rho$ において，点 x_0 を中心とする整級数で表される．

[B] 確定特異点における級数解法

つぎのような斉次の2階線形微分方程式を考えた．

$$y'' + P(x)y' + Q(x)y = 0 \tag{5.7}$$

点 x_0 が特異点であっても，p_n, q_n を係数として $P(x), Q(x)$ がつぎのように表されるとき，点 x_0 は微分方程式 (5.7) の**確定特異点**であるという．

$$P(x) = \frac{1}{x - x_0} \sum_{n=0}^{\infty} p_n (x - x_0)^n \quad (0 < |x - x_0| < \rho) \tag{5.8}$$

$$Q(x) = \frac{1}{(x - x_0)^2} \sum_{n=0}^{\infty} q_n (x - x_0)^n \quad (0 < |x - x_0| < \rho) \tag{5.9}$$

決定方程式 $\boxed{\lambda(\lambda - 1) + p_0\lambda + q_0 = 0}$ の解から，$0 < |x - x_0| < \rho$ における式 (5.7) の基本解の形が定まる．$x_0 = 0$ の場合の解の形が式 (5.14)，表 5.2 に示されている．$x_0 \neq 0$ の場合は，式 (5.14)，表 5.2 で x を $x - x_0$ で置き換えればよい．形が定まった基本解を，それぞれ式 (5.7) に代入して係数を決める．

演習問題

5.1　つぎの整級数 $f(x)$ を考える．

$$f(x) = \sum_{n=1}^{\infty} \frac{(-1)^{n-1}}{n} x^n$$

以下の問いに答えよ．

(1) $f(x)$ の収束半径を求めよ．　[Ref. 式 (5.4)]

(2) $f(x)$ を項別微分して得られる $f'(x)$ を初等関数で表せ．　[Ref. 例 1.3(1)]

(3) (2) で得られた $f'(x)$ を積分することにより，整級数 $f(x)$ を初等関数で表せ．　[Ref. 表 1.3(2)]

5.2　つぎのような形の微分方程式を**エルミート**（Hermite）**の微分方程式**という．

$$y'' - 2xy' + 2\nu y = 0$$

応用上重要なのは，定数 $\nu = 0, 1, 2, \cdots$ の場合である．$x = 0$ は微分方程式の正則点である．とくに $\boldsymbol{\nu = 1}$ の場合について，以下の問いに答えよ．

(1) 級数解法により，微分方程式の基本解がつぎのように表されることを示せ．　[Ref. 例題 5.2]

$$y_1 = x, \quad y_2 = 1 - \sum_{n=1}^{\infty} \frac{x^{2n}}{(n!)\,(2n-1)}$$

(2) $n \geq 1$ のとき，$\dfrac{1}{(n!)\,(2n-1)} > \dfrac{1}{(n!)\,(2n+2)} = \dfrac{1}{2\,\{(n+1)!\}}$

が成り立つことを利用して，$x \to \infty$ のとき

$$|y_2| \exp\left(-\frac{1}{2}x^2\right) \to \infty$$

となることを示せ．　［Ref. 例 1.3(2)］

▷ **注意**　$x \to \infty$ のとき，$y_1 \exp\{-(1/2)x^2\} = x\exp\{-(1/2)x^2\} \to 0$ である．

〈参考〉$\nu = 0, 1, 2, \cdots$ に対し，「$x \to \infty$ のとき $y\exp\{-(1/2)x^2\} \to 0$」を満たす微分方程式の解は，ν 次の多項式になる．通常，定数倍して x^ν の係数が 2^ν になるようにした多項式の解を $H_\nu(x)$ と書く（**エルミートの多項式**）．関数 $f_\nu(x)$ を

$$f_\nu(x) = H_\nu(x) \exp\left(-\frac{1}{2}x^2\right)$$

と定義すると，$\mu, \nu = 0, 1, 2, \cdots$ に対し，

$$\int_{-\infty}^{\infty} f_\mu(x) f_\nu(x)\, dx = \begin{cases} \sqrt{\pi}2^\mu(\mu!) & (\mu = \nu) \\ 0 & (\mu \neq \nu) \end{cases}$$

が成り立つ．この問題で学んだことは，量子力学の調和振動子（単振動）を理解するのに役立つ．

5.3　つぎのような形の微分方程式を**ラゲール**（Laguerre）**の微分方程式**という．

$$y'' + \frac{1-x}{x}y' + \frac{\nu}{x}y = 0$$

応用上重要である定数 $\nu = 0, 1, 2, \cdots$ の場合を考える．$x = 0$ は微分方程式の確定特異点である．つぎの問いに答えよ．

(1) 決定方程式の解を求め，表 5.2 ①, ②, ③ のどの場合に該当するかを調べよ．
［Ref. 式 (5.11)］

(2)「$x = 0$ のとき $y = 1$」となる微分方程式の解を求めよ．この解を $L_\nu(x)$ とするとき，$L_0(x)$, $L_1(x)$, $L_2(x)$ の形を示せ．　［Ref. 式 (5.14), 表 5.2］

〈参考〉$L_\nu(x)(\nu = 0, 1, 2, \cdots)$ は ν 次の多項式であり，これを**ラゲールの多項式**という．

(3) つぎのように $f_\nu(x)$ を定義する．

$$f_\nu(x) = L_\nu(x) \exp\left(-\frac{x}{2}\right)$$

μ, $\nu = 0$, 1, 2 のとき，つぎの等式が成り立つことを示せ．

$$\int_0^{\infty} f_\mu(x) f_\nu(x)\, dx = \delta_{\mu\nu} = \begin{cases} 1 & (\mu = \nu) \\ 0 & (\mu \neq \nu) \end{cases}$$

［Ref. 例 1.2］

〈参考〉この等式はもっと一般的に，μ, $\nu = 0$, 1, 2, 3, $\cdots$ に対して成り立つ．

第6章
連立線形微分方程式

これまで学んできた微分方程式では，未知関数が一つだけであった．しかし，複数の数量が相互作用しながら変化する場合は，未知関数が複数ある連立微分方程式になる．以下に示すように，たとえばループが複数ある電気回路では，複数のループを流れる電流が互いに影響を及ぼし合い，電流や電位の時間変化が連立微分方程式で記述される．本章では，未知関数が二つある定数係数の連立線形微分方程式を扱う．微分方程式を解くことにより，二つの数量が相互作用しながらどのように変化するかがわかる．

6.1 連立 1 階線形微分方程式

この節では，t を独立変数，x, y を未知関数とするつぎのような微分方程式を考える．

$$\begin{cases} \dfrac{dx}{dt} = ax + by + q_1(t) & \text{(6.1a)} \\[2mm] \dfrac{dy}{dt} = cx + dy + q_2(t) & \text{(6.1b)} \end{cases}$$

ここで，a, b, c, d は定数，$q_1(t), q_2(t)$ は t の関数である．x, y の変化率がそれぞれ y, x にも依存することに注意しよう．このような微分方程式の例として，電気回路の問題を考えてみよう．

例 6.1 インダクタンス L_1, L_2 の二つのコイル，抵抗 R_1, R_2, R_3 の三つの抵抗器，起電力 $E(t)$ の電源（t は時間），スイッチ S を配した図 6.1(a) のような電気回路について，S が閉じている場合を考える．

回路図のように電流 I_1, I_2 を定める．B から F に流れる電流は $I_1 - I_2$ となる．図 (b) のように閉回路 ABFGA に沿っての電位の変化に注目すると，つぎの方程式が得られる．

$$-L_1\frac{dI_1}{dt} - R_2(I_1 - I_2) - R_1 I_1 + E(t) = 0$$

コイルにおける電位の変化については，下記の**補足**を参照しよう．また，図 (c) のように閉回路 BCDFB に沿っての電位の変化に注目すると，つぎの方程式が得られる．

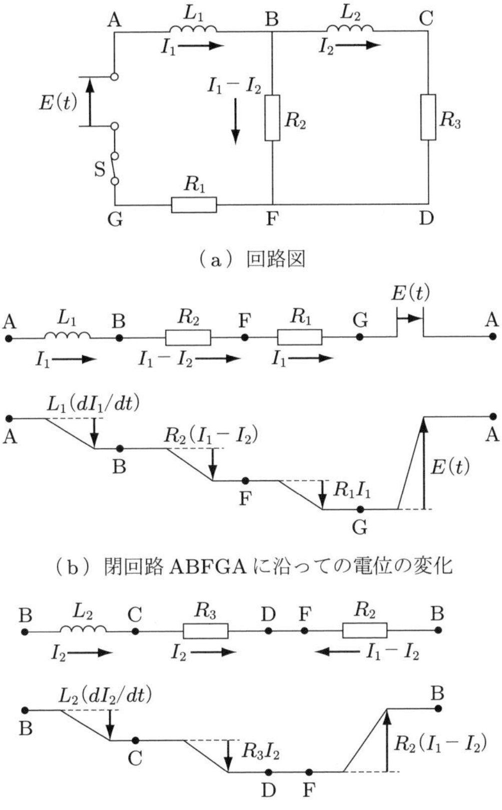

（a）回路図

（b）閉回路 ABFGA に沿っての電位の変化

（c）閉回路 BCDFB に沿っての電位の変化

図 6.1　回路図と閉回路に沿っての電位の変化

$$-L_2\frac{dI_2}{dt} - R_3 I_2 + R_2(I_1 - I_2) = 0$$

これらの二つの方程式を整理すると

$$\begin{cases} L_1\dfrac{dI_1}{dt} = -(R_1 + R_2)I_1 + R_2 I_2 + E(t) & \text{(6.2a)} \\ L_2\dfrac{dI_2}{dt} = R_2 I_1 - (R_2 + R_3)I_2 & \text{(6.2b)} \end{cases}$$

となり，これは式 (6.1) と同じ形の微分方程式である．二つの閉回路を流れる電流が互いに影響を及ぼし合うので，電流の時間変化が連立微分方程式で記述される．　┘

補足　コイルでの電位の変化

電流が流れる方向にみて，コイルで電位は $L(dI/dt)$ だけ降下する．

電流が減少するときは電位の降下 $L(dI/dt) < 0$ となるから，コイルで電位は上昇する．コイルでの電位の変化は，コイルに生じる誘導起電力によるものであり，電流の変化を妨げる方向に働く．未習の読者は，電磁気学の電磁誘導を学習しよう．

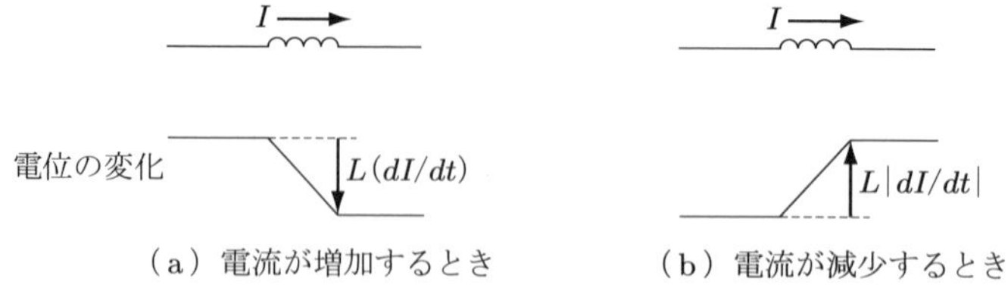

図 6.2　コイルでの電位の変化

式 (6.1) の解法として，つぎの二つの方法について述べる．

[A] 未知関数の一方を消去する方法

[B] 行列の固有値問題を利用する方法

[A] 未知関数の一方を消去する方法

第4章と同様に，作用素

$$\mathcal{L} = \frac{d^2}{dt^2} + a\frac{d}{dt} + b \quad (a,\, b \text{ は定数})$$

を考え，$\mathcal{L}$ を t の関数 x に作用させる演算を

$$\mathcal{L}x = \left(\frac{d^2}{dt^2} + a\frac{d}{dt} + b\right)x = \frac{d^2x}{dt^2} + a\frac{dx}{dt} + bx$$

により定義する．ここで，$d/dt,\, d^2/dt^2$ をそれぞれ $D,\, D^2$ と表すと，

$$(D^2 + aD + b)x = D^2x + aDx + bx = \frac{d^2x}{dt^2} + a\frac{dx}{dt} + bx$$

となる．同様にして，作用素 $D + a = d/dt + a$ を x に作用させる演算も

$$(D + a)x = Dx + ax = \frac{dx}{dt} + ax$$

により定義される．D について次式が成り立つ．

$$\boxed{(D + a)(D + b) = (D + b)(D + a) = D^2 + (a + b)D + ab} \tag{6.3}$$

▷ **注意**　式 (6.3) より，$D+a$ と $D+b$ を t の関数に作用させるとき，作用させる順序を入れ換えても結果は同じである．また，作用素の積 $(D+a)(D+b)$ を展開した $D^2+(a+b)D+ab$ を作用させても，結果は同じである．

式 (6.3) は，この解法で有用である．以上のように作用素を定義すると，式 (6.1) はつぎのように書き換えられる．

$$\begin{cases} (D-a)x - by = q_1(t) & \text{(6.4a)} \\ -cx + (D-d)y = q_2(t) & \text{(6.4b)} \end{cases}$$

$b=0$ のときは式 (6.4a) が，$c=0$ のときは式 (6.4b) が，未知関数を一つだけ含む独立した 1 階微分方程式になる．$b=0$ のときは，式 (6.4a) の一般解 x を求めて式 (6.4b) に代入し，一般解 y を求めればよい．$c=0$ のときも同様である．そこで，$b \neq 0$, $c \neq 0$ とする．

連立 2 元 1 次方程式を解くときと同じようにして，y を消去しよう．式 (6.4a) の両辺に $D-d$ を作用させ，式 (6.4b) の両辺には b $(\neq 0)$ を掛けて辺々加えると，

$$\{(D-d)(D-a)-bc\}\,x = (D-d)q_1(t) + bq_2(t)$$

$$\therefore\ \left\{D^2-(a+d)D+(ad-bc)\right\} x = q_1'(t) - dq_1(t) + bq_2(t) \qquad (6.5)$$

が得られる．これは x を未知関数とする 2 階線形微分方程式（定数係数，非斉次）である．第 4 章で述べた解法により一般解 x を求め，これを式 (6.4a) に代入すると，一般解 y が求まる．式 (6.5) の一般解を求めるときに任意定数が二つ導入され，これらが y にも含まれる．

例題 6.1　［例 6.1］の電気回路で $L_1 = L_2 = L$, $R_1 = 0$, $R_2 = R$, $R_3 = (3/2)R$, $E(t) = E_0$（定数）となる場合を考える．$(R/L)t = \tilde{t}$, $(R/E_0)I_1 = x$, $(R/E_0)I_2 = y$ とおくと，式 (6.2) はつぎのように書き換えられる．

$$\begin{cases} \dfrac{dx}{d\tilde{t}} = -x + y + 1 & \text{(6.6a)} \\[2ex] \dfrac{dy}{d\tilde{t}} = x - \dfrac{5}{2}y & \text{(6.6b)} \end{cases}$$

式 (6.6) の一般解を求めよ．また，時刻 $\tilde{t}=0$ にスイッチ S を閉じる場合を考え，「$\tilde{t}=0$ のとき $x=y=0$」という初期条件を満たす解を求めよ．さらに，二つのコイルでの電位の変位 $V_1 = L(dI_1/dt)$, $V_2 = L(dI_2/dt)$ の時間依存性を調べよ．

《解》 式 (6.6) を書き換えると，

$$\begin{cases} (D+1)x - y = 1 & (6.7\text{a}) \\ -x + \left(D + \dfrac{5}{2}\right) y = 0 & (6.7\text{b}) \end{cases}$$

となる．ここで，$D = d/d\tilde{t}$ である．

式 (6.7) から y を消去する．式 (6.7a) の両辺に $D + 5/2$ を作用させたものと式 (6.7b) を辺々加えると，次式が得られる．

$$\left\{\left(D + \frac{5}{2}\right)(D+1) - 1\right\} x = \left(D + \frac{5}{2}\right) 1$$

$$\therefore\ \left(D^2 + \frac{7}{2}D + \frac{3}{2}\right) x = \frac{5}{2} \tag{6.8}$$

式 (6.8) の一般解を求める．まず，斉次方程式 $\left(D^2 + \dfrac{7}{2}D + \dfrac{3}{2}\right) x = 0$ の一般解を求める．特性方程式 $\lambda^2 + \dfrac{7}{2}\lambda + \dfrac{3}{2} = 0$ の解は，

$$\lambda^2 + \frac{7}{2}\lambda + \frac{3}{2} = \frac{1}{2}(2\lambda^2 + 7\lambda + 3) = \frac{1}{2}(\lambda + 3)(2\lambda + 1) = 0$$

より，$\lambda = -3,\ -1/2$ である．よって，斉次方程式の一般解 h は

$$h = C_1 \exp(-3\tilde{t}) + C_2 \exp\left(-\frac{1}{2}\tilde{t}\right) \quad (C_1,\ C_2 \text{ は任意定数})$$

となる（表 4.4 を参照）．

つぎに，4.6 節の未定係数法の [1] を用いて，非斉次方程式 (6.8) の特殊解を求める．右辺 5/2 が定数であることに注目し，表 4.6 より $x = k$（定数）とおくと式 (6.8) より $k = 5/3$ となり，式 (6.8) の特殊解 $X = 5/3$ が得られる．

式 (6.8) の一般解はつぎのようになる．

$$x = h + X = C_1 \exp(-3\tilde{t}) + C_2 \exp\left(-\frac{1}{2}\tilde{t}\right) + \frac{5}{3}$$

これを式 (6.7a) に代入して y を求める．

$$\begin{aligned} y &= (D+1)x - 1 = Dx + x - 1 \\ &= \left\{-3C_1 \exp(-3\tilde{t}) - \frac{1}{2}C_2 \exp\left(-\frac{1}{2}\tilde{t}\right)\right\} \\ &\quad + \left\{C_1 \exp(-3\tilde{t}) + C_2 \exp\left(-\frac{1}{2}\tilde{t}\right) + \frac{5}{3}\right\} - 1 \\ &= -2C_1 \exp(-3\tilde{t}) + \frac{1}{2}C_2 \exp\left(-\frac{1}{2}\tilde{t}\right) + \frac{2}{3} \end{aligned}$$

任意定数 C_2 を改めて $2C_2$ とおき直すと，求める一般解はつぎのようになる．

$$\begin{cases} x = C_1 \exp(-3\tilde{t}) + 2C_2 \exp\left(-\dfrac{1}{2}\tilde{t}\right) + \dfrac{5}{3} & (6.9\text{a}) \\ y = -2C_1 \exp(-3\tilde{t}) + C_2 \exp\left(-\dfrac{1}{2}\tilde{t}\right) + \dfrac{2}{3} & (6.9\text{b}) \end{cases}$$

$\tilde{t} = 0$ のとき $x = y = 0$ とすると，

$$\begin{cases} C_1 + 2C_2 + \dfrac{5}{3} = 0 \\ -2C_1 + C_2 + \dfrac{2}{3} = 0 \end{cases} \qquad \therefore \begin{cases} C_1 = -\dfrac{1}{15} \\ C_2 = -\dfrac{4}{5} \end{cases}$$

となり，これを式 (6.9) に代入すると，

$$\begin{cases} x = \dfrac{5}{3} - \dfrac{1}{15}\exp(-3\tilde{t}) - \dfrac{8}{5}\exp\left(-\dfrac{1}{2}\tilde{t}\right) & (6.10\text{a}) \\ y = \dfrac{2}{3} + \dfrac{2}{15}\exp(-3\tilde{t}) - \dfrac{4}{5}\exp\left(-\dfrac{1}{2}\tilde{t}\right) & (6.10\text{b}) \end{cases}$$

となる．$\tilde{t} = (R/L)\,t$, $x = (R/E_0)I_1$, $y = (R/E_0)I_2$ より，

$$I_1 = \frac{E_0}{R}\left\{\frac{5}{3} - \frac{1}{15}\exp\left(-\frac{3R}{L}t\right) - \frac{8}{5}\exp\left(-\frac{R}{2L}t\right)\right\} \tag{6.11a}$$

$$I_2 = \frac{E_0}{R}\left\{\frac{2}{3} + \frac{2}{15}\exp\left(-\frac{3R}{L}t\right) - \frac{4}{5}\exp\left(-\frac{R}{2L}t\right)\right\} \tag{6.11b}$$

が得られる．$(R/L)\,t$ を横軸に，$(R/E_0)\,I_1$, $(R/E_0)\,I_2$ を縦軸にとり，式 (6.11) をグラフに表すと，図 6.3 のようになる．

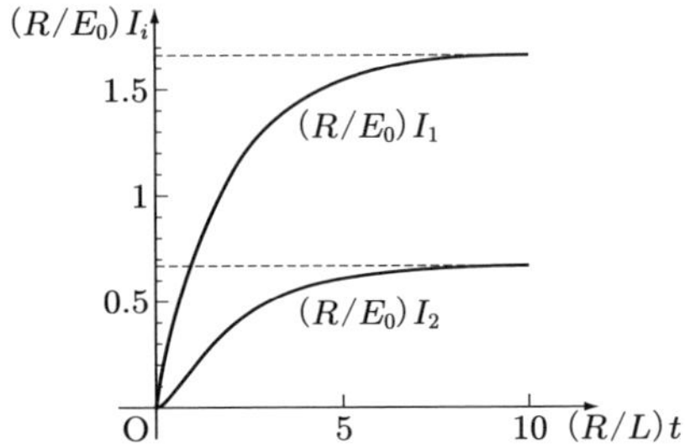

図 6.3　電流 I_1, I_2 の時間依存性

$(R/L)\,t \ll 1$ のとき，

$$I_1 \approx \frac{E_0}{L}t, \quad I_2 \approx \frac{E_0 R}{2L^2}t^2$$

であり，I_1 と I_2 の振る舞いが異なる．十分に時間が経つと，L の値によらず

$$I_1 \to \frac{5E_0}{3R}, \quad I_2 \to \frac{2E_0}{3R}$$

となる．電流がこれらの一定値に近づくのに要する時間は，L/R の数倍から 10 倍程度であり，L/R が大きいほど要する時間は長くなる．

式 (6.11) より，二つのコイルにおける電位の変化 $V_1 = L(dI_1/dt)$, $V_2 = L(dI_2/dt)$ はつぎのようになる．

$$V_1 = \frac{E_0}{5}\left\{\exp\left(-\frac{3R}{L}t\right) + 4\exp\left(-\frac{R}{2L}t\right)\right\}$$

$$V_2 = \frac{2}{5}E_0\left\{\exp\left(-\frac{R}{2L}t\right) - \exp\left(-\frac{3R}{L}t\right)\right\}$$

これより V_i/E_0 $(i = 1,\ 2)$ を図示すると，図 6.4 のようになる．S を閉じて電流が流れ始める瞬間，V_1 は電池の起電力 E_0 に等しい．それから時間が経ち I_1 の時間変化率が小さくなるにつれて，V_1 は E_0 から単調に減少する．式 (6.2b) あるいは式 (6.6b) からわかるように，S を閉じて電流が流れ始める瞬間（$I_1 = I_2 = 0$ すなわち $x = y = 0$），V_2 はゼロである．$(R/L)t \ll 1$ のとき，$V_2 \approx (E_0R/L)t$ であり，V_2 は時間とともに線形に増加する．初期の電流増加の段階では V_2 は急激に増加するが，ピークに達してから減少に転じる．

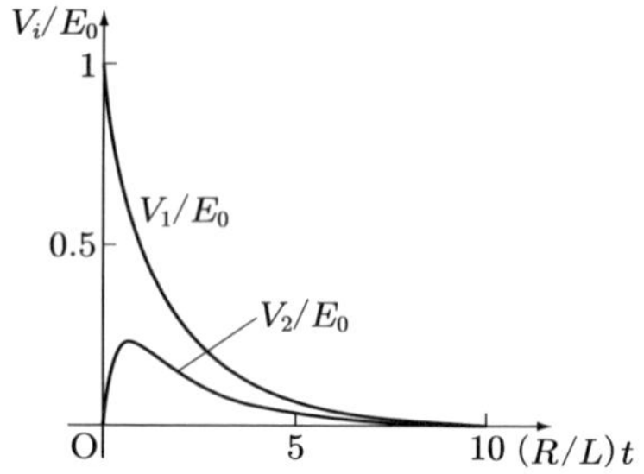

図 6.4　コイルにおける電位の変化
V_1, V_2 の時間依存性

問題 6.1　［例 6.1］で $L_1 = L_2 = L$, $R_1 = R_2 = R_3 = R$ であり，$E(t)$ がつぎのように与えられる場合を考える（図 6.5）．

$$E(t) = \begin{cases} 0 & (t < 0 \text{ のとき}) \\ E_0\{1 - \exp(-\gamma t)\} & (t \geq 0 \text{ のとき}) \end{cases}$$

ここで, E_0 は定数, γ は正の定数であり, スイッチ S は閉じたままであるとする．$(R/L)\,t = \tilde{t}$, $(L/R)\,\gamma = \tilde{\gamma}$, $(R/E_0)I_1 = x$, $(R/E_0)I_2 = y$ とおくと，式 (6.2) はつぎのように書き換えられる．

$$
\begin{cases}
\dfrac{dx}{d\tilde{t}} = -2x + y + 1 - \exp(-\tilde{\gamma}\tilde{t}) & (6.12a) \\
\dfrac{dy}{d\tilde{t}} = x - 2y & (6.12b)
\end{cases}
$$

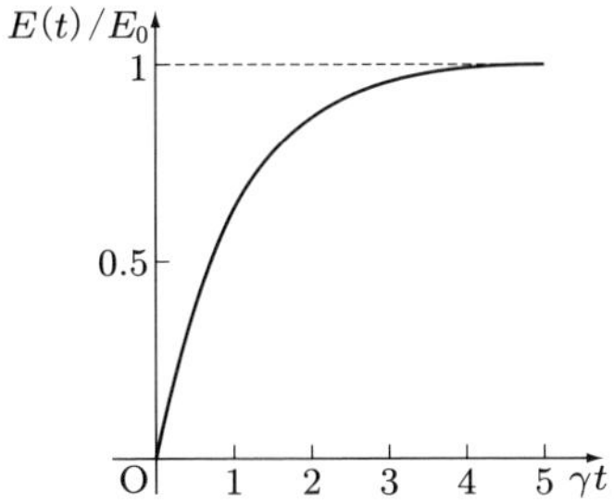

図 6.5　起電力の時間依存性

ここで，$\tilde{\gamma} \neq 1, 3$ とする．［例題 6.1］にならって式 (6.12) の一般解を求めよ．つぎに，「$\tilde{t} = 0$ のとき $x = y = 0$」という初期条件を満たす解を求め，$\tilde{\gamma} \gg 1$, $\tilde{\gamma} \ll 1$ のときの解の振る舞いを調べよ．　［Ref. 表 4.4, 解の重ね合わせの定理, 表 4.6, 表 4.7］

ここで述べた方法は，式 (6.1a) に $\alpha\dfrac{dy}{dt}$（α は定数）が，式 (6.1b) に $\beta\dfrac{dx}{dt}$（β は定数）が追加されたつぎの連立微分方程式に対しても有効である．

$$
\begin{cases}
\dfrac{dx}{dt} = ax + by + \alpha\dfrac{dy}{dt} + q_1(t) \\
\dfrac{dy}{dt} = cx + dy + \beta\dfrac{dx}{dt} + q_2(t)
\end{cases}
$$

[B] 行列の固有値問題を利用する方法

この方法の要点は，x, y の 1 次結合をうまくつくることにより，式 (6.1) を独立な二つの微分方程式に書き換えることである．この要点を示す簡単な例として，つぎの連立微分方程式を考えよう．

$$
\begin{cases}
\dfrac{dx}{dt} = ax + by + q_1(t) & (6.13a) \\
\dfrac{dy}{dt} = bx + ay + q_2(t) & (6.13b)
\end{cases}
$$

定数 $b = 0$ のとき，式 (6.13) は独立した二つの微分方程式になるので，$b \neq 0$ とする．係数 a, b の配置に注意しよう．式 (6.13a) と (6.13b) の両辺の和と差をつくり，$x + y = X$, $x - y = Y$ とおくと，

$$\begin{cases} \dfrac{dX}{dt} = (a+b)X + q_1(t) + q_2(t) & (6.14\text{a}) \\ \dfrac{dY}{dt} = (a-b)Y + q_1(t) - q_2(t) & (6.14\text{b}) \end{cases}$$

となる．式 (6.13) は x と y が相互作用する形の連立微分方程式であるが，式 (6.14) は独立な二つの 1 階微分方程式である．第 3 章で述べた解法により式 (6.14) の一般解 X, Y を求めてから，$x = (X+Y)/2,\ y = (X-Y)/2$ を用いると，式 (6.13) の一般解 x, y が得られる．

x, y の 1 次結合をつくり，連立線形微分方程式を独立な複数の線形微分方程式に書き換えるためには，行列の固有値問題が有効である場合が多い．連立微分方程式 (6.1) に戻ろう．行列を用いると，式 (6.1) はつぎのように表される．

$$\begin{bmatrix} \dfrac{dx}{dt} \\ \dfrac{dy}{dt} \end{bmatrix} = \begin{bmatrix} a & b \\ c & d \end{bmatrix} \begin{bmatrix} x \\ y \end{bmatrix} + \begin{bmatrix} q_1(t) \\ q_2(t) \end{bmatrix} \quad \text{すなわち} \quad \boxed{\frac{d\boldsymbol{r}}{dt} = A\boldsymbol{r} + \boldsymbol{q}(t)} \tag{6.15}$$

ここで，

$$\boldsymbol{r} = \begin{bmatrix} x \\ y \end{bmatrix}, \quad A = \begin{bmatrix} a & b \\ c & d \end{bmatrix}, \quad \boldsymbol{q}(t) = \begin{bmatrix} q_1(t) \\ q_2(t) \end{bmatrix}$$

であり，ベクトルの微分は，各成分ごとの微分を表す．すなわち，

$$\frac{d\boldsymbol{r}}{dt} = \frac{d}{dt}\begin{bmatrix} x \\ y \end{bmatrix} = \begin{bmatrix} \dfrac{dx}{dt} \\ \dfrac{dy}{dt} \end{bmatrix}$$

である．行列 A の固有値問題を解くことにより，連立線形微分方程式を書き換える．

■ 行列 A の固有値と固有ベクトル

A の固有値 λ は，つぎの方程式から得られる．

$$\begin{vmatrix} a-\lambda & b \\ c & d-\lambda \end{vmatrix} = (a-\lambda)(d-\lambda) - bc = 0$$

$$\therefore\ \lambda^2 - (a+d)\lambda + (ad-bc) = 0 \tag{6.16}$$

A の固有値を解にもつこの方程式を，A の固有方程式という．各固有値 λ に属する固有ベクトル $\boldsymbol{p}$ $(\neq \mathbf{0})$ は，

$$A\boldsymbol{p} = \lambda\boldsymbol{p}$$

から得られる．式 (6.16) は λ の 2 次方程式である．式 (6.16) が相異なる二つの解をもつ場合と，2 重解をもつ場合を考える．

(i) 固有値が相異なる二つの解 $\boldsymbol{\lambda_1}, \boldsymbol{\lambda_2}$ として与えられる場合

二つの固有値 λ_1, λ_2（$\lambda_1 \neq \lambda_2$）に属する固有ベクトルを，それぞれ $\boldsymbol{p}_1$，$\boldsymbol{p}_2$ とする．$\boldsymbol{p}_1$，$\boldsymbol{p}_2$ を列ベクトルとする行列 $P = [\boldsymbol{p}_1\, \boldsymbol{p}_2]$ をつくると，逆行列 P^{-1} が存在し，

$$\boxed{P^{-1}AP = \begin{bmatrix} \lambda_1 & 0 \\ 0 & \lambda_2 \end{bmatrix}}$$

が成り立つ．すなわち，正則行列 P により行列 A が対角化される．ここでは固有値が実数になる場合だけを扱う．

> **復習**
> 逆行列 P^{-1} が存在するような行列 P を，正則行列という．

例 6.2 行列 $A = \begin{bmatrix} -1 & 1 \\ 1 & -\dfrac{5}{2} \end{bmatrix}$ を考える．A の固有値 λ を求めると，

$$\begin{vmatrix} -1-\lambda & 1 \\ 1 & -\dfrac{5}{2}-\lambda \end{vmatrix} = (-1-\lambda)\left(-\frac{5}{2}-\lambda\right) - 1 = 0$$

$$\therefore\ 2\lambda^2 + 7\lambda + 3 = (\lambda+3)(2\lambda+1) = 0 \quad \therefore\ \lambda = -3, -1/2$$

となる．まず，固有値 $\lambda_1 = -3$ に属する固有ベクトル $\boldsymbol{p}_1 = \begin{bmatrix} \alpha_1 \\ \beta_1 \end{bmatrix}$ を求める．

$$A\boldsymbol{p}_1 = \lambda_1\boldsymbol{p}_1,\ \text{すなわち}\quad \begin{bmatrix} -1 & 1 \\ 1 & -\dfrac{5}{2} \end{bmatrix}\begin{bmatrix} \alpha_1 \\ \beta_1 \end{bmatrix} = -3\begin{bmatrix} \alpha_1 \\ \beta_1 \end{bmatrix}$$

より，$2\alpha_1 + \beta_1 = 0$ となるから，簡単な形に書ける $\alpha_1 = 1, \beta_1 = -2$ を選ぶことにする．

つぎに，固有値 $\lambda_2 = -1/2$ に属する固有ベクトル $\boldsymbol{p}_2 = \begin{bmatrix} \alpha_2 \\ \beta_2 \end{bmatrix}$ を求める．

$$A\boldsymbol{p}_2 = \lambda_2 \boldsymbol{p}_2, \text{ すなわち } \quad \begin{bmatrix} -1 & 1 \\ 1 & -\dfrac{5}{2} \end{bmatrix} \begin{bmatrix} \alpha_2 \\ \beta_2 \end{bmatrix} = -\frac{1}{2} \begin{bmatrix} \alpha_2 \\ \beta_2 \end{bmatrix}$$

より，$\alpha_2 - 2\beta_2 = 0$ となるから，簡単な形に書ける $\alpha_2 = 2, \beta_2 = 1$ を選ぶことにする．

以上より，

$$\boldsymbol{p}_1 = \begin{bmatrix} 1 \\ -2 \end{bmatrix}, \quad \boldsymbol{p}_2 = \begin{bmatrix} 2 \\ 1 \end{bmatrix}$$

である．

$\boldsymbol{p}_1, \boldsymbol{p}_2$ を列ベクトルとする行列 P とその逆行列 P^{-1} は，つぎのようになる．

$$P = [\boldsymbol{p}_1\, \boldsymbol{p}_2] = \begin{bmatrix} 1 & 2 \\ -2 & 1 \end{bmatrix}, \quad P^{-1} = \frac{1}{5} \begin{bmatrix} 1 & -2 \\ 2 & 1 \end{bmatrix}$$

これらを用いると，

$$P^{-1}AP = \frac{1}{5} \begin{bmatrix} 1 & -2 \\ 2 & 1 \end{bmatrix} \begin{bmatrix} -1 & 1 \\ 1 & -\dfrac{5}{2} \end{bmatrix} \begin{bmatrix} 1 & 2 \\ -2 & 1 \end{bmatrix} = \begin{bmatrix} -3 & 0 \\ 0 & -\dfrac{1}{2} \end{bmatrix}$$

となる．

(ii) 固有値が 2 重解 λ として与えられる場合

この場合は A を対角化することはできないが，P をうまくつくると，$P^{-1}AP = \begin{bmatrix} \lambda & 1 \\ 0 & \lambda \end{bmatrix}$ のように変換することはできる．$AP = P \begin{bmatrix} \lambda & 1 \\ 0 & \lambda \end{bmatrix}$ を満たすように正則行列 P をつくればよい．

▷ **注意**　$P^{-1}AP = \begin{bmatrix} \lambda & 1 \\ 0 & \lambda \end{bmatrix}$ の両辺に左から P を掛けると，

$$PP^{-1}AP = (PP^{-1})AP = EAP = AP = P \begin{bmatrix} \lambda & 1 \\ 0 & \lambda \end{bmatrix} \quad (E \text{ は単位行列})$$

例 6.3　行列 $A = \begin{bmatrix} 3 & 1 \\ -1 & 1 \end{bmatrix}$ を考える．A の固有値 λ を求めると，

$$\begin{vmatrix} 3-\lambda & 1 \\ -1 & 1-\lambda \end{vmatrix} = (3-\lambda)(1-\lambda)+1=0$$

$$\therefore\ \lambda^2-4\lambda+4=(\lambda-2)^2=0 \quad \therefore\ \lambda=2 \quad (2\ \text{重解})$$

となる．$P=\begin{bmatrix} p & q \\ r & s \end{bmatrix}$ とおく．$\begin{bmatrix} 3 & 1 \\ -1 & 1 \end{bmatrix}\begin{bmatrix} p & q \\ r & s \end{bmatrix}=\begin{bmatrix} p & q \\ r & s \end{bmatrix}\begin{bmatrix} 2 & 1 \\ 0 & 2 \end{bmatrix}$ より $p+r=0,\ q+s=p$ が得られる．この二つの等式を満たし，$|P|=ps-qr\neq 0$（逆行列 P^{-1} が存在する条件）となるものとして，$p=1,\ q=1,\ r=-1,\ s=0$ を選ぶことにする．そうすると，P と P^{-1} はつぎのようになる．

$$P=\begin{bmatrix} 1 & 1 \\ -1 & 0 \end{bmatrix}, \quad P^{-1}=\begin{bmatrix} 0 & -1 \\ 1 & 1 \end{bmatrix}$$

これを用いると，

$$P^{-1}AP=\begin{bmatrix} 0 & -1 \\ 1 & 1 \end{bmatrix}\begin{bmatrix} 3 & 1 \\ -1 & 1 \end{bmatrix}\begin{bmatrix} 1 & 1 \\ -1 & 0 \end{bmatrix}=\begin{bmatrix} 2 & 1 \\ 0 & 2 \end{bmatrix}$$

となる．対角成分の 2 は固有値である． ┘

■ 連立微分方程式への応用

行列の固有値問題を連立微分方程式に応用しよう．式 (6.15) の両辺に左から P^{-1} を掛けて，

$$P^{-1}\frac{d\boldsymbol{r}}{dt}=\frac{d}{dt}\left(P^{-1}\boldsymbol{r}\right), \quad PP^{-1}=E \quad (\text{単位行列})$$

を用いると，

$$\boxed{\frac{d}{dt}\left(P^{-1}\boldsymbol{r}\right)=\left(P^{-1}AP\right)\left(P^{-1}\boldsymbol{r}\right)+P^{-1}\boldsymbol{q}(t)} \tag{6.17}$$

となる．以下ではつぎのようにおく．

$$P^{-1}\boldsymbol{r}=\boldsymbol{R}=\begin{bmatrix} X \\ Y \end{bmatrix}, \quad P^{-1}\boldsymbol{q}(t)=\boldsymbol{Q}(t)=\begin{bmatrix} Q_1(t) \\ Q_2(t) \end{bmatrix}$$

$X,\ Y$ はそれぞれ $x,\ y$ の 1 次結合であり，$Q_1(t),\ Q_2(t)$ はそれぞれ $q_1(t),\ q_2(t)$ の 1 次結合である．

(i) $\boldsymbol{A}$ が相異なる二つの実数固有値 $\boldsymbol{\lambda_1}, \boldsymbol{\lambda_2}$ をもつ場合

P により A が対角化され，式 (6.17) はつぎのようになる．

$$\frac{d}{dt}\begin{bmatrix} X \\ Y \end{bmatrix} = \begin{bmatrix} \lambda_1 & 0 \\ 0 & \lambda_2 \end{bmatrix}\begin{bmatrix} X \\ Y \end{bmatrix} + \begin{bmatrix} Q_1(t) \\ Q_2(t) \end{bmatrix}$$

$$\therefore \begin{cases} \dfrac{dX}{dt} = \lambda_1 X + Q_1(t) & \text{(6.18a)} \\ \dfrac{dY}{dt} = \lambda_2 Y + Q_2(t) & \text{(6.18b)} \end{cases}$$

式 (6.18) は独立した二つの 1 階線形微分方程式である．斉次方程式 $dX/dt = \lambda_1 X$, $dY/dt = \lambda_2 Y$ の一般解はそれぞれ，$C_1 \exp(\lambda_1 t)$, $C_2 \exp(\lambda_2 t)$ （C_1, C_2 は任意定数）である．式 (6.18a), (6.18b) の特殊解をそれぞれ $F_1(t)$, $F_2(t)$ とすると，式 (3.9) からわかるように，式 (6.18) の一般解はつぎのように表される．

$$\begin{cases} X = C_1 \exp(\lambda_1 t) + F_1(t) & \text{(6.19a)} \\ Y = C_2 \exp(\lambda_2 t) + F_2(t) & \text{(6.19b)} \end{cases}$$

式 (6.19) を用いると，$\boldsymbol{r} = P\boldsymbol{R}$ より

$$\begin{aligned} \boldsymbol{r} &= [\boldsymbol{p}_1\, \boldsymbol{p}_2]\begin{bmatrix} X \\ Y \end{bmatrix} = X\boldsymbol{p}_1 + Y\boldsymbol{p}_2 \\ &= \{C_1 \exp(\lambda_1 t)\boldsymbol{p}_1 + C_2 \exp(\lambda_2 t)\boldsymbol{p}_2\} + \{F_1(t)\boldsymbol{p}_1 + F_2(t)\boldsymbol{p}_2\} \qquad \text{(6.20)} \end{aligned}$$

となる．

> ▷ **注意**　$P^{-1}\boldsymbol{r} = \boldsymbol{R}$ の両辺に左から P を掛けると，$\boldsymbol{r} = P\boldsymbol{R}$ が得られる．

式 (6.20) 右辺の C_1, C_2 を含む第 1 項と第 2 項の和は，斉次方程式 $d\boldsymbol{r}/dt = A\boldsymbol{r}$ の一般解である．$F_1(t), F_2(t)$ を含む第 3 項と第 4 項の和は，非斉次方程式 $d\boldsymbol{r}/dt = A\boldsymbol{r} + \boldsymbol{q}(t)$ の特殊解である．

(ii) $\boldsymbol{A}$ がただ一つの固有値 $\boldsymbol{\lambda}$（2 重解）をもつ場合

$P^{-1}AP = \begin{bmatrix} \lambda & 1 \\ 0 & \lambda \end{bmatrix}$ を満たすように正則行列 P をつくると，式 (6.17) より

$$\frac{d}{dt}\begin{bmatrix} X \\ Y \end{bmatrix} = \begin{bmatrix} \lambda & 1 \\ 0 & \lambda \end{bmatrix}\begin{bmatrix} X \\ Y \end{bmatrix} + \begin{bmatrix} Q_1(t) \\ Q_2(t) \end{bmatrix}$$

$$\therefore \begin{cases} \dfrac{dX}{dt} = \lambda X + Y + Q_1(t) & (6.21\text{a}) \\ \dfrac{dY}{dt} = \lambda Y + Q_2(t) & (6.21\text{b}) \end{cases}$$

となる．式 (6.21b) は，Y を未知関数とする独立した 1 階微分方程式である．式 (6.21b) の一般解 Y を求めて式 (6.21a) に代入し，これを解いて一般解 X を求めればよい．$\boldsymbol{r} = P\boldsymbol{R}$ を用いると，X, Y から x, y が得られる．

以下の例題，問題では，A が相異なる二つの実数固有値 λ_1, λ_2 をもつ場合のみを扱う．この場合について，解法をまとめておこう．

$$\boxed{\frac{d\boldsymbol{r}}{dt} = A\boldsymbol{r} + \boldsymbol{q}(t)} \tag{6.15}$$

↓ $A\boldsymbol{p}_i = \lambda_i \boldsymbol{p}_i,\ P = [\boldsymbol{p}_1\ \boldsymbol{p}_2],\ P^{-1}\boldsymbol{r} = \begin{bmatrix} X \\ Y \end{bmatrix},\ P^{-1}\boldsymbol{q}(t) = \begin{bmatrix} Q_1(t) \\ Q_2(t) \end{bmatrix}$

$$\frac{dX}{dt} = \lambda_1 X + Q_1(t) \tag{6.18a}$$

$$\frac{dY}{dt} = \lambda_2 Y + Q_2(t) \tag{6.18b}$$

↓ 一般解を求める

$X = C_1 \exp(\lambda_1 t) + F_1(t)$　$F_1(t)$ は式 (6.18a) の特殊解

$Y = C_2 \exp(\lambda_2 t) + F_2(t)$　$F_2(t)$ は式 (6.18b) の特殊解

（C_1, C_2 は任意定数）

↓ $\boldsymbol{r} = P\begin{bmatrix} X \\ Y \end{bmatrix} = [\boldsymbol{p}_1\ \boldsymbol{p}_2]\begin{bmatrix} X \\ Y \end{bmatrix} = X\boldsymbol{p}_1 + Y\boldsymbol{p}_2$

$$\boxed{\boldsymbol{r} = \{C_1 \exp(\lambda_1 t)\,\boldsymbol{p}_1 + C_2 \exp(\lambda_2 t)\,\boldsymbol{p}_2\} + \{F_1(t)\,\boldsymbol{p}_1 + F_2(t)\,\boldsymbol{p}_2\}}$$

最後の式の右辺の第 1 項と第 2 項の和は，斉次方程式 $d\boldsymbol{r}/dt = A\boldsymbol{r}$ の一般解である．

例題 6.2　行列の固有値問題を利用して，［例題 6.1］の式 (6.6) の一般解を求めよ．

《解》　微分方程式 (6.6) はつぎのように表される．

$$\frac{d\boldsymbol{r}}{dt} = A\boldsymbol{r} + \boldsymbol{q} \tag{6.22}$$

ここで，$\boldsymbol{r} = \begin{bmatrix} x \\ y \end{bmatrix}$, $A = \begin{bmatrix} -1 & 1 \\ 1 & -5/2 \end{bmatrix}$, $\boldsymbol{q} = \begin{bmatrix} 1 \\ 0 \end{bmatrix}$ である．

［例 6.2］で行列 A の固有値，固有ベクトルをつぎのように求めた．

固有値：$\lambda_1 = -3, \quad \lambda_2 = -\dfrac{1}{2}$

$\lambda_1 = -3$ に属する固有ベクトル：$\boldsymbol{p}_1 = \begin{bmatrix} 1 \\ -2 \end{bmatrix}$

$\lambda_2 = -\dfrac{1}{2}$ に属する固有ベクトル：$\boldsymbol{p}_2 = \begin{bmatrix} 2 \\ 1 \end{bmatrix}$

行列 P とその逆行列 P^{-1} は，

$$P = [\boldsymbol{p}_1\, \boldsymbol{p}_2] = \begin{bmatrix} 1 & 2 \\ -2 & 1 \end{bmatrix}, \quad P^{-1} = \frac{1}{5}\begin{bmatrix} 1 & -2 \\ 2 & 1 \end{bmatrix}$$

となる．P を用いてつぎのように A を対角化することができる．

$$P^{-1}AP = \begin{bmatrix} -3 & 0 \\ 0 & -1/2 \end{bmatrix}$$

これと $P^{-1}\boldsymbol{r} = \boldsymbol{R} = \begin{bmatrix} X \\ Y \end{bmatrix}$ より，式 (6.17) はつぎのようになる．

$$\frac{d}{d\tilde{t}}\begin{bmatrix} X \\ Y \end{bmatrix} = \begin{bmatrix} -3 & 0 \\ 0 & -\dfrac{1}{2} \end{bmatrix}\begin{bmatrix} X \\ Y \end{bmatrix} + \frac{1}{5}\begin{bmatrix} 1 & -2 \\ 2 & 1 \end{bmatrix}\begin{bmatrix} 1 \\ 0 \end{bmatrix}$$

$$\therefore \begin{cases} \dfrac{dX}{d\tilde{t}} = -3X + \dfrac{1}{5} \\ \dfrac{dY}{d\tilde{t}} = -\dfrac{1}{2}Y + \dfrac{2}{5} \end{cases}$$

これらは独立した二つの 1 階微分方程式である．3.3 節で述べた解法により，一般解を求めると，

$$\begin{cases} X = C_1 \exp(-3\tilde{t}) + \dfrac{1}{15} \quad (C_1 \text{ は任意定数}) & (6.23\text{a}) \\ Y = C_2 \exp\left(-\dfrac{1}{2}\tilde{t}\right) + \dfrac{4}{5} \quad (C_2 \text{ は任意定数}) & (6.23\text{b}) \end{cases}$$

となる．

$\boldsymbol{r} = P\boldsymbol{R}$ より $\boldsymbol{r}$ を求める．

$$\boldsymbol{r} = \begin{bmatrix} x \\ y \end{bmatrix} = P\begin{bmatrix} X \\ Y \end{bmatrix} = \begin{bmatrix} 1 & 2 \\ -2 & 1 \end{bmatrix}\begin{bmatrix} X \\ Y \end{bmatrix} = \begin{bmatrix} X + 2Y \\ -2X + Y \end{bmatrix}$$

$$\therefore \begin{cases} x = X + 2Y \\ y = -2X + Y \end{cases}$$

これに式 (6.23) を代入すると，

$$\begin{cases} x = C_1 \exp(-3\tilde{t}) + 2C_2 \exp\left(-\dfrac{1}{2}\tilde{t}\right) + \dfrac{5}{3} & (6.24\text{a}) \\ y = -2C_1 \exp(-3\tilde{t}) + C_2 \exp\left(-\dfrac{1}{2}\tilde{t}\right) + \dfrac{2}{3} & (6.24\text{b}) \end{cases}$$

あるいは，式 (6.23) と $\boldsymbol{r} = P\boldsymbol{R} = X\boldsymbol{p}_1 + Y\boldsymbol{p}_2$ から，ただちに

$$\begin{bmatrix} x \\ y \end{bmatrix} = C_1 \exp(-3\tilde{t}) \begin{bmatrix} 1 \\ -2 \end{bmatrix} + C_2 \exp\left(-\frac{1}{2}\tilde{t}\right) \begin{bmatrix} 2 \\ 1 \end{bmatrix} + \frac{1}{3} \begin{bmatrix} 5 \\ 2 \end{bmatrix} \tag{6.25}$$

が得られる．右辺のベクトル $\begin{bmatrix} 1 \\ -2 \end{bmatrix}$ は固有ベクトル $\boldsymbol{p}_1$，$\begin{bmatrix} 2 \\ 1 \end{bmatrix}$ は固有ベクトル $\boldsymbol{p}_2$ である．右辺の第 1 項と第 2 項の和は斉次方程式 $d\boldsymbol{r}/d\tilde{t} = A\boldsymbol{r}$ の一般解，第 3 項は非斉次方程式 $d\boldsymbol{r}/d\tilde{t} = A\boldsymbol{r} + \boldsymbol{q}$ の特殊解である．

問題 6.2　ふたたび［問題 6.1］を考える．行列の固有値問題を利用して，式 (6.12) の一般解 x, y を求めよ．［Ref. 3.3 節］

6.2　連立 2 階線形微分方程式

この節では，t を独立変数，x, y を未知関数とするつぎのような微分方程式を考える．

$$\begin{cases} \dfrac{d^2x}{dt^2} = ax + by + q_1(t) & (6.26\text{a}) \\ \dfrac{d^2y}{dt^2} = cx + dy + q_2(t) & (6.26\text{b}) \end{cases}$$

ここで，a, b, c, d は定数，$q_1(t)$, $q_2(t)$ は t の関数である．

このような形の連立 2 階線形微分方程式は，力学の問題によく現れる．質点の加速度が，位置座標の時間についての 2 階導関数で与えられることを思い起こそう．あとで例を示すように，二つの質点が相互作用しながら減衰せずに振動するとき，このような振動がしばしば上記の連立微分方程式で記述される．

連立 1 階線形微分方程式と同じように，二つの解法を考える．

[A] 未知関数の一方を消去する方法

2 回微分の演算を表す作用素 $D^2 = d^2/dt^2$ を用いると，式 (6.26) はつぎのように表される．

$$\begin{cases} (D^2 - a)x - by = q_1(t) & (6.27\text{a}) \\ -cx + (D^2 - d)y = q_2(t) & (6.27\text{b}) \end{cases}$$

$b = 0$ のときは式 (6.27a) が，$c = 0$ のときは式 (6.27b) が，未知関数を一つだけ含む独立した 2 階微分方程式になる．そこで，$b \neq 0, c \neq 0$ とする．連立 2 元 1 次方程式を解くときと同じようにして，y を消去しよう．式 (6.27a) の両辺に $D^2 - d$ を作用させ，式 (6.27b) の両辺に $b\,(\neq 0)$ を掛けて辺々加えると，

$$\begin{aligned} &\left\{(D^2 - d)(D^2 - a) - bc\right\} x = (D^2 - d)q_1(t) + bq_2(t) \\ \therefore\ &\left\{D^4 - (a + d)D^2 + (ad - bc)\right\} x = q_1''(t) - dq_1(t) + bq_2(t) \end{aligned}$$

が得られる．これは，x を未知関数とする 4 階線形微分方程式（定数係数，非斉次）である．本書では，1 階および 2 階線形微分方程式のみを扱うので，これ以上は先に進まないことにする．

[B] 行列の固有値問題を利用する方法

行列を用いると，式 (6.26) はつぎのように表される．

$$\boxed{\frac{d^2\boldsymbol{r}}{dt^2} = A\boldsymbol{r} + \boldsymbol{q}(t)} \tag{6.28}$$

ここで，$\boldsymbol{r} = \begin{bmatrix} x \\ y \end{bmatrix}$, $A = \begin{bmatrix} a & b \\ c & d \end{bmatrix}$, $\boldsymbol{q}(t) = \begin{bmatrix} q_1(t) \\ q_2(t) \end{bmatrix}$ である．

ここからの取り扱いは，連立 1 階線形微分方程式と同じである．ここでは，A が相異なる二つの実数固有値 λ_1, λ_2 をもつ場合のみを扱う．λ_1, λ_2 のそれぞれに属する固有ベクトル $\boldsymbol{p}_1, \boldsymbol{p}_2$ を求め，正則行列 $P = [\boldsymbol{p}_1\ \boldsymbol{p}_2]$ とその逆行列 P^{-1} をつくる．式 (6.28) の両辺に左から P^{-1} を掛けて，

$$P^{-1}\frac{d^2\boldsymbol{r}}{dt^2} = \frac{d^2}{dt^2}\left(P^{-1}\boldsymbol{r}\right), \quad PP^{-1} = E \quad (\text{単位行列})$$

を用いると，

$$\boxed{\frac{d^2}{dt^2}\left(P^{-1}\boldsymbol{r}\right) = \left(P^{-1}AP\right)\left(P^{-1}\boldsymbol{r}\right) + P^{-1}\boldsymbol{q}(t)} \tag{6.29}$$

が得られる．以下では，$P^{-1}\boldsymbol{r} = \boldsymbol{R} = \begin{bmatrix} X \\ Y \end{bmatrix}$, $P^{-1}\boldsymbol{q}(t) = \begin{bmatrix} Q_1(t) \\ Q_2(t) \end{bmatrix}$ とおく．P により A が対角化され，式 (6.29) はつぎのようになる．

$$\frac{d^2}{dt^2}\begin{bmatrix} X \\ Y \end{bmatrix} = \begin{bmatrix} \lambda_1 & 0 \\ 0 & \lambda_2 \end{bmatrix}\begin{bmatrix} X \\ Y \end{bmatrix} + \begin{bmatrix} Q_1(t) \\ Q_2(t) \end{bmatrix}$$

$$\therefore \begin{cases} \dfrac{d^2X}{dt^2} = \lambda_1 X + Q_1(t) & \text{(6.30a)} \\ \dfrac{d^2Y}{dt^2} = \lambda_2 Y + Q_2(t) & \text{(6.30b)} \end{cases}$$

はじめに，$\lambda_1 < 0$, $\lambda_2 < 0$ の場合を考えよう．$\lambda_1 = -\omega_1^2$ $(\omega_1 > 0)$, $\lambda_2 = -\omega_2^2$ $(\omega_2 > 0)$ とおく．斉次方程式 $d^2X/dt^2 = -\omega_1^2 X$, $d^2Y/dt^2 = -\omega_2^2 Y$ の一般解はそれぞれ，$C_1 \cos\omega_1 t + C_2 \sin\omega_1 t$, $C_3 \cos\omega_2 t + C_4 \sin\omega_2 t$ （C_1, C_2, C_3, C_4 は任意定数）である．式 (6.30a), (6.30b) の特殊解をそれぞれ $F_1(t)$, $F_2(t)$ とすると，式 (4.32) あるいは式 (4.33) からわかるように，式 (6.30) の一般解は

$$\begin{cases} X = C_1 \cos\omega_1 t + C_2 \sin\omega_1 t + F_1(t) & \text{(6.31a)} \\ Y = C_3 \cos\omega_2 t + C_4 \sin\omega_2 t + F_2(t) & \text{(6.31b)} \end{cases}$$

となる．式 (6.31) を用いると，$\boldsymbol{r} = P\boldsymbol{R} = X\boldsymbol{p}_1 + Y\boldsymbol{p}_2$ より，

$$\begin{aligned} \boldsymbol{r} &= \{(C_1 \cos\omega_1 t + C_2 \sin\omega_1 t)\,\boldsymbol{p}_1 + (C_3 \cos\omega_2 t + C_4 \sin\omega_2 t)\,\boldsymbol{p}_2\} \\ &\quad + \{F_1(t)\,\boldsymbol{p}_1 + F_2(t)\,\boldsymbol{p}_2\} \end{aligned} \tag{6.32}$$

となる．三角関数の合成を用いると，式 (6.32) をつぎのように書き換えることもできる．

$$\boldsymbol{r} = A_1 \sin(\omega_1 t + \phi_1)\,\boldsymbol{p}_1 + A_2 \sin(\omega_2 t + \phi_2)\,\boldsymbol{p}_2 + F_1(t)\,\boldsymbol{p}_1 + F_2(t)\,\boldsymbol{p}_2$$

ここで，A_1, ϕ_1, A_2, ϕ_2 は任意定数である．

つぎに，$\lambda_1 < 0$, $\lambda_2 > 0$ の場合を考えよう．$\lambda_1 = -\omega^2$ $(\omega > 0)$, $\lambda_2 = \gamma^2$ $(\gamma > 0)$ とおく．$\lambda_1 < 0$, $\lambda_2 < 0$ の場合と同じようにして式 (6.30) の一般解を求めると，つぎのようになる．

$$\begin{cases} X = C_1 \cos\omega t + C_2 \sin\omega t + F_1(t) \\ Y = C_3 \exp(\gamma t) + C_4 \exp(-\gamma t) + F_2(t) \end{cases}$$

$\boldsymbol{r} = P\boldsymbol{R} = X\boldsymbol{p}_1 + Y\boldsymbol{p}_2$ より，

$$\begin{aligned}\boldsymbol{r} &= [(C_1 \cos \omega t + C_2 \sin \omega t)\,\boldsymbol{p}_1 + \{C_3 \exp(\gamma t) + C_4 \exp(-\gamma t)\}\,\boldsymbol{p}_2] \\ &\quad + \{F_1(t)\,\boldsymbol{p}_1 + F_2(t)\,\boldsymbol{p}_2\}\end{aligned} \tag{6.33}$$

となる．

$\lambda_1 > 0, \lambda_2 > 0$ の場合も同様である．また，$\lambda_1 = 0$ のときは $d^2X/dt^2 = Q_1(t)$ を，$\lambda_2 = 0$ のときは $d^2Y/dt^2 = Q_2(t)$ を 2 回積分すればよい．

$\lambda_1 < 0, \lambda_2 < 0$ $(\lambda_1 \neq \lambda_2)$ の場合について，解法をまとめておこう．

$$\boxed{\frac{d^2\boldsymbol{r}}{dt^2} = A\boldsymbol{r} + \boldsymbol{q}(t)}$$

↓ $A\boldsymbol{p}_i = \lambda_i \boldsymbol{p}_i,\ P = [\boldsymbol{p}_1\ \boldsymbol{p}_2],\ P^{-1}\boldsymbol{r} = \begin{bmatrix} X \\ Y \end{bmatrix},\ P^{-1}\boldsymbol{q}(t) = \begin{bmatrix} Q_1(t) \\ Q_2(t) \end{bmatrix}$

$$\frac{d^2X}{dt^2} = -\omega_1^2 X + Q_1(t) \quad (\lambda_1 = -\omega_1^2,\ \omega_1 > 0) \tag{6.34a}$$

$$\frac{d^2Y}{dt^2} = -\omega_2^2 Y + Q_2(t) \quad (\lambda_2 = -\omega_2^2,\ \omega_2 > 0) \tag{6.34b}$$

↓ 一般解を求める

$X = C_1 \cos \omega_1 t + C_2 \sin \omega_1 t + F_1(t)$　$F_1(t)$ は式 (6.34a) の特殊解

$Y = C_3 \cos \omega_2 t + C_4 \sin \omega_2 t + F_2(t)$　$F_2(t)$ は式 (6.34b) の特殊解

$(C_1, C_2, C_3, C_4$ は任意定数$)$

↓ $\boldsymbol{r} = P\begin{bmatrix} X \\ Y \end{bmatrix} = [\boldsymbol{p}_1\ \boldsymbol{p}_2]\begin{bmatrix} X \\ Y \end{bmatrix} = X\boldsymbol{p}_1 + Y\boldsymbol{p}_2$

$$\begin{aligned}\boldsymbol{r} =&\{(C_1 \cos \omega_1 t + C_2 \sin \omega_1 t)\ \boldsymbol{p}_1 + (C_3 \cos \omega_2 t + C_4 \sin \omega_2 t)\ \boldsymbol{p}_2\} \\ &+ \{F_1(t)\,\boldsymbol{p}_1 + F_2(t)\,\boldsymbol{p}_2\}\end{aligned}$$

斉次方程式の場合は，以下のようになる．

$\dfrac{d^2\boldsymbol{r}}{dt^2} = A\boldsymbol{r}$ の一般解：

$$\boldsymbol{r} = (C_1 \cos \omega_1 t + C_2 \sin \omega_1 t)\,\boldsymbol{p}_1 + (C_3 \cos \omega_2 t + C_4 \sin \omega_2 t)\,\boldsymbol{p}_2$$

例題 6.3 図 6.6 のように，滑らかな水平面上にある二つの質点（質量 m_1, m_2）がばね（ばね定数 k_2）で結ばれ，さらに，各質点はそれぞれ別のばね（ばね定数 k_1, k_3）により固定壁に連結されている．質点とばねは x 軸上に並び，二つの質点は x 軸上を動くものとする．質点 m_1, m_2 の位置をそれぞれ，質点の平衡位置からの変位 x_1, x_2 で表すことにする．このとき，二つの質点の運動方程式はつぎのようになる．

$$\begin{cases} m_1 \dfrac{d^2 x_1}{dt^2} = -k_1 x_1 + k_2(x_2 - x_1) & \text{(6.35a)} \\ m_2 \dfrac{d^2 x_2}{dt^2} = -k_2(x_2 - x_1) - k_3 x_2 & \text{(6.35b)} \end{cases}$$

二つの質点が平衡位置にあるとき，三つのばねは自然長である必要はない．

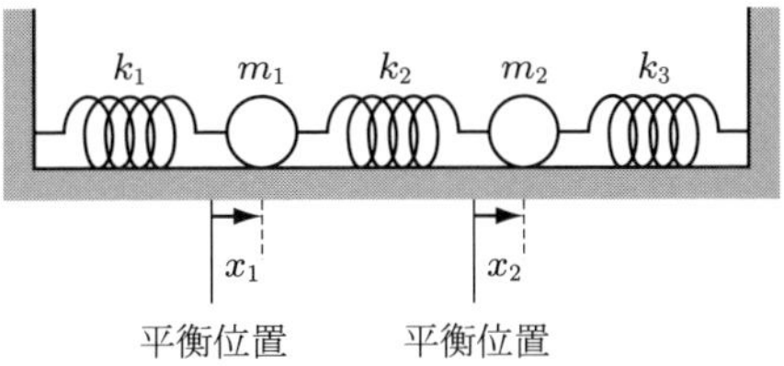

図 6.6 相互作用しながら振動する二つの質点

式 (6.35a) 右辺の第 1 項は，変位 x_1 によりばね k_1 から質点 m_1 に働く力，第 2 項は，変位 x_1, x_2 によりばね k_2 から質点 m_1 に働く力を表す．式 (6.35b) 右辺についても，同様に考えることができる．ここでは，とくに $m_1 = m_2 = m$, $k_1 = k$, $k_2 = 2k$, $k_3 = 4k$ の場合を考える．二つの質点の運動は，異なる角振動数をもつ二つの単振動（基準振動）の重ね合わせになる．運動方程式（連立 2 階線形微分方程式）の一般解を求め，二つの単振動がどのようなものであるかを調べよ．

〈参考〉**基準**振動という用語は，**規準**振動と書くこともある．

《解》 $\sqrt{k/m} = \omega_0$, $\omega_0 t = \tau$ とおくと，運動方程式 (6.35) はつぎのように書き換えられる．

$$\frac{d^2 \boldsymbol{r}}{d\tau^2} = A\boldsymbol{r} \tag{6.36}$$

ここで，$\boldsymbol{r} = \begin{bmatrix} x_1 \\ x_2 \end{bmatrix}$, $A = \begin{bmatrix} -3 & 2 \\ 2 & -6 \end{bmatrix}$ である．

行列 A の固有値を求めると，

$$\begin{vmatrix} -3-\lambda & 2 \\ 2 & -6-\lambda \end{vmatrix} = (-3-\lambda)(-6-\lambda) - 4 = 0$$

$$\therefore\ \lambda^2+9\lambda+14=(\lambda+2)(\lambda+7)=0 \quad \therefore\ \lambda=-7,-2$$

となる．まず，固有値 $\lambda_1=-7$ に属する固有ベクトル $\boldsymbol{p}_1=\begin{bmatrix}\alpha_1\\ \beta_1\end{bmatrix}$ を求める．

$$A\boldsymbol{p}_1=\lambda_1\boldsymbol{p}_1,\ \text{すなわち}\quad \begin{bmatrix}-3 & 2\\ 2 & -6\end{bmatrix}\begin{bmatrix}\alpha_1\\ \beta_1\end{bmatrix}=-7\begin{bmatrix}\alpha_1\\ \beta_1\end{bmatrix}$$

より，$2\alpha_1+\beta_1=0$ となるから，簡単な形に書ける $\alpha_1=1, \beta_1=-2$ を選ぶことにする．

つぎに，固有値 $\lambda_2=-2$ に属する固有ベクトル $\boldsymbol{p}_2=\begin{bmatrix}\alpha_2\\ \beta_2\end{bmatrix}$ を求める．

$$A\boldsymbol{p}_2=\lambda_2\boldsymbol{p}_2,\ \text{すなわち}\quad \begin{bmatrix}-3 & 2\\ 2 & -6\end{bmatrix}\begin{bmatrix}\alpha_2\\ \beta_2\end{bmatrix}=-2\begin{bmatrix}\alpha_2\\ \beta_2\end{bmatrix}$$

より，$\alpha_2-2\beta_2=0$ となるから，簡単な形に書ける $\alpha_2=2, \beta_2=1$ を選ぶことにする．以上より，

$$\boldsymbol{p}_1=\begin{bmatrix}1\\ -2\end{bmatrix},\quad \boldsymbol{p}_2=\begin{bmatrix}2\\ 1\end{bmatrix}$$

となり，正則行列 $P=[\boldsymbol{p}_1\,\boldsymbol{p}_2]=\begin{bmatrix}1 & 2\\ -2 & 1\end{bmatrix}$ とその逆行列 $P^{-1}=\dfrac{1}{5}\begin{bmatrix}1 & -2\\ 2 & 1\end{bmatrix}$ により，

$$P^{-1}AP=\begin{bmatrix}-7 & 0\\ 0 & -2\end{bmatrix}$$

となる．

式 (6.29) で独立変数 t を τ で置き換えた式で，$P^{-1}\boldsymbol{r}=\boldsymbol{R}=\begin{bmatrix}X_1\\ X_2\end{bmatrix}$ とおき，$P^{-1}\boldsymbol{q}(\tau)=\begin{bmatrix}0\\ 0\end{bmatrix}$ に注意すると，次式が得られる．

$$\frac{d^2}{d\tau^2}\begin{bmatrix}X_1\\ X_2\end{bmatrix}=\begin{bmatrix}-7 & 0\\ 0 & -2\end{bmatrix}\begin{bmatrix}X_1\\ X_2\end{bmatrix} \quad \therefore\ \frac{d^2X_1}{d\tau^2}=-7X_1,\quad \frac{d^2X_2}{d\tau^2}=-2X_2$$

これらの一般解を求めると，

$$X_1=A_1\sin\left(\sqrt{7}\tau+\phi_1\right) \quad (A_1,\ \phi_1\ \text{は任意定数})$$

$$X_2=A_2\sin\left(\sqrt{2}\tau+\phi_2\right) \quad (A_2,\ \phi_2\ \text{は任意定数})$$

となり，これらと得られた $\boldsymbol{p}_1, \boldsymbol{p}_2$ を $\boldsymbol{r}=P\boldsymbol{R}=[\boldsymbol{p}_1\,\boldsymbol{p}_2]\begin{bmatrix}X_1\\ X_2\end{bmatrix}=X_1\boldsymbol{p}_1+X_2\boldsymbol{p}_2$ に代入し，$\tau=\omega_0 t$ に注意すると，

$$\boldsymbol{r} = \begin{bmatrix} x_1 \\ x_2 \end{bmatrix} = A_1 \sin\left(\sqrt{7}\omega_0 t + \phi_1\right) \begin{bmatrix} 1 \\ -2 \end{bmatrix} + A_2 \sin\left(\sqrt{2}\omega_0 t + \phi_2\right) \begin{bmatrix} 2 \\ 1 \end{bmatrix}$$

となる．二つの質点の運動は，角振動数 $\sqrt{7}\omega_0$, $\sqrt{2}\omega_0$ をもつ二つの単振動の重ね合わせになる．相互作用する複数の質点の振動を構成する一連の単振動を**基準振動**という．角振動数 $\sqrt{7}\omega_0$ の基準振動では二つの質点が図 6.7 (a) のように，角振動数 $\sqrt{2}\omega_0$ の基準振動では二つの質点が図 6.7 (b) のように振動する．

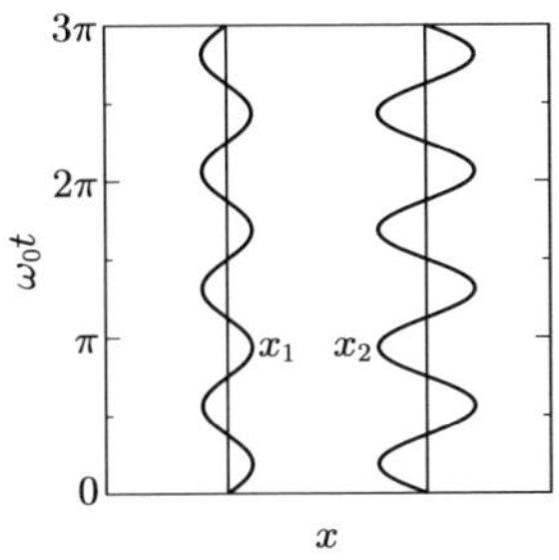

（a）角振動数 $\sqrt{7}\,\omega_0$ の基準振動

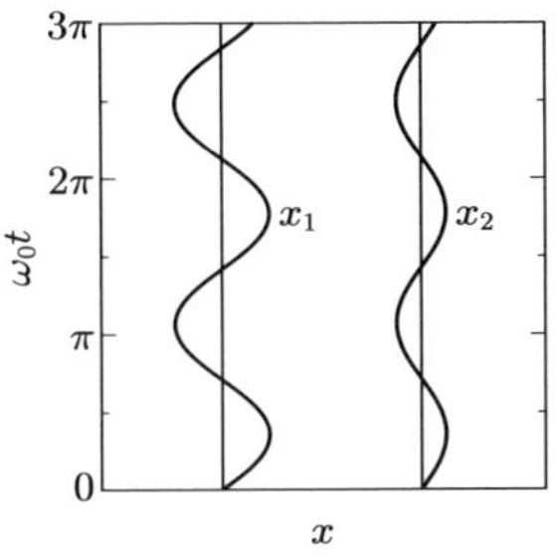

（b）角振動数 $\sqrt{2}\,\omega_0$ の基準振動

図 6.7　二つの質点の基準振動

$\sqrt{7}\omega_0$ の振動では，二つの質点の変位 x_1, x_2 は逆向きであり，振幅の比は $1:2$ である．$\sqrt{2}\omega_0$ の振動では x_1, x_2 は同じ向きであり，振幅の比は $2:1$ である．各基準振動では，二つの質点が同じ角振動数，同位相あるいは逆位相で振動する．二つの質点の振動が基準振動の重ね合わせになることをすでに知っているならば，はじめから

$$x_1 = \alpha \sin(\omega t + \phi), \quad x_2 = \beta \sin(\omega t + \phi) \quad (\alpha, \beta, \omega, \phi \text{ は定数})$$

とおいて基準振動を求めることもできる．ここで，α, β が逆符号である場合は，逆位相に対応する．

この力学系に外力が働く場合を，演習問題 6.3 で扱う．

第 6 章のまとめ

1. つぎの形の連立 1 階線形微分方程式を考えた．

$$\begin{cases} \dfrac{dx}{dt} = ax + by + q_1(t) & (6.1\text{a}) \\ \dfrac{dy}{dt} = cx + dy + q_2(t) & (6.1\text{b}) \end{cases}$$

ここで，a, b, c, d は定数，$q_1(t)$, $q_2(t)$ は t の関数である．

[A] 未知関数の一方を消去する方法

d/dt を D と表して連立微分方程式を書き換えると,

$$\begin{cases} (D-a)x - by = q_1(t) & (6.4a) \\ -cx + (D-d)y = q_2(t) & (6.4b) \end{cases}$$

となる．連立 2 元 1 次方程式を解く場合と同様にして，未知関数 x, y のいずれかを消去すればよい．

[B] 行列の固有値問題を利用する方法

行列を用いて連立微分方程式を書き換えると,

$$\boxed{\frac{d\boldsymbol{r}}{dt} = A\boldsymbol{r} + \boldsymbol{q}(t)} \tag{6.15}$$

となる．ここで,

$$\boldsymbol{r} = \begin{bmatrix} x \\ y \end{bmatrix}, \quad A = \begin{bmatrix} a & b \\ c & d \end{bmatrix}, \quad \boldsymbol{q}(t) = \begin{bmatrix} q_1(t) \\ q_2(t) \end{bmatrix}$$

である．行列 A の固有値が実数である場合だけを扱った．

(i) $\boldsymbol{A}$ が相異なる二つの実数固有値 $\boldsymbol{\lambda_1}$, $\boldsymbol{\lambda_2}$ をもつ場合

$$\boxed{\frac{d\boldsymbol{r}}{dt} = A\boldsymbol{r} + \boldsymbol{q}(t)} \tag{6.15}$$

$$\downarrow \quad A\boldsymbol{p}_i = \lambda_i \boldsymbol{p}_i, \quad P = [\boldsymbol{p}_1\, \boldsymbol{p}_2], \quad P^{-1}\boldsymbol{r} = \begin{bmatrix} X \\ Y \end{bmatrix}, \quad P^{-1}\boldsymbol{q}(t) = \begin{bmatrix} Q_1(t) \\ Q_2(t) \end{bmatrix}$$

$$\frac{dX}{dt} = \lambda_1 X + Q_1(t) \tag{6.18a}$$

$$\frac{dY}{dt} = \lambda_2 Y + Q_2(t) \tag{6.18b}$$

独立な各微分方程式の一般解 X, Y を求めてから,

$$\boldsymbol{r} = \begin{bmatrix} x \\ y \end{bmatrix} = P\begin{bmatrix} X \\ Y \end{bmatrix} = [\boldsymbol{p}_1\, \boldsymbol{p}_2]\begin{bmatrix} X \\ Y \end{bmatrix} = X\boldsymbol{p}_1 + Y\boldsymbol{p}_2$$

を用いて式 (6.15) の一般解 x, y を得る．

(ii) $\boldsymbol{A}$ がただ一つの固有値 λ（2 重解）をもつ場合

$$\boxed{\frac{d\boldsymbol{r}}{dt} = A\boldsymbol{r} + \boldsymbol{q}(t)} \tag{6.15}$$

$$\downarrow \quad AP = P\begin{bmatrix} \lambda & 1 \\ 0 & \lambda \end{bmatrix}, \quad P^{-1}\boldsymbol{r} = \begin{bmatrix} X \\ Y \end{bmatrix}, \quad P^{-1}\boldsymbol{q}(t) = \begin{bmatrix} Q_1(t) \\ Q_2(t) \end{bmatrix}$$

$$\frac{dX}{dt} = \lambda X + Y + Q_1(t) \tag{6.21a}$$

$$\frac{dY}{dt} = \lambda Y + Q_2(t) \tag{6.21b}$$

式 (6.21b) の一般解 Y を求めて式 (6.21a) に代入し，これを解いて一般解 X を求めればよい．$\begin{bmatrix} x \\ y \end{bmatrix} = P\begin{bmatrix} X \\ Y \end{bmatrix}$ を用いると，X, Y から一般解 x, y が得られる．

2. つぎの形の連立 2 階線形微分方程式を考えた．

$$\begin{cases} \dfrac{d^2x}{dt^2} = ax + by + q_1(t) & (6.26\text{a}) \\[2ex] \dfrac{d^2y}{dt^2} = cx + dy + q_2(t) & (6.26\text{b}) \end{cases}$$

ここで，a, b, c, d は定数，$q_1(t), q_2(t)$ は t の関数である．

解法は連立 1 階線形微分方程式と同様である．

演習問題

6.1 電気容量 C のコンデンサー，インダクタンス L のコイル，抵抗 R の二つの抵抗器，スイッチ S を配した図 6.8 のような電気回路について，S が閉じている場合を考える．

図のように，二つの閉回路を流れる電流 I_1, I_2，コンデンサーに蓄えられている電荷 Q を

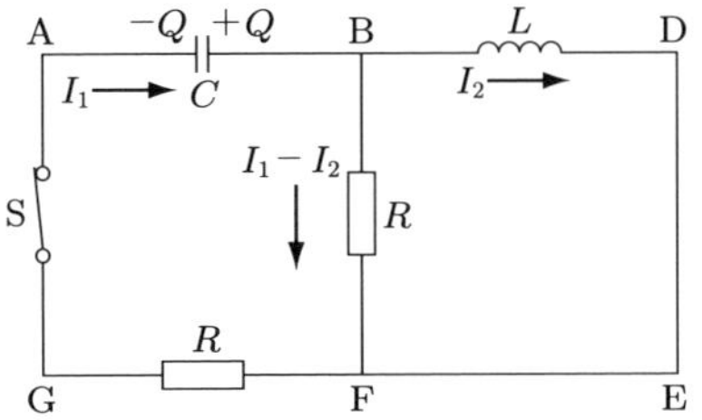

図 6.8　回路図

定める．B から F に流れる電流は $I_1 - I_2$ となる．閉回路 ABFGA，BDEFB に沿っての電位の変化に注目すると，つぎの二つの方程式が得られる．

$$\begin{cases} \dfrac{Q}{C} - R(I_1 - I_2) - RI_1 = 0 & (6.37\text{a}) \\[2ex] -L\dfrac{dI_2}{dt} + R(I_1 - I_2) = 0 & (6.37\text{b}) \end{cases}$$

式 (6.37a) を時間 t で微分して，$dQ/dt = -I_1$ を用いると，

$$2\frac{dI_1}{dt} - \frac{dI_2}{dt} = -\frac{I_1}{CR} \tag{6.38}$$

となる．$t = 2CR\tau$ とおくと，式 (6.38), (6.37b) はつぎのように書き換えられる．

$$\boxed{\begin{aligned} &\frac{dI_1}{d\tau} - \frac{1}{2}\frac{dI_2}{d\tau} = -I_1 \\ &\frac{dI_2}{d\tau} = 2\alpha(I_1 - I_2) \quad \left(\alpha = \frac{CR^2}{L}\right) \end{aligned}} \quad \begin{matrix} (6.39\text{a}) \\[3ex] (6.39\text{b}) \end{matrix}$$

はじめにコンデンサーに電荷 Q_0 が蓄えられていて，スイッチ S は開いている．時刻 $t = 0$ $(\tau = 0)$ に S を閉じると，その後の I_1, I_2, Q の時間的変化はどのようになるか．$\alpha = 1, 6$ の二つの場合について調べよ．この二つの場合で，解の振る舞いが異なる．

なお，S を閉じると I_2 は $I_2 = 0$ から連続的に変化し，その時間変化率に比例する誘導起電力 $L(dI_2/dt)$ がコイルに発生する（[例 6.1] の**補足**を参照）．$t = 0$ では $I_2 = 0$ であることに注意しよう．コンデンサーでの電位の変化については，演習問題 3.3 の**補足**を参照するとよい．

[Ref. 例題 6.1，表 4.4]

6.2　ある湖の魚の数 x と釣り人の数 y の時間的変化を，つぎのような連立微分方程式で記述する．

$$\begin{cases} \dfrac{dx}{dt} = x - ay & (6.40\text{a}) \\[2ex] \dfrac{dy}{dt} = x - 3y & (6.40\text{b}) \end{cases}$$

ここで，a は正の定数であり，t は時間を表す．式 (6.40a) 右辺の第 1 項は，繁殖による魚の増加率を表し，魚の数に比例するとする．第 2 項は，釣られることによる魚の減少率を表し，減少率は釣り人の数に比例するとする．式 (6.40b) 右辺の第 1 項は，魚が多くなるほど，より多くの釣り人を湖に引きつける効果を記述する．第 2 項は，釣り人が多くなるほど，釣り人の数を減らそうとする効果が大きくなることを記述する．時刻 $t = 0$ のとき $x = x_0$（正の定数）とする．つぎの問いに答えよ．

(1) 連立微分方程式を解く前に，まず，湖に釣り人がまったく来ない場合を考える．式 (6.40a) で $y \equiv 0$（恒等的にゼロ）とおいた方程式 $dx/dt = x$ より，この場合の魚の数の時間変化を求めよ．

(2) 定数 a は釣り人による魚の捕獲率を表すが，$a = 7/4,\ 15/4$ の二つの場合を考える．

$t=0$ のとき $y=0$ とする．魚，釣り人の数の時間変化はどのようになるか．さらに，この二つの場合で解の振る舞いが異なる理由を考えてみよ．　［Ref. 例題 6.1, 表 4.4］

6.3　［例題 6.3］と同じ力学系を考え，ここでも $m_1=m_2=m$, $k_1=k$, $k_2=2k$, $k_3=4k$ とする．時刻 $t=0$ において，二つの質点は平衡位置 $x_1=x_2=0$ で静止していたが，左側の質点 m_1 に対してのみ，つぎのような力 $F(t)$ が働くものとする．

$$F(t)=F_0\sin\omega t$$

ここで，F_0, $\omega\,(>0)$ は定数とする．$\sqrt{k/m}=\omega_0$, $\omega_0 t=\tau$, $\omega/\omega_0=\tilde{\omega}$, $F_0/k=\tilde{F}_0$ とおくと，運動方程式はつぎのように表される．

$$\frac{d^2\boldsymbol{r}}{d\tau^2}=A\boldsymbol{r}+\boldsymbol{q}(\tau)$$

ここで，$\boldsymbol{r}=\begin{bmatrix} x_1 \\ x_2 \end{bmatrix}$, $A=\begin{bmatrix} -3 & 2 \\ 2 & -6 \end{bmatrix}$, $\boldsymbol{q}(\tau)=\begin{bmatrix} \tilde{F}_0\sin\tilde{\omega}\tau \\ 0 \end{bmatrix}$ である．また，$\tilde{\omega}\neq\sqrt{2}$, $\sqrt{7}$ とする．つぎの問いに答えよ．

(1) 初期条件「$\tau=0$ のとき $x_1=x_2=0$, $dx_1/d\tau=dx_2/d\tau=0$」を満たす運動方程式の解を求めよ．　［Ref. 例題 6.3, 式 (6.29), 表 4.8］

(2) つぎの四つの場合について，(1) で得られた解の振る舞いを調べよ．

a) $\tilde{\omega}\ll\sqrt{2}, \sqrt{7}$　　b) $\tilde{\omega}\approx\sqrt{2}$　ただし，$\tilde{\omega}\neq\sqrt{2}$

c) $\tilde{\omega}\approx\sqrt{7}$　ただし，$\tilde{\omega}\neq\sqrt{7}$　　d) $\tilde{\omega}\gg\sqrt{2}, \sqrt{7}$

付録　進んだ学習

◆ A.1　変数分離形の応用：$\dfrac{dy}{dx} = f(ax+by+c)$ の解法

簡単な変数の置き換えにより，変数分離形に帰着されるものとして，つぎのような 1 階微分方程式を考えよう．

$$\frac{dy}{dx} = f(ax+by+c) \tag{a.1}$$

ここで，a, b, c は定数であり，右辺は $ax+by+c$ の関数である．$b=0$ のとき右辺は x のみの関数になるから，両辺を x について積分すれば一般解が得られる．そこで，$b \neq 0$ とする．$\boxed{ax+by+c=u}$ とおき，これを微分して得られる式 $u' = a+by'$ と式 (a.1) より，

$$u' = a + bf(u)$$

が得られる．これは，u を未知関数とする変数分離形である．

$$\boxed{\frac{dy}{dx} = f(ax+by+c)} \xrightarrow[\;u'=a+by'\;]{ax+by+c=u} \boxed{\frac{du}{dx} = a+bf(u)}$$

（変数分離形）

例題 A.1　つぎの微分方程式の一般解を求めよ．

$$\frac{dy}{dx} = \cos(x+y+1)$$

《解》 $\boxed{x+y+1=u}$ とおく．これを微分して得られる式 $u' = 1+y'$ と微分方程式より，

$$\frac{du}{dx} = 1+\cos u$$

が得られる．これは変数分離形である．$1+\cos u \neq 0$ として変数を分離すると，

$$\frac{1}{1+\cos u}du = dx$$

$$\therefore \int \frac{1}{1+\cos u}du = \int dx + C \quad (C \text{ は任意定数}) \tag{a.2}$$

となる．ここで，2 倍角の公式 $1+\cos u = 2\cos^2(1/2)u$ を用い，さらに $(1/2)u = t$ とおくと，

$$\int \frac{1}{1+\cos u}du = \frac{1}{2}\int \frac{1}{\cos^2 \frac{1}{2}u}du = \int \frac{1}{\cos^2 t}dt = \int \sec^2 t\,dt$$

$$= \tan t = \tan\frac{1}{2}u$$

となるから，式 (a.2) より

$$\tan\frac{1}{2}u = x + C$$

となる．これに $u = x + y + 1$ を代入すると，

$$\tan\frac{1}{2}(x + y + 1) = x + C$$

となり，さらに正接 tan の逆関数 arctan を用いると，

$$\frac{1}{2}(x + y + 1) = \arctan(x + C) \qquad \therefore \quad y = -x - 1 + 2\arctan(x + C)$$

が得られる．

復習

積分公式

$$\int \frac{1}{\cos^2 t}dt = \int \sec^2 t\,dt = \tan t + C$$

▷ **注意 1**　式 (a.2) 左辺の被積分関数は $\cos u$ の関数なので，$\tan(1/2)u = t$ とおいてもよい．そうすると，$\cos u = (1 - t^2)/(1 + t^2)$, $du/dt = 2/(1 + t^2)$ となるから，

$$\int \frac{1}{1 + \cos u}du = \int \frac{1}{1 + (1 - t^2)/(1 + t^2)}\frac{du}{dt}dt = \int \frac{1 + t^2}{2}\cdot\frac{2}{1 + t^2}dt$$
$$= t = \tan\frac{1}{2}u$$

となり，上記の結果と一致する．

▷ **注意 2**　arctan は多価関数であり，そのグラフは平行移動すると重なる無数の分枝からなる（図 1.1(c) を参照）．得られた一般解で，どの分枝を選んでも微分方程式の解になっていることに注意しよう．

問題 A.1　つぎの微分方程式の一般解を求めよ．

(1) $\dfrac{dy}{dx} = (x - y + 1)^2$　　(2) $\dfrac{dy}{dx} = \sin(x + y + 1)$

① **(2) のヒント**　$1 + \sin u = 1 + \cos\left(u - \dfrac{\pi}{2}\right) = 2\cos^2\left(\dfrac{u}{2} - \dfrac{\pi}{4}\right)$

◆ A.2　同次形の応用：$\dfrac{dy}{dx} = f\left(\dfrac{px + qy}{ax + by}\right)$ の解法

つぎのような 1 階微分方程式を考える．

$$\frac{dy}{dx} = f\left(\frac{px + qy}{ax + by}\right) \tag{a.3}$$

ここで，a, b, p, q は定数であり，右辺は分数式を変数とする関数である．分数式が定数になる場合は除くものとする．$x \neq 0$ のとき，この微分方程式は

$$\frac{dy}{dx} = f\left(\frac{p + q(y/x)}{a + b(y/x)}\right)$$

となり，これは同次形である．

例題 A.2　つぎの微分方程式の一般解を求めよ．

$$\frac{dy}{dx} = \frac{x - ay}{ax + y} \quad (a \text{ は定数})$$

《解》　これは式 (a.3) のタイプであり，同次形である．$\boxed{y = xu}$（u は x の関数）とおく．$y' = u + xu'$ と微分方程式より，

$$u + x\frac{du}{dx} = \frac{1 - au}{a + u} \qquad \therefore\ x\frac{du}{dx} = -\frac{u^2 + 2au - 1}{u + a} \tag{a.4}$$

となり，これは変数分離形である．$u^2 + 2au - 1 \neq 0$ として変数を分離すると，

$$\frac{u + a}{u^2 + 2au - 1}du = -\frac{1}{x}dx$$

$$\therefore\ \int \frac{u + a}{u^2 + 2au - 1}du = -\int \frac{1}{x}dx + C_1 \quad (C_1 \text{ は任意定数}) \tag{a.5}$$

が得られる．ここで，$(u^2 + 2au - 1)' = \dfrac{d}{du}(u^2 + 2au - 1) = 2(u + a)$ に注意すると，

$$\int \frac{u + a}{u^2 + 2au - 1}du = \frac{1}{2}\int \frac{(u^2 + 2au - 1)'}{u^2 + 2au - 1}du = \frac{1}{2}\log\left|u^2 + 2au - 1\right|$$

となり，また $\displaystyle\int \frac{1}{x}dx = \log|x|$ であるから，式 (a.5) はつぎのようになる．

$$\frac{1}{2}\log\left|u^2 + 2au - 1\right| = -\log|x| + C_1$$

$$\log\left|u^2 + 2au - 1\right| + \log x^2 = 2C_1$$

$$(2\log|x| = \log x^2 \text{ に注意})$$

$$\therefore \log\left(x^2\left|u^2 + 2au - 1\right|\right) = 2C_1$$

復習
積分公式

$$\int \frac{f'(u)}{f(u)}du = \log|f(u)| + C$$

（C は任意定数）

対数関数（自然対数）log と指数関数 exp は互いに逆関数であるから，

$$x^2\left|u^2 + 2au - 1\right| = \exp(2C_1)$$

$$\therefore\ x^2(u^2 + 2au - 1) = C \quad (C = \pm\exp(2C_1)) \tag{a.6}$$

となる．$u^2 + 2au - 1 \neq 0$ としてこの解を求めたが，$u^2 + 2au - 1 \equiv 0$（恒等的にゼロ），すなわち $u \equiv -a \pm \sqrt{a^2 + 1}$ も式 (a.4) の解である．この解は，式 (a.6) で $C = 0$ とおくと得

られる．以上より，式 (a.4) の一般解は，

$$x^2(u^2 + 2au - 1) = C \quad (C \text{ は任意定数})$$

となり，$u = y/x$ より，求める一般解はつぎのようになる．

$$-x^2 + 2axy + y^2 = C$$

問題 A.2　つぎの微分方程式の一般解を求めよ．

(1) $\dfrac{dy}{dx} = \dfrac{2(2y - x)}{x + y}$　［Ref. 表 1.3(2)］

(2) $\dfrac{dy}{dx} = -\dfrac{bx + y}{x + ay}$　(a, b は定数)　［Ref. 表 1.4(6)］

◆ A.3　積分因子

微分方程式 $Pdx + Qdy = 0$ が完全微分形でなくても，これにある関数 $\mu(x, y)$ を掛けた微分方程式

$$\mu(x, y)P(x, y)dx + \mu(x, y)Q(x, y)dy = 0 \tag{a.7}$$

が完全微分形になることがある．このような関数 $\mu(x, y)$ を**積分因子**という．$P(x, y)$, $Q(x, y)$, $\mu(x, y)$ が領域 D（式 (2.30) のあとの**注意 1** に書かれているような xy 平面全体，半平面あるいは長方形領域）で連続微分可能とする．このとき，式 (a.7) が完全微分形であるための必要十分条件は，領域 D で

$$\frac{\partial}{\partial y}\{\mu(x, y)P(x, y)\} = \frac{\partial}{\partial x}\{\mu(x, y)Q(x, y)\} \tag{a.8}$$

すなわち，

$$P\frac{\partial \mu}{\partial y} - Q\frac{\partial \mu}{\partial x} + \mu\left(\frac{\partial P}{\partial y} - \frac{\partial Q}{\partial x}\right) = 0 \tag{a.9}$$

が成り立つことである．この方程式を解いて μ を求める一般的な方法はないが，特別な場合には μ が容易に求められる．

(i) $\dfrac{1}{Q}\left(\dfrac{\partial P}{\partial y} - \dfrac{\partial Q}{\partial x}\right) = f(x)$ **（x のみの関数）のとき**

式 (a.9) はつぎのように書き換えられる．

$$\frac{P}{Q}\frac{\partial \mu}{\partial y} - \frac{\partial \mu}{\partial x} + f(x)\mu = 0$$

μ が x のみの関数とすると，

$$\frac{d\mu}{dx} = f(x)\mu$$

となり，これは μ を未知関数とする 1 階斉次線形微分方程式（また同時に変数分離形）である．これを解くと，一般解

$$\mu = C\exp\left\{\int f(x)dx\right\} \quad (C\text{ は任意定数})$$

が得られる．積分因子としては任意定数は不要なので，$C=1$ とおくと，つぎのようになる．

$$\mu = \exp\left\{\int f(x)dx\right\}$$

(ii) $\dfrac{1}{P}\left(\dfrac{\partial P}{\partial y} - \dfrac{\partial Q}{\partial x}\right) = g(y)$ **（y のみの関数）のとき**

(i) の場合と同様にして，つぎの積分因子が得られる．

$$\mu = \exp\left\{-\int g(y)dy\right\}$$

以上をまとめると，表 A.1 のようになる．

表 A.1　積分因子 μ が求まる場合

条件	積分因子 μ
(i) $\dfrac{1}{Q}\left(\dfrac{\partial P}{\partial y} - \dfrac{\partial Q}{\partial x}\right) = f(x)$	$\exp\left\{\int f(x)dx\right\}$
(ii) $\dfrac{1}{P}\left(\dfrac{\partial P}{\partial y} - \dfrac{\partial Q}{\partial x}\right) = g(y)$	$\exp\left\{-\int g(y)dy\right\}$

例題 A.3　つぎの微分方程式の一般解を求めよ．

(1) $y\,dx + x(\log x + y)\,dy = 0 \quad (x > 0)$

(2) $(2xy - y^2)\,dx + (2x^2 - 3xy)\,dy = 0$

《解》 (1) $P = y$, $Q = x(\log x + y)$ は半平面 $x > 0$ で連続微分可能である．P, Q の表式と

$$\frac{\partial P}{\partial y} - \frac{\partial Q}{\partial x} = 1 - \left(\log x + y + x\cdot\frac{1}{x}\right) = -\log x - y$$

より，表 A.1 の(i) に該当することがわかる．すなわち，

$$\frac{1}{Q}\left(\frac{\partial P}{\partial y} - \frac{\partial Q}{\partial x}\right) = \frac{-\log x - y}{x(\log x + y)} = -\frac{1}{x} = f(x)$$

である．これより，積分因子 μ はつぎのようになる．

$$\mu = \exp\left\{\int f(x)dx\right\} = \exp\left(-\int \frac{1}{x}dx\right) = \exp(-\log x)$$
$$= \exp(\log x^{-1}) = \frac{1}{x} \quad \therefore\ \mu = \frac{1}{x}$$

$\mu = 1/x$ を微分方程式に掛けると，

$$\frac{y}{x}dx + (\log x + y)dy = 0 \tag{a.10}$$

となり，つぎのように積分を計算する．

$$I = \int \frac{y}{x}dx = y\log x, \quad J = \int (\log x + y)dy = y\log x + \frac{1}{2}y^2$$

J の項のうち y のみを含む項 $(1/2)y^2$ を I に加えたものを $F(x, y)$ とすると，

$$F(x, y) = y\log x + \frac{1}{2}y^2$$

となる．よって，求める一般解は $y\log x + (1/2)y^2 = C$（C は任意定数）である．

(2) $P = 2xy - y^2$, $Q = 2x^2 - 3xy$ は xy 平面全体で連続微分可能である．P, Q の表式と

$$\frac{\partial P}{\partial y} - \frac{\partial Q}{\partial x} = (2x - 2y) - (4x - 3y) = -2x + y$$

より，表 A.1 の(ii) に該当することがわかる．すなわち，

$$\frac{1}{P}\left(\frac{\partial P}{\partial y} - \frac{\partial Q}{\partial x}\right) = \frac{-2x + y}{2xy - y^2} = -\frac{1}{y} = g(y)$$

である．これより，積分因子 μ はつぎのようになる．

$$\mu = \exp\left\{-\int g(y)dy\right\} = \exp\left(\int \frac{1}{y}dy\right) = \exp(\log|y|) = |y|$$

$\mu = y, -y$ のどちらを微分方程式に掛けても，次式のようになる．

$$(2xy^2 - y^3)dx + (2x^2y - 3xy^2)dy = 0 \tag{a.11}$$

つぎのように積分を計算する．

$$I = \int (2xy^2 - y^3)dx = x^2y^2 - xy^3$$

$$J = \int (2x^2y - 3xy^2)dy = x^2y^2 - xy^3$$

J には y のみを含む項は存在しないから，I を $F(x, y)$ とすると，

$$F(x,y) = x^2y^2 - xy^3$$

となる．よって，求める一般解は $x^2y^2 - xy^3 = C$（C は任意定数）である．

問題 A.3　つぎの微分方程式の一般解を求めよ．　[Ref. 表 A.1]

(1) $y\,dx - 2(x + y^4)\,dy = 0$　[Ref. 表 1.2(1)]

(2) $(y - x)\,dx + x\log x\,dy = 0 \quad (x > 0)$　[Ref. 表 1.2(2)]

◆ A.4　ベルヌーイの微分方程式：$y' + P(x)y = Q(x)y^\alpha$ の解法

非線形の 1 階微分方程式の中には，簡単な変換によって 1 階線形微分方程式に書き換えられるものがある．そのような例として，つぎの**ベルヌーイ**（Bernoulli）**の微分方程式**を考える．

$$y' + P(x)y = Q(x)y^\alpha \quad (\alpha \neq 0, 1) \tag{a.12}$$

実定数 $\alpha = 0$ あるいは 1 のときは線形方程式になるので，$\alpha \neq 0, 1$ とする．

微分方程式 (a.12) の両辺を y^α で割り，$y^{1-\alpha} = z$ とおくと，式 (a.12) はつぎのような 1 階線形微分方程式に書き換えられる．

$$z' + (1-\alpha)P(x)z = (1-\alpha)Q(x)$$

【証明】 $y^\alpha \neq 0$ として，式 (a.12) の両辺を y^α で割る．

$$y^{-\alpha}y' + P(x)y^{1-\alpha} = Q(x) \tag{a.13}$$

ここで，$y^{1-\alpha} = z$ とおく．合成関数の微分法を用いると，

$$z' = \frac{dz}{dx} = \frac{dz}{dy}\frac{dy}{dx} = (1-\alpha)y^{-\alpha}y'$$

となり，式 (a.13) 左辺の第 1 項 $y^{-\alpha}y'$ が現れる．したがって，式 (a.13) はつぎのように書き換えられる．

$$z' + (1-\alpha)P(x)z = (1-\alpha)Q(x)$$

これは，z を未知関数とする 1 階線形微分方程式である．　（終）

例題 A.4　つぎの微分方程式の一般解を求めよ．

$$y' - \frac{2}{x}y = y^2e^x$$

《解》 $y \neq 0$ として両辺を y^2 で割る．

$$y^{-2}y' - \frac{2}{x}y^{-1} = e^x \tag{a.14}$$

ここで，$y^{-1} = z$ とおく．合成関数の微分法により

$$z' = \frac{dz}{dx} = \frac{dz}{dy}\frac{dy}{dx} = -y^{-2}y'$$

であるから，式 (a.14) はつぎの 1 階線形微分方程式に書き換えられる．

$$z' + \frac{2}{x}z = -e^x \tag{a.15}$$

ここでは，公式 (3.7) を用いよう．

$$\begin{aligned} v(x) &= \exp\left\{-\int P(x)dx\right\} = \exp\left(-2\int \frac{1}{x}\,dx\right) \\ &= \exp\left(-2\log|\,x\,|\right) = \exp\left(\log x^{-2}\right) = x^{-2} \end{aligned}$$

を用いると，式 (a.15) の一般解はつぎのようになる．

$$z = Cv(x) + v(x)\int^x \frac{Q(t)}{v(t)}dt = \frac{C}{x^2} - \frac{1}{x^2}\int^x t^2 e^t dt \quad (C\text{ は任意定数})$$

部分積分を用いると，

$$\int t^2 e^t dt = \int t^2 (e^t)' dt = t^2 e^t - \int (t^2)' e^t dt = t^2 e^t - 2\int t\,e^t dt$$

$$\int t\,e^t dt = \int t(e^t)' dt = t\,e^t - \int (t)' e^t dt = t\,e^t - \int e^t dt = (t-1)e^t$$

となるから，

$$z = \frac{C}{x^2} - \frac{x^2 - 2x + 2}{x^2}e^x$$

となる．$z = y^{-1}$ を代入すると，次式が得られる．

$$\frac{1}{y} = \frac{C}{x^2} - \left(1 - \frac{2}{x} + \frac{2}{x^2}\right)e^x \tag{a.16}$$

最初に $y \neq 0$ として微分方程式の両辺を y^2 で割ったが，$y \equiv 0$（恒等的にゼロ）も微分方程式の解である．この解は，式 (a.16) で $C \to \pm\infty$ とすると得られる．以上より，式 (a.16) が求める一般解である．

解法のまとめ

$$\boxed{y' - \frac{2}{x}y = y^2 e^x}$$ （ベルヌーイの微分方程式）

↓ y^2 で割る

$$\boxed{y^{-2}y' - \frac{2}{x}y^{-1} = e^x}$$

↓ $y^{-1} = z$ とおく．$z' = -y^{-2}y'$ に注意．

$$\boxed{z' + \frac{2}{x}z = -e^x}$$ （1 階線形微分方程式）

問題 A.4　［例題 A.4］にならって，つぎの微分方程式の一般解を求めよ．

（1） $y' + x^2 y = \dfrac{x^2}{y^2}$　［Ref. 表 1.4(8)］

> ① **ヒント**　これは $\alpha = -2$ の場合であり，まず両辺に y^2 を掛ける．

（2） $y' + \dfrac{y}{2x} = y^3 (\log x)^2 \quad (x > 0)$　［Ref. 表 1.4(3)］

問題 A.5　稚魚から成魚に至る魚の成長過程を扱う一つのモデルとして，フォン・ベルタランフィ（von Bertalanffy）モデルがある．それによると，成長する魚の体重の時間変化は，つぎの微分方程式により記述される．

$$\frac{dw}{dt} = aw^{2/3} - bw \quad (a,\ b \text{ は正定数})$$

ここで，w は魚の体重を，t は時間を表す．右辺第 1 項は栄養分の摂取による体重の増加であり，魚の表面積に比例するものとする．第 2 項は呼吸を通してのエネルギー消費による体重の減少であり，体重に比例するものとする．「$t = 0$ のとき $w = 0$」という初期条件のもとで，この微分方程式を解き，魚の成長を予測せよ．　［Ref. 表 1.3(3)］

問題・演習問題の解答

第 2 章の解答

問題 2.1 $\dfrac{d^2x}{dt^2} = C_1\dfrac{d^2}{dt^2}\cos\omega t + C_2\dfrac{d^2}{dt^2}\sin\omega t$

$$= -C_1\omega^2\cos\omega t - C_2\omega^2\sin\omega t = -\omega^2(C_1\cos\omega t + C_2\sin\omega t) = -\omega^2 x$$

よって，式 (2.6) は式 (2.5) の解である．

問題 2.2 $x = C_1\cos\omega t + C_2\sin\omega t$, $dx/dt = -C_1\omega\sin\omega t + C_2\omega\cos\omega t$ で $t = 0$ とおいて初期条件を課すと，$x = C_1 = x_0$, $dx/dt = C_2\omega = v_0$．これより $C_1 = x_0$, $C_2 = v_0/\omega$ となり，特殊解 $x = x_0\cos\omega t + (v_0/\omega)\sin\omega t$ が得られる．

問題 2.3 (1) $\dfrac{d^2y}{dx^2} = C_1\dfrac{d^2}{dx^2}\exp(\gamma x) + C_2\dfrac{d^2}{dx^2}\exp(-\gamma x)$

$$= C_1\gamma^2\exp(\gamma x) + C_2(-\gamma)^2\exp(-\gamma x) = \gamma^2\{C_1\exp(\gamma x) + C_2\exp(-\gamma x)\} = \gamma^2 y$$

よって，y は微分方程式の解である．これは，2 個の任意定数を含む 2 階微分方程式の解であるから，一般解である．

(2) $y = C_1\exp(\gamma x) + C_2\exp(-\gamma x)$, $dy/dx = C_1\gamma\exp(\gamma x) - C_2\gamma\exp(-\gamma x)$ で $x = 0$ とおいて初期条件を課すと，$y = C_1 + C_2 = 1$, $dy/dx = \gamma(C_1 - C_2) = 0$．これを C_1, C_2 について解くと，$C_1 = C_2 = 1/2$．よって，特殊解 $y = (1/2)\{\exp(\gamma x) + \exp(-\gamma x)\} = \cosh\gamma x$ が得られる．

> **復習**
>
> 双曲線関数
>
> $$\cosh x = \frac{1}{2}\left(e^x + e^{-x}\right)$$
>
> $$\sinh x = \frac{1}{2}\left(e^x - e^{-x}\right)$$

問題 2.4 $y = (x - C)^2$, $y' = 2(x - C)$ より任意定数 C を消去すると，$(y')^2 = 4y$ が得られる．これが $y = (x - C)^2$ を一般解とする 1 階微分方程式である．$y \equiv 0$（x 軸）は，任意定数 C を含む曲線族 $y = (x - C)^2$ の包絡線になっており，特異解の候補になる．$y \equiv 0$ より $y' \equiv 0$ であるから，$y \equiv 0$ は $(y')^2 = 4y$ の解である．また，$y \equiv 0$ は $y = (x - C)^2$ の C にどのような値を代入しても得られない．以上より，$y \equiv 0$ は $(y')^2 = 4y$ の特異解である．

問題 2.5 (1) $y \neq 0$ として変数を分離すると $\dfrac{1}{y}dy = \dfrac{x}{x^2+1}dx$．これを積分すると $\displaystyle\int\frac{1}{y}dy = \int\frac{x}{x^2+1}dx + C_1$（$C_1$ は任意定数）．ここで，左辺の積分は $\displaystyle\int\frac{1}{y}dy = \log|y|$，右辺の積分で $(x^2+1)' = 2x$ に注意すると，$\displaystyle\int\frac{x}{x^2+1}dx = \frac{1}{2}\int\frac{(x^2+1)'}{x^2+1}dx = \frac{1}{2}\log(x^2+1)$ となるから，

$\log|y| = \dfrac{1}{2}\log(x^2+1) + C_1$.

$$\therefore\ |y| = \exp\left\{\frac{1}{2}\log(x^2+1) + C_1\right\} = \exp(C_1)\exp\left\{\log(x^2+1)^{1/2}\right\} = \exp(C_1)\sqrt{x^2+1}$$

$$\therefore\ y = C\sqrt{x^2+1} \quad (C = \pm\exp(C_1)) \quad \cdots(*)$$

$y \neq 0$ としてこの解を得たが，$y \equiv 0$ のとき $y' \equiv 0$ であり，$y \equiv 0$ は微分方程式の解である．この解は，$(*)$ で $C = 0$ とおくと得られる．以上より，求める一般解は $y = C\sqrt{x^2+1}$（C は任意定数）

(2)　$\exp(x+y) = e^x e^y$ に注意する．変数を分離すると，$e^{-y}dy = e^x dx$．これを積分すると，$\displaystyle\int e^{-y}dy = \int e^x dx + C_1$ (C_1 は任意定数) $\therefore\ -e^{-y} = e^x + C_1$．求める一般解は $e^x + e^{-y} = C$ ($C = -C_1$ は正の任意定数)，あるいは $y = -\log(C - e^x)$

(3)　$y \neq 0, -1$ として変数を分離すると，$\dfrac{1}{y(y+1)}dy = \tan x\,dx$．積分すると，

$$\int \frac{1}{y(y+1)}dy = \int \tan x\,dx + C_1 \quad (C_1 \text{ は任意定数})$$

左辺の積分で，被積分関数を部分分数に分けることにより

$$\int \frac{1}{y(y+1)}dy = \int \left(\frac{1}{y} - \frac{1}{y+1}\right) dy = \log|y| - \log|y+1| = \log\left|\frac{y}{y+1}\right|$$

右辺の積分で $\tan x = \sin x/\cos x$, $\sin x = -(\cos x)'$ に注意すると，

$$\int \tan x\,dx = \int \frac{\sin x}{\cos x}dx = -\int \frac{(\cos x)'}{\cos x}dx = -\log|\cos x|$$

となる．よって，$\log\left|\dfrac{y}{y+1}\right| = -\log|\cos x| + C_1 \quad \therefore\ \log\left|\dfrac{y}{y+1}\cos x\right| = C_1$

log (自然対数) と exp は互いに逆関数であるから，

$$\left|\frac{y}{y+1}\cos x\right| = \exp(C_1) \quad \therefore\ \frac{y}{y+1}\cos x = C_2 \quad (C_2 = \pm\exp(C_1))$$

$$\therefore\ y = \frac{1}{C\cos x - 1} \quad \left(C = \frac{1}{C_2}\right)$$

$y \neq 0, -1$ としてこの解を求めたが，$y \equiv 0, -1$ も解である．これらはそれぞれ $C \to \pm\infty$, $C = 0$ とおけば得られる．

以上より，求める一般解は $y = \dfrac{1}{C\cos x - 1}$ (C は任意定数)

問題 2.6　$y \neq 1, -\beta$ として変数を分離すると，$\dfrac{1}{(y+\beta)(1-y)}dy = dx$．積分すると，

$\displaystyle\int \frac{1}{(y+\beta)(1-y)}dy = \int dx + C_1$ (C_1 は任意定数)　$\cdots(*)$．左辺の積分で被積分関数を部分分数に分けると，$\displaystyle\int \frac{1}{(y+\beta)(1-y)}dy = \frac{1}{\beta+1}\int\left(\frac{1}{y+\beta} - \frac{1}{y-1}\right)dy = \frac{1}{\beta+1}(\log|y+\beta| - \log|y-1|)$

$= \dfrac{1}{\beta+1}\log\left|\dfrac{y+\beta}{y-1}\right|$ となるから，$(*)$ より $\log\left|\dfrac{y+\beta}{y-1}\right| = (\beta+1)(x+C_1)$．

log (自然対数) と exp は互いに逆関数であるから，

$$\frac{y+\beta}{y-1} = \pm\exp\{(\beta+1)(x+C_1)\}$$

$$\therefore\ \frac{y+\beta}{y-1} = C_2\exp\{(\beta+1)x\} \quad (C_2 = \pm\exp\{(\beta+1)C_1\})$$

y について解くと，$y = \dfrac{C_2 \exp\{(\beta+1)x\} + \beta}{C_2 \exp\{(\beta+1)x\} - 1}$

$$\therefore\ y = \frac{1 - \beta C \exp\{-(\beta+1)x\}}{1 + C\exp\{-(\beta+1)x\}} \quad \left(C = -\frac{1}{C_2}\right)$$

$y \neq 1, -\beta$ として変数を分離したが，$y \equiv 1, -\beta$ も式 (2.23) の解である．これらの解は，それぞれ $C = 0$, $C \to \pm\infty$ とおけば得られる．

以上より，式 (2.23) の一般解は，$y = \dfrac{1 - \beta C \exp\{-(\beta+1)x\}}{1 + C\exp\{-(\beta+1)x\}}$（$C$ は任意定数）

$x = 0$ のとき $y = y_0$ であるから，$C = \dfrac{1 - y_0}{y_0 + \beta}$．ゆえに，求める解は

$$y = \frac{1 - \beta\lambda\exp\{-(\beta+1)x\}}{1 + \lambda\exp\{-(\beta+1)x\}} \quad \left(\lambda = \frac{1 - y_0}{y_0 + \beta}\right)$$

$\beta = 0$ とおくと，この解は［例題 2.3］の解 (2.22) に帰着する．

$y_0 = 0.01$, $\beta = 0$, 0.01, 0.03, 0.05 に対する解をグラフに表すと，図 k2.1 のようになる．マスメディアの寄与が大きくなると，普及の初期における普及率の増加を著しく促進することがわかる．

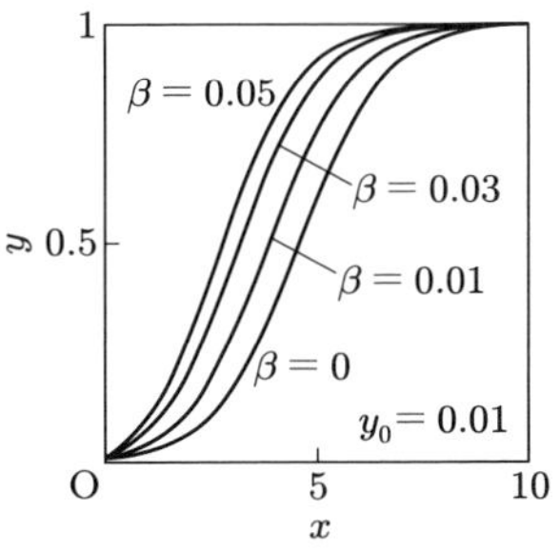

図 k2.1

問題 2.7 (1) $y' = \dfrac{1}{(y/x)^3} + \dfrac{y}{x} \xrightarrow[y'=u+xu']{y=xu} x\dfrac{du}{dx} = \dfrac{1}{u^3}$

変数を分離すると，$u^3 du = \dfrac{1}{x}dx$

積分すると，$\displaystyle\int u^3 du = \int \frac{1}{x}dx + C_1 \quad \therefore\ \frac{1}{4}u^4 = \log|x| + C_1$（$C_1$ は任意定数）

$u = y/x$, $4C_1 = C$ とおくと，求める一般解は $y^4 = 4x^4\log|x| + Cx^4$ （C は任意定数）

(2) $y' = \dfrac{1}{2}\left(\dfrac{y}{x} - \dfrac{x}{y}\right) \xrightarrow[y'=u+xu']{y=xu} x\dfrac{du}{dx} = -\dfrac{u^2+1}{2u}$

変数を分離すると，$\dfrac{2u}{u^2+1}du = -\dfrac{1}{x}dx$

積分すると，$\displaystyle\int \frac{2u}{u^2+1}du = -\int \frac{1}{x}dx + C_1$（$C_1$ は任意定数） $\cdots(*)$．左辺の積分で $(u^2+1)' =$

$\dfrac{d}{du}(u^2+1)=2u$ に注意すると，$\displaystyle\int \frac{2u}{u^2+1}du=\int \frac{(u^2+1)'}{u^2+1}du=\log(u^2+1)$ となるから，$(*)$ より $\log(u^2+1)=-\log|x|+C_1 \quad \therefore\ \log\{|x|\,(u^2+1)\}=C_1$

log（自然対数）と exp は互いに逆関数であるから，

$$|x|(u^2+1)=\exp C_1 \quad \therefore\ x(u^2+1)=C \quad \therefore\ (C=\pm\exp C_1)$$

$u=y/x$ より，求める一般解は $x^2-Cx+y^2=0$ （C はゼロでない任意定数）

(3)　$y'=\dfrac{y}{x}\log\dfrac{y}{x} \xrightarrow[y'=u+xu']{y=xu} x\dfrac{du}{dx}=u(\log u-1) \quad \cdots(*)$

$\log u-1\neq 0$ として変数を分離すると，$\dfrac{1}{u(\log u-1)}du=\dfrac{1}{x}dx$

積分すると，$\displaystyle\int\frac{1}{u(\log u-1)}du=\int\frac{1}{x}dx+C_1$（$C_1$ は任意定数）　$\cdots(**)$.

$1/u=(\log u)'$ に注意し，$\log u=t$ と置換積分すると，

$$\int\frac{1}{u(\log u-1)}du=\int\frac{1}{t-1}\frac{dt}{du}du=\int\frac{1}{t-1}dt=\log|t-1|=\log|\log u-1|$$

となるから，$(**)$ より $\log|\log u-1|=\log|x|+C_1 \quad \therefore\ \log\left|\dfrac{\log u-1}{x}\right|=C_1$

log（自然対数）と exp は互いに逆関数であるから，

$$\left|\frac{\log u-1}{x}\right|=\exp C_1 \quad \therefore\ \log u=1+Cx \quad (C=\pm\exp C_1) \quad \cdots(***)$$

$\log u-1\neq 0$ として変数を分離したが，$\log u-1\equiv 0$ すなわち $u\equiv e$ も $(*)$ の解である．この解は，$(***)$ で $C=0$ とおけば得られる．

log（自然対数）と exp は互いに逆関数であるから，$(***)$ より $u=\exp(1+Cx)$．これに $u=y/x$ を代入すると，求める解は $y=x\exp(1+Cx)$ （C は任意定数）

問題 2.8　いずれも $Pdx+Qdy=0$ のタイプである．

(1)　$P=3x^2(y+1),\ Q=x^3+y^3$ は xy 平面全体で連続微分可能であり，

$$\frac{\partial P}{\partial y}=3x^2,\quad \frac{\partial Q}{\partial x}=3x^2 \quad \therefore\ \frac{\partial P}{\partial y}=\frac{\partial Q}{\partial x}$$

つぎのように積分する．

$$I=\int Pdx=3\int x^2(y+1)dx=x^3(y+1),\quad J=\int Qdy=\int(x^3+y^3)dy=x^3y+\frac{1}{4}y^4$$

J の項のうち y のみを含む項 $(1/4)\,y^4$ を I に加えたものを $F(x,y)$ とすると，

$F(x,\,y)=x^3(y+1)+\dfrac{1}{4}y^4$．求める一般解は $x^3(y+1)+\dfrac{1}{4}y^4=C$ （C は任意定数）

(2)　$P=y^2\,(\log x+1),\ Q=2xy\log x$ は半平面 $x>0$ で連続微分可能であり，

$$\frac{\partial P}{\partial y}=2y\,(\log x+1),\quad \frac{\partial Q}{\partial x}=2y\log x+2y \quad \therefore\ \frac{\partial P}{\partial y}=\frac{\partial Q}{\partial x}$$

つぎのように積分する.

$$I = \int P dx = \int y^2(\log x + 1)dx = y^2(x\log x - x + x) = xy^2 \log x$$

$$J = \int Q dy = 2\int xy\log x dy = xy^2 \log x$$

J には y のみを含む項は存在しないから，求める一般解は $xy^2 \log x = C$　(C は任意定数)

(3)　$P = 1 + x/\sqrt{x^2+y^2+1}$, $Q = y/\sqrt{x^2+y^2+1}$ は xy 平面全体で連続微分可能であり，

$$\frac{\partial P}{\partial y} = x\frac{\partial}{\partial y}(x^2+y^2+1)^{-1/2} = -xy(x^2+y^2+1)^{-3/2}$$

$$\frac{\partial Q}{\partial x} = y\frac{\partial}{\partial x}(x^2+y^2+1)^{-1/2} = -xy(x^2+y^2+1)^{-3/2} \qquad \therefore\ \frac{\partial P}{\partial y} = \frac{\partial Q}{\partial x}$$

つぎのように積分する.

$$I = \int P dx = \int \left(1 + \frac{x}{\sqrt{x^2+y^2+1}}\right)dx = x + \int \frac{x}{\sqrt{x^2+y^2+1}}dx = x + \int \frac{1}{2\sqrt{u}}du$$

$$= x + \sqrt{u} = x + \sqrt{x^2+y^2+1} \quad \left(x^2+y^2+1 = u \text{ とおいた}\right)$$

$$J = \int Q dy = \int \frac{y}{\sqrt{x^2+y^2+1}}dy = \sqrt{x^2+y^2+1} \quad (I \text{ の積分と同様})$$

J には y のみを含む項は存在しないから，求める一般解は

$$x + \sqrt{x^2+y^2+1} = C \quad (C \text{ は任意定数})$$

演習問題

2.1　(1)　微分方程式は変数分離形である．$h > 0$ として変数を分離して積分すると，

$$\int \frac{1}{\sqrt{h}}dh = -k\int dt + C_1 \quad (C_1 \text{ は任意定数})$$

$$\therefore\ \sqrt{h} = -\frac{kt}{2} + C \quad \left(C = \frac{C_1}{2} \text{ は任意定数}\right) \qquad \cdots (*)$$

これが求める一般解である.

$(*)$ の両辺を 2 乗すると，$h = (kt/2 - C)^2$ となり，これは t 軸に接する放物線の方程式である．図 k2.2 の曲線（実線と破線）は，このような放物線のいくつかを示す．$(*)$ はこの放物線の $kt/2 < C$ を満たす部分であり，図の実線がそのいくつかを示す.

$h > 0$ として変数を分離したが，$h \equiv 0$（恒等的にゼロ，t 軸と一致）も微分方程式の解である．この解は，$(*)$ の C に $\pm\infty$ を含むどのような値を代入しても得られないので，特異解である．$kt/2 < C$ で $h = (kt/2 - C)^2$，$kt/2 \geq C$ で $h \equiv 0$（恒等的にゼロ）のような関数 h（一般解と特異解をつないだもの）も，微分方程式の解であることに注意しよう.

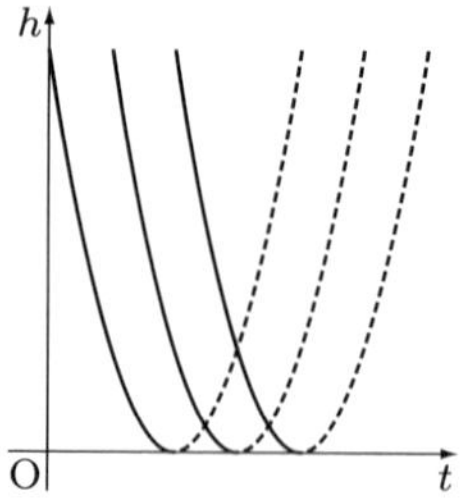

図 k2.2

(2)　$t=0$ のとき $h=h_0$ であるから，(∗) より $C=\sqrt{h_0}$．これを (∗) に代入すると $\sqrt{h}=-kt/2+\sqrt{h_0}$．水が全部流出する時刻 t は，$-kt/2+\sqrt{h_0}=0$ より $t=2\sqrt{h_0}/k$.
また，$t=0$ のときの単位時間あたりの流出量は $-A\,(dh/dt)=Ak\sqrt{h_0}=Q_0$ であるから，$k=Q_0/\left(A\sqrt{h_0}\right)$．これを $t=2\sqrt{h_0}/k$ に代入すると，求める時刻は $t=2Ah_0/Q_0$

2.2　$x\neq N_1,N_2$ として変数を分離して積分すると，

$$\int\frac{1}{(x-N_1)(x-N_2)}dx=k\int dt+C_1\quad(C_1\text{ は任意定数})$$

左辺の被積分関数を部分分数に分けると，

$$\frac{1}{(x-N_1)(x-N_2)}=\frac{1}{N_2-N_1}\left(\frac{1}{x-N_2}-\frac{1}{x-N_1}\right)$$

となるから，

$$\frac{1}{N_2-N_1}\int\left(\frac{1}{x-N_2}-\frac{1}{x-N_1}\right)dx=kt+C_1\qquad\therefore\ \log\left|\frac{x-N_2}{x-N_1}\right|=(N_2-N_1)(kt+C_1)$$

log（自然対数）と exp は互いに逆関数であるから，

$$\left|\frac{x-N_2}{x-N_1}\right|=\exp\{(N_2-N_1)(kt+C_1)\}$$

$$\therefore\ \frac{x-N_2}{x-N_1}=C\exp\{k(N_2-N_1)t\}\quad(C=\pm\exp\{(N_2-N_1)C_1\})$$

$$\therefore\ x=\frac{CN_1e^{\gamma t}-N_2}{Ce^{\gamma t}-1}\quad(\gamma=k(N_2-N_1))\quad\cdots(*)$$

$x\neq N_1,N_2$ として変数を分離したが，$x\equiv N_1,N_2$（恒等的に定数 N_1,N_2）も微分方程式の解である．これらの解はそれぞれ (∗) で $C\to\pm\infty$, $C=0$ とおくと得られる．$t=0$ のとき $x=0$ であるから，(∗) より $C=N_2/N_1$．これを (∗) に代入すると，求める解は

$$x=N_1\frac{1-e^{-\gamma t}}{1-(N_1/N_2)e^{-\gamma t}}\quad(\gamma=k(N_2-N_1))$$

$N_1/N_2=1/2,2/3,3/4$ に対して，kN_1t を横軸に，x/N_1 を縦軸にとって解をグラフに表すと，図 k2.3 のようになる．t が十分に小さく $\gamma t\ll1$ のとき，x は線形に増加し，さらに時間が経つと，

x は次第にゆっくりと単調に増加して N_1 に収束する．N_1 を固定して N_2 を変えるとき，N_2 が大きくなると分子 A, B の衝突頻度が増すので，反応が速く進む．

2.3 $x \neq 0$ として変数を分離して積分すると，

$$\int \frac{1}{x}dx = \gamma \int \cos\omega t\, dt + C_1 \quad (C_1 \text{ は任意定数}) \quad \therefore\ \log|x| = \frac{\gamma}{\omega}\sin\omega t + C_1$$

log（自然対数）と exp は互いに逆関数であるから，$|x| = \exp\left(\dfrac{\gamma}{\omega}\sin\omega t + C_1\right)$

ゆえに，$x = C\exp\left(\dfrac{\gamma}{\omega}\sin\omega t\right) \quad (C = \pm\exp C_1) \quad \cdots(*)$

$x \neq 0$ として変数を分離したが，$x \equiv 0$（恒等的にゼロ）も微分方程式の解である．この解は，$(*)$ で $C = 0$ とおけば得られる．$t = 0$ での x の値を x_0 とすると，$C = x_0$ となり，求める解は

$$x = x_0 \exp\left(\frac{\gamma}{\omega}\sin\omega t\right)$$

ωt を横軸に，x/x_0 を縦軸にとり，$\gamma/\omega = 0.4, 0.7, 1.0$ に対する解をグラフに表すと，図 k2.4 のようになる．γ/ω が大きいほうが，季節的要因による x/x_0 の振動の振幅が大きくなる．

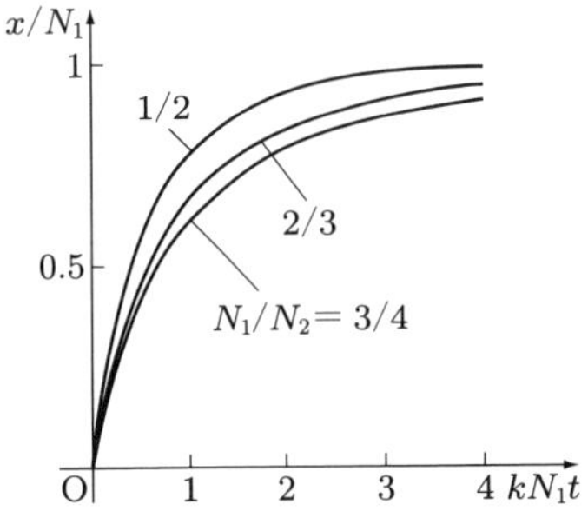

図 k2.3

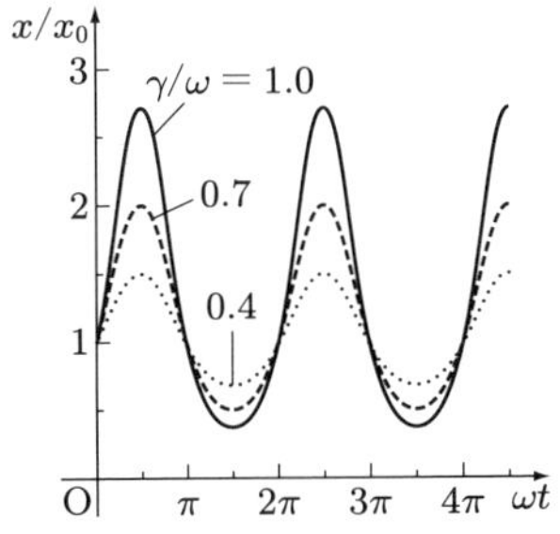

図 k2.4

2.4 (1) 両辺を x^3 で割ると，同次形であることがわかる．

$$3\left(\frac{y}{x}\right)^2 \frac{dy}{dx} = 2 + \left(\frac{y}{x}\right)^3 \xrightarrow[y'=u+xu']{y=xu} 3xu^2\frac{du}{dx} = -2(u^3-1) \quad \cdots(*)$$

$u^3 - 1 = (u-1)(u^2+u+1) \neq 0$ として，変数を分離して積分すると，

$$\int \frac{3u^2}{u^3-1}du = -2\int \frac{1}{x}dx + C_1 \quad (C_1 \text{ は任意定数})$$

左辺で $(u^3-1)' = 3u^2$ であることに注意すると，

$$\log\left|u^3-1\right| = -2\log|x| + C_1 \quad \therefore\ \log\left|x^2(u^3-1)\right| = C_1$$

log（自然対数）と exp は互いに逆関数なので，

$$\left|x^2(u^3-1)\right| = \exp C_1 \quad \therefore\ x^2(u^3-1) = C \quad (C = \pm\exp C_1) \quad \cdots(**)$$

$u \neq 1$ として変数を分離したが，$u \equiv 1$（恒等的に 1 に等しい）も $(*)$ の解である．この解は $(**)$ で $C = 0$ とおくと得られる．以上より，$(*)$ の一般解は $x^2(u^3 - 1) = C$（C は任意定数）である．

$u = y/x$ より，求める一般解は $y^3 = x^3 + Cx$　（C は任意定数） となる．

(2)　両辺を x で割り，$\log y - \log x = \log(y/x)$ に注意すると，微分方程式が同次形であることがわかる．

$$\frac{dy}{dx} = \frac{y}{x}\left\{\log\left(\frac{y}{x}\right) + 1\right\} \xrightarrow[y'=u+xu']{y=xu} x\frac{du}{dx} = u\log u \quad (u > 0) \quad \cdots(*)$$

$\log u \neq 0$，すなわち $u \neq 1$ として変数を分離して積分すると，

$$\int \frac{1}{u\log u}du = \int \frac{1}{x}dx + C_1 \quad (C_1 \text{ は任意定数})$$

左辺の積分において $1/u = (\log u)'$ に注意し，$\log u = t$ とおくと，$\displaystyle\int \frac{1}{u\log u}du = \int \frac{1}{t}\frac{dt}{du}du = \int \frac{1}{t}dt = \log|t| = \log|\log u|$ となるから，

$$\log|\log u| = \log|x| + C_1 \quad \therefore\ \log\left|\frac{\log u}{x}\right| = C_1$$

log（自然対数）と exp は互いに逆関数なので，$\left|\dfrac{\log u}{x}\right| = \exp C_1 \quad \therefore\ \log u = Cx \quad (C = \pm\exp C_1)$

さらに同様にして，$u = \exp(Cx) \quad \cdots(**)$

$u \neq 1$ として変数を分離したが，$u \equiv 1$（恒等的に 1 に等しい）も $(*)$ の解である．この解は $(**)$ で $C = 0$ とおくと得られる．以上より，$(*)$ の一般解は $u = \exp(Cx)$（C は任意定数）である．

$u = y/x$ より，求める一般解は $y = x\exp(Cx)$　（C は任意定数） となる．

(3)　$P = x + ye^{xy}$, $Q = xe^{xy} - 1$ は xy 平面全体で連続微分可能である．

$$\frac{\partial P}{\partial y} = e^{xy} + xye^{xy}, \quad \frac{\partial Q}{\partial x} = e^{xy} + xye^{xy} \quad \therefore\ \frac{\partial P}{\partial y} = \frac{\partial Q}{\partial x}$$

であるから，微分方程式は完全微分形である．つぎのように積分する．

$$I = \int P dx = \int (x + ye^{xy})dx = \frac{1}{2}x^2 + e^{xy}, \quad J = \int Q dy = \int (xe^{xy} - 1)dy = e^{xy} - y$$

J の項のうち y のみを含む項 $-y$ を I に加えたものを $F(x, y)$ とすると，

$$F(x, y) = \frac{1}{2}x^2 - y + e^{xy}$$

求める一般解は $\dfrac{1}{2}x^2 - y + e^{xy} = C$　（C は任意定数）

第 3 章の解答

問題 3.1　公式 (3.5) を用いる．下記の C_1, C は任意定数を表す．

(1)　$y = C_1 \exp\left\{-\int\left(1-\frac{1}{x}\right)dx\right\} = C_1 \exp\{-x+\log|x|\} = C_1 e^{-x}\exp\{\log|x|\}$
$= C_1|x|e^{-x} = \pm C_1 x\, e^{-x}$　（$x>0$ のときは $+$，$x<0$ のときは $-$）

$\pm C_1 = C$ とおくと，$y = Cxe^{-x}$

(2)　$y = C\exp\left(-\int\frac{\log x}{x}dx\right) = C\exp\left\{-\int(\log x)(\log x)'\,dx\right\}$

$\log x = t$ と置換すると，$(\log x)' = \dfrac{dt}{dx}$ であるから，

$$y = C\exp\left(-\int t\frac{dt}{dx}dx\right) = C\exp\left(-\int t\,dt\right) = C\exp\left(-\frac{1}{2}t^2\right)$$

$t = \log x$ を代入すると，$y = C\exp\left\{-\dfrac{1}{2}(\log x)^2\right\}$

(3)　$y = C\exp\left(2\int\frac{1}{\cos x}dx\right)$

ここで，$\displaystyle\int\frac{1}{\cos x}dx = \int\frac{\cos x}{\cos^2 x}dx = \int\frac{(\sin x)'}{1-\sin^2 x}dx$

$\sin x = t$ と置換すると，$(\sin x)' = dt/dx$ であるから，

$$\begin{aligned}\int\frac{1}{\cos x}dx &= \int\frac{1}{1-t^2}dt = \frac{1}{2}\int\left(\frac{1}{t+1}-\frac{1}{t-1}\right)dt = \frac{1}{2}(\log|t+1|-\log|t-1|)\\ &= \frac{1}{2}\log\left|\frac{t+1}{t-1}\right| = \frac{1}{2}\log\left(\frac{1+\sin x}{1-\sin x}\right)\end{aligned}$$

これを用いると，求める一般解は $y = C\exp\left\{\log\left(\dfrac{1+\sin x}{1-\sin x}\right)\right\} = C\dfrac{1+\sin x}{1-\sin x}$

この解は，つぎのように他の形で表すこともできる．

$$y = C\frac{1+\sin x}{1-\sin x}\quad\left(= C\left\{\frac{1+\tan(x/2)}{1-\tan(x/2)}\right\}^2 = C\tan^2\left(\frac{x}{2}+\frac{\pi}{4}\right)\right)$$

《別解》　$\tan(x/2) = t$ とおくと，$\dfrac{1}{\cos x} = \dfrac{1+t^2}{1-t^2}$，$\dfrac{dx}{dt} = \dfrac{2}{1+t^2}$ であるから，

$$\int\frac{1}{\cos x}dx = 2\int\frac{1}{1-t^2}dt = \int\left(\frac{1}{t+1}-\frac{1}{t-1}\right)dt = \log\left|\frac{t+1}{t-1}\right| = \log\left|\frac{\tan(x/2)+1}{\tan(x/2)-1}\right|$$

問題 3.2　下記の C, C_1, C_2 は任意定数である．

(1)　$y' - 2xy = 0$ の一般解：$y = C_1\exp\left(2\int x dx\right) = C_1\exp(x^2)$

$$y' - 2xy = x\exp(-x^2) \xrightarrow[y = u\exp(x^2)]{} u' = x\exp(-2x^2)$$

$$u = \int x\exp(-2x^2)\,dx + C = -\frac{1}{4}\int(-2x^2)'\exp(-2x^2)\,dx + C$$

ここで，$-2x^2 = t$ とおくと，$(-2x^2)' = dt/dx$ であるから，

$$u = -\frac{1}{4}\int e^t \frac{dt}{dx}dx + C = -\frac{1}{4}\int e^t dt + C = -\frac{1}{4}e^t + C$$

$t = -2x^2$ を代入すると，$u = -\dfrac{1}{4}\exp(-2x^2) + C$

これを $y = u\exp(x^2)$ に代入すると，$y = C\exp(x^2) - \dfrac{1}{4}\exp(-x^2)$

(2)　$y' + y\cot x = 0$ の一般解：

$$y = C_1 \exp\left(-\int \cot x\,dx\right) = C_1 \exp\left(-\int \frac{\cos x}{\sin x}dx\right) = C_1 \exp\left\{-\int \frac{(\sin x)'}{\sin x}dx\right\}$$

ここで，$\sin x = t$ と置換すると，$(\sin x)' = dt/dx$ であるから，

$$\begin{aligned} y &= C_1 \exp\left(-\int \frac{1}{t}dt\right) = C_1 \exp\left(-\log|t|\right) = C_1 \exp\left(\log|t|^{-1}\right) = C_1|t|^{-1} \\ &= \frac{C_1}{|\sin x|} = \pm\frac{C_1}{\sin x} \qquad (\sin x > 0 \text{ のとき } +,\ \sin x < 0 \text{ のとき } -) \end{aligned}$$

$\pm C_1 = C_2$ とおくと，$y = C_2/\sin x$
定数変化法を用いると，

$$y' + y\cot x = x \xrightarrow[y = u/\sin x]{} u' = x\sin x$$

部分積分を用いると，

$$\begin{aligned} u &= \int x\sin x\,dx + C = -\int x(\cos x)'dx + C = -x\cos x + \int \cos x\,dx + C \\ &= -x\cos x + \sin x + C \end{aligned}$$

これを $y = u/\sin x$ に代入すると，$y = \dfrac{C}{\sin x} - x\cot x + 1$

(3)　$y' - (2/x)y = 0$ の一般解：

$$y = C_1 \exp\left(2\int \frac{1}{x}dx\right) = C_1 \exp\left(2\log|x|\right) = C_1 \exp\left(\log x^2\right) = C_1 x^2$$

定数変化法を用いると，

$$y' - (2/x)y = \log x \xrightarrow[y = x^2 u]{} u' = \log x/x^2$$

部分積分を用いると，

$$\begin{aligned} u &= \int \frac{\log x}{x^2}dx + C = -\int \left(\frac{1}{x}\right)' \log x\,dx + C = -\frac{\log x}{x} + \int \frac{1}{x}(\log x)'dx + C \\ &= -\frac{\log x}{x} + \int \frac{1}{x^2}dx + C = -\frac{1}{x}(\log x + 1) + C \end{aligned}$$

これを $y = x^2 u$ に代入すると，$y = Cx^2 - x(\log x + 1)$

演習問題

3.1 下記の C, C_1 は任意定数である．

(1) 公式 (3.5) より

$$y = C\exp\left(-\int \frac{e^x}{e^x+1}dx\right) = C\exp\left\{-\int \frac{(e^x+1)'}{e^x+1}dx\right\} = C\exp\{-\log(e^x+1)\}$$

$$= C\exp\left[\log\left\{(e^x+1)^{-1}\right\}\right] = C/(e^x+1) \quad \therefore\ y = C/(e^x+1)$$

(2) 定数変化法を用いよう．

斉次方程式の一般解：

$$y = C_1\exp\left\{-\int\left(x-\frac{1}{x}\right)dx\right\} = C_1\exp\left(-\frac{1}{2}x^2+\log|x|\right) = C_1\exp\left(-\frac{1}{2}x^2\right)\exp(\log|x|)$$

$$= C_1|x|\exp\left(-\frac{1}{2}x^2\right) = \pm C_1 x\exp\left(-\frac{1}{2}x^2\right) \quad (x>0 \text{ のとき } +,\ x<0 \text{ のとき } -)$$

$$y' + \left(x-\frac{1}{x}\right)y = x^2 \xrightarrow[y=xu\exp(-\frac{1}{2}x^2)]{} u' = x\exp\left(\frac{1}{2}x^2\right)$$

積分すると，

$$u = \int x\exp\left(\frac{1}{2}x^2\right)dx + C = \int\left(\frac{1}{2}x^2\right)'\exp\left(\frac{1}{2}x^2\right)dx + C$$

$\frac{1}{2}x^2 = t$ と置換すると，$\left(\frac{1}{2}x^2\right)' = \frac{dt}{dx}$ であるから，

$$u = \int e^t\frac{dt}{dx}dx + C = \int e^t dt + C = e^t + C = \exp\left(\frac{1}{2}x^2\right) + C$$

これを $y = xu\exp\left(-\frac{1}{2}x^2\right)$ に代入すると，$y = x\left\{C\exp\left(-\frac{1}{2}x^2\right)+1\right\}$

(3) 定数変化法を用いよう．

$y' + y\,e^x = 0$ の一般解：$y = C_1\exp\left(-\int e^x dx\right) = C_1\exp(-e^x)$

$$y' + y\,e^x = e^{2x} \xrightarrow[y=u\exp(-e^x)]{} u' = e^{2x}\exp(e^x)$$

$e^{2x} = (e^x)^2$, $(e^x)' = e^x$ に注意して，$e^x = t$ と置換すると，

$$u = \int e^{2x}\exp(e^x)dx + C = \int(e^x)(e^x)'\exp(e^x)dx + C = \int te^t dt + C$$

部分積分により，

$$u = \int t(e^t)'dt + C = te^t - \int e^t dt + C = (t-1)e^t + C = (e^x-1)\exp(e^x) + C$$

これを $y = u\exp(-e^x)$ に代入すると，$y = C\exp(-e^x) + e^x - 1$

(4)　定数変化法を用いよう．

$$y' - y\cos x = 0 \text{ の一般解：} y = C_1 \exp\left(\int \cos x\,dx\right) = C_1 \exp(\sin x)$$

$$y' - y\cos x = \sin^2 x \cos x \xrightarrow[y = u\exp(\sin x)]{} u' = \sin^2 x \cos x \exp(-\sin x)$$

積分すると，

$$u = \int \sin^2 x \cos x \exp(-\sin x)\,dx + C = \int \sin^2 x (\sin x)' \exp(-\sin x)\,dx + C$$

$\sin x = t$ と置換し，部分積分を用いると，

$$\begin{aligned} u &= \int t^2 e^{-t} dt + C = -\int t^2 (e^{-t})' dt + C = -t^2 e^{-t} + 2\int te^{-t} dt + C \\ &= -t^2 e^{-t} + 2\left(-te^{-t} + \int e^{-t} dt\right) + C = -\left(t^2 + 2t + 2\right) e^{-t} + C \\ &= -(\sin^2 x + 2\sin x + 2)\exp(-\sin x) + C \end{aligned}$$

$y = u\exp(\sin x)$ より，$y = C\exp(\sin x) - \sin^2 x - 2\sin x - 2$

3.2　ここでは，公式 (3.7) を用いることにしよう．この問題では，独立変数は t，$P(t) = \gamma$（定数），$Q(t) = f(t)$ である．

$$v(t) = \exp\left\{-\int P(t)dt\right\} = \exp\left(-\gamma \int dt\right) = e^{-\gamma t}$$

(1) $F(t) = F_0$，すなわち $f(t) = f_0$ のとき，

$$\int \frac{Q(t)}{v(t)} dt = \int \frac{f(t)}{v(t)} dt = f_0 \int e^{\gamma t} dt = \frac{f_0}{\gamma} e^{\gamma t}$$

ゆえに，一般解はつぎのようになる．

$$u = Ce^{-\gamma t} + e^{-\gamma t} \cdot \frac{f_0}{\gamma} e^{\gamma t} = Ce^{-\gamma t} + \frac{f_0}{\gamma} \quad (C \text{ は任意定数})$$

時間が経つにつれて，右辺第 1 項（斉次方程式の一般解）は指数関数的に減衰し，右辺第 2 項（非斉次方程式の特殊解）のみが残る．「$t = 0$ のとき $u = 0$」となるように C を決めると，$C = -f_0/\gamma$ が得られる．ゆえに，求める解はつぎのようになる．

$$u = \frac{f_0}{\gamma}\left(1 - e^{-\gamma t}\right)$$

γt を横軸に，$(\gamma/f_0)\,u$ を縦軸にとってこの解をグラフに表すと，図 k3.1 のようになる．時間が経つと，一定の力 f_0 により速度 u が増加するが，抵抗も強くなっていくために速度の増加が抑えられ，最終的には力 f_0 と抵抗が釣り合う速度 f_0/γ に収束する．

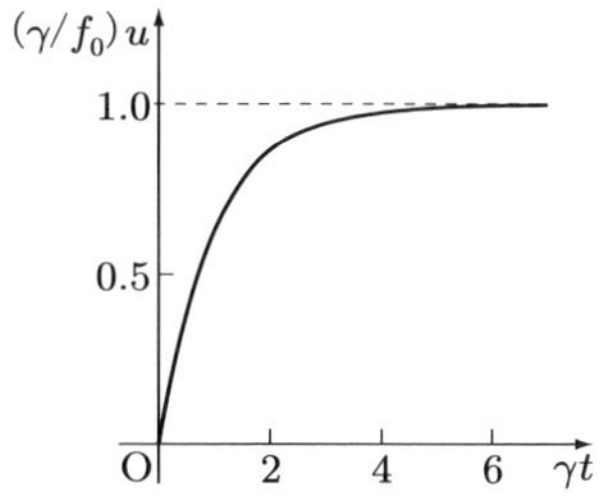

図 k3.1

《別解 1》 微分方程式が変数分離形であることに注意する．書き換えると，

$$\frac{du}{dt} = -\gamma\,(u-\beta) \quad \left(\beta = \frac{f_0}{\gamma} = \frac{F_0}{a}\right)$$

$u \neq \beta$ として，変数を分離して積分すると，

$$\int \frac{1}{u-\beta}du = -\gamma \int dt + C_1 \quad (C_1 \text{ は任意定数})$$

これより，$u = \beta + C\exp(-\gamma t)$ $(C = \pm\exp C_1)$ が得られる．

《別解 2》《別解 1》の微分方程式 $du/dt = -\gamma\,(u-\beta)$ で $u - \beta = w$ とおくと，斉次方程式 $dw/dt + \gamma w = 0$ に書き換えられる．この斉次方程式の一般解は $w = C\exp(-\gamma t)$（C は任意定数）である．$u - \beta = w$ より，$u = \beta + C\exp(-\gamma t)$ が得られる．

(2) $F(t) = F_0 \sin\omega\,t$，すなわち $f(t) = f_0\sin\omega\,t$ のとき，

$$\int \frac{Q(t)}{v(t)}dt = \int \frac{f(t)}{v(t)}dt = f_0 \int e^{\gamma t}\,\sin\omega\,t\,dt$$

右辺の積分を I とおき，部分積分を 2 回行うと，

$$\begin{aligned} I &= \int e^{\gamma t}\,\sin\omega\,t\,dt = \frac{1}{\gamma}e^{\gamma t}\,\sin\omega\,t - \frac{\omega}{\gamma}\int e^{\gamma t}\,\cos\omega\,t\,dt \\ &= \frac{1}{\gamma}e^{\gamma t}\,\sin\omega\,t - \frac{\omega}{\gamma}\left(\frac{1}{\gamma}e^{\gamma t}\cos\omega t + \frac{\omega}{\gamma}\int e^{\gamma t}\,\sin\omega\,t\,dt\right) \\ &= \frac{1}{\gamma^2}e^{\gamma t}\,(\gamma\sin\omega t - \omega\cos\omega t) - \frac{\omega^2}{\gamma^2}I \end{aligned}$$

I について解くと，$I = \dfrac{e^{\gamma t}}{\gamma^2+\omega^2}\,(\gamma\,\sin\omega\,t - \omega\,\cos\omega\,t)$ が得られる．なお，［例題 4.8］(2) にあるように $I = \displaystyle\int e^{\gamma t}\,\cos\omega\,t\,dt$, $J = \displaystyle\int e^{\gamma t}\,\sin\omega\,t\,dt$ とおいて，I, J を同時に求める方法もある．得られた積分を用いて，

$$\int \frac{Q(t)}{v(t)}dt = \frac{f_0 e^{\gamma t}}{\gamma^2+\omega^2}\,(\gamma\,\sin\omega\,t - \omega\,\cos\omega\,t)$$

ゆえに，式 (3.7) より，一般解はつぎのようになる．

$$u = Ce^{-\gamma t} + \frac{f_0}{\gamma^2+\omega^2}(\gamma \sin\omega t - \omega\cos\omega t) \quad \cdots(*)$$

右辺の第 1 項を u_{tr}，第 2 項を u_{st} とし，まず u_{st} に注目する．図 k3.2 のように，xy 平面上に点 (ω, γ) をとり，角 ϕ を定義すると，次式が成り立つ（三角関数の合成）．

$$\begin{aligned}
&\gamma\sin\omega t - \omega\cos\omega t \\
&\quad = \sqrt{\gamma^2+\omega^2}\left(\frac{\gamma}{\sqrt{\gamma^2+\omega^2}}\sin\omega t - \frac{\omega}{\sqrt{\gamma^2+\omega^2}}\cos\omega t\right) \\
&\quad = \sqrt{\gamma^2+\omega^2}\,(\sin\omega t\sin\phi - \cos\omega t\cos\phi) \\
&\quad = -\sqrt{\gamma^2+\omega^2}\cos(\omega t+\phi)
\end{aligned}$$

復習

三角関数の加法定理

$\sin(\alpha\pm\beta) = \sin\alpha\cos\beta \pm \cos\alpha\sin\beta$（複号同順）

$\cos(\alpha\pm\beta) = \cos\alpha\cos\beta \mp \sin\alpha\sin\beta$（複号同順）

ここで，次式を用いた．

$$\frac{\gamma}{\sqrt{\gamma^2+\omega^2}} = \sin\phi, \quad \frac{\omega}{\sqrt{\gamma^2+\omega^2}} = \cos\phi$$

よって，(∗) 右辺の第 2 項 u_{st} は

$u_{st} = -\dfrac{f_0}{\sqrt{\gamma^2+\omega^2}}\cos(\omega t+\phi)$ と表される．

「$t=0$ のとき $u=0$」となるように任意定数 C を決めると，$C = \dfrac{f_0}{\sqrt{\gamma^2+\omega^2}}\cos\phi$ が得られ，(∗) 右辺の第 1 項 u_{tr} は $u_{tr} = \dfrac{f_0}{\sqrt{\gamma^2+\omega^2}}e^{-\gamma t}\cos\phi$ となる．

以上より，求める解はつぎのように表される．

$$u = u_{tr} + u_{st} = \frac{f_0}{\sqrt{\gamma^2+\omega^2}}\left\{e^{-\gamma t}\cos\phi - \cos(\omega t+\phi)\right\}$$

図 k3.3 は $\gamma/\omega = 0.5$ の場合の解を示す．実線，破線，点線はそれぞれ，$(\omega/f_0)\,u$, $(\omega/f_0)\,u_{tr}$, $(\omega/f_0)\,u_{st}$ （速度に ω/f_0 が掛けられているので，無次元の量）の時間依存性を表す．時間が経つ

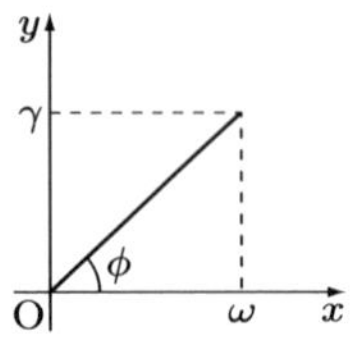

図 k3.2

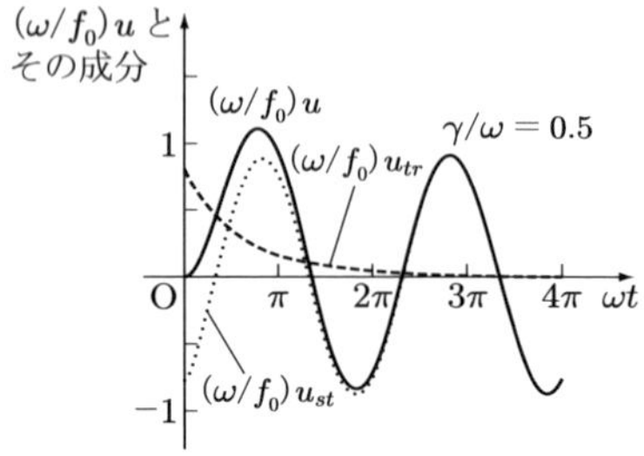

図 k3.3

と，u_{tr}（斉次方程式の解）は指数関数的に減衰し，u_{st}（非斉次方程式の解）のみが残る．$\gamma = 0$ とおくと，抵抗がない場合の解 $u = (f_0/\omega)(1 - \cos\omega t)$ に帰着する．

3.3 定数変化法を用いよう．下記の C_1, C は任意定数である．

i) $0 \le t \le t_0$ における解を求める．

微分方程式 $\dfrac{dQ}{dt} + \gamma Q = \varepsilon_0 t \quad \left(\gamma = \dfrac{1}{RC},\ \varepsilon_0 = \dfrac{E_0}{Rt_0}\right)$

$\dfrac{dQ}{dt} + \gamma Q = 0$ の一般解：$Q = C_1 \exp\left(-\gamma \displaystyle\int dt\right) = C_1 e^{-\gamma t}$

$$\frac{dQ}{dt} + \gamma Q = \varepsilon_0 t \xrightarrow[Q = ue^{-\gamma t}]{} u' = \varepsilon_0 t e^{\gamma t}$$

積分すると $u = \varepsilon_0 \displaystyle\int t e^{\gamma t} dt + C$ となり，部分積分を用いると，

$$u = \frac{\varepsilon_0}{\gamma} \int t \left(\frac{d}{dt} e^{\gamma t}\right) dt + C = \frac{\varepsilon_0}{\gamma}\left(t e^{\gamma t} - \int e^{\gamma t} dt\right) + C = \frac{\varepsilon_0}{\gamma}\left(t - \frac{1}{\gamma}\right) e^{\gamma t} + C$$

$Q = ue^{-\gamma t}$ より，$Q = Ce^{-\gamma t} + \dfrac{\varepsilon_0}{\gamma}\left(t - \dfrac{1}{\gamma}\right)$

「$t = 0$ のとき $Q = 0$」となるように C を決めると，$C = \varepsilon_0/\gamma^2$ となるから，

$$Q = \frac{\varepsilon_0}{\gamma}\left\{t - \frac{1}{\gamma}\left(1 - e^{-\gamma t}\right)\right\}$$

ii) $t \ge t_0$ における解を求める．

微分方程式 $\dfrac{dQ}{dt} + \gamma Q = \varepsilon_0 t_0$，　$\dfrac{dQ}{dt} + \gamma Q = 0$ の一般解：$Q = C_1 e^{-\gamma t}$

$$\frac{dQ}{dt} + \gamma Q = \varepsilon_0 t_0 \xrightarrow[Q = ue^{-\gamma t}]{} u' = \varepsilon_0 t_0 e^{\gamma t}$$

積分すると $u = \varepsilon_0 t_0 \displaystyle\int e^{\gamma t} dt + C = \dfrac{\varepsilon_0 t_0}{\gamma} e^{\gamma t} + C$．$Q = ue^{-\gamma t}$ より，$Q = Ce^{-\gamma t} + \dfrac{\varepsilon_0 t_0}{\gamma}$．

$t = t_0$ のとき $Q = \dfrac{\varepsilon_0}{\gamma}\left\{t_0 - \dfrac{1}{\gamma}\left(1 - e^{-\gamma t_0}\right)\right\}$ となるように C を決めると，$C = -\dfrac{\varepsilon_0}{\gamma^2}\left(e^{\gamma t_0} - 1\right)$．

ゆえに，$Q = \dfrac{\varepsilon_0}{\gamma}\left\{t_0 - \dfrac{1}{\gamma}\left(e^{\gamma t_0} - 1\right) e^{-\gamma t}\right\}$

$\gamma t_0 = 1$ のときの解をグラフに表すと，図 k3.4(a) のようになる．縦軸は $\gamma Q/(\varepsilon_0 t_0) = Q/(CE_0)$ を表す．起電力 $E(t)$ が増加して最大値 E_0 に達する時刻 t_0 は，この図の $\gamma t = 1$（縦方向の破線）に対応する．$E(t)$ が一定値 E_0 に達したあとも Q は増加を続け，$Q = CE_0$ の定常状態に達するまでに，$\gamma^{-1} = RC$ の数倍の時間を要する．

上記の Q から電流 $I\ (= dQ/dt)$ を求めると，つぎのようになる．

$$I = \begin{cases} \dfrac{\varepsilon_0}{\gamma}\left(1 - e^{-\gamma t}\right) & (0 \le t \le t_0) \\[2ex] \dfrac{\varepsilon_0}{\gamma}\left(e^{\gamma t_0} - 1\right) e^{-\gamma t} & (t \ge t_0) \end{cases}$$

$\gamma t_0 = 1$ の場合についてこれらをグラフに表すと，図 k3.4(b) のようになる．縦軸は $(\gamma/\varepsilon_0)I = (t_0/(CE_0))I$ を表す．I の時間変化は指数関数の形で含まれる．もし起電力が $E(t) = E_0\,(t/t_0)$ のように増加を続けるならば，I はゼロからすみやかに増加し，$\varepsilon_0/\gamma\,(= CE_0/t_0)$ に収束する．しかし，ここで考える起電力は時刻 t_0 で一定値になるので，I は時刻 t_0 で減少に転じ，$t \geq t_0$ ではすみやかに減衰する．

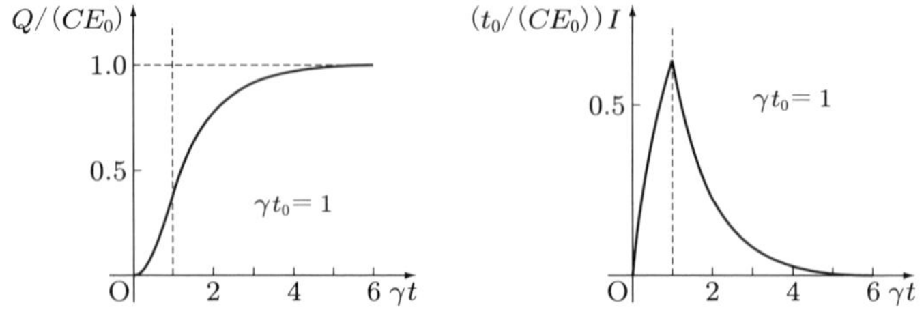

（a）Q の t 依存性　　（b）I の t 依存性

図 k3.4

3.4　(1)　公式 (3.5) を用いると，$I = C\exp\left(-\gamma\displaystyle\int dt\right) = C\exp(-\gamma t)$　（C は任意定数）

$t=0$ のとき $I = E/R$ であるから，$C = E/R$．ゆえに $I = \dfrac{E}{R}\exp(-\gamma t)$

(2)　(1) の答えを式 (3.13) に代入して v を求めると，$v = \dfrac{E}{Bl}\{1-\exp(-\gamma t)\}$

(3)　定数変化法を用いることにしよう．斉次方程式 $dv/dt + \gamma v = 0$ の一般解は

$$v = C\exp\left(-\gamma\int dt\right) = C\exp(-\gamma t)\quad（C \text{ は任意定数}）$$

$v = u\exp(-\gamma t)$（u は t の関数）を非斉次方程式 $dv/dt + \gamma v = (BlE)/(mR)$ に代入すると，

$$u'\exp(-\gamma t) = \frac{Bl}{mR}E \quad \therefore\ u' = \frac{Bl}{mR}E\exp(\gamma t)$$

これを積分すると，$u = \dfrac{Bl}{\gamma mR}E\exp(\gamma t) + C = \dfrac{E}{Bl}\exp(\gamma t) + C$（$C$ は任意定数）

これを $v = u\exp(-\gamma t)$ に代入すると，$v = C\exp(-\gamma t) + \dfrac{E}{Bl}$

$t=0$ のとき $v=0$ であるから，$C = -\dfrac{E}{Bl}$．ゆえに，$v = \dfrac{E}{Bl}\{1-\exp(-\gamma t)\}$

《(3) の別解 1》 微分方程式 (3.16) を書き換えると $\dfrac{dv}{dt} = -\gamma(v-\beta)\left(\beta = \dfrac{Bl}{\gamma mR}E = \dfrac{E}{Bl}\right)$.

これは変数分離形であるので，変数を分離して積分すると，$\displaystyle\int \frac{1}{v-\beta}\,dv = -\gamma\int dt + C_1$（$C_1$ は任意定数）．積分して v について解くと，$v = \beta + C\exp(-\gamma t)$（$C = \pm\exp C_1$）．$v \equiv \beta$（恒等的に β に等しい）は $C=0$ とおくと得られる．以下は上記と同様．

《(3) の別解 2》 式 (3.16) を書き換えた $\dfrac{dv}{dt}+\gamma(v-\beta)=0\left(\beta=\dfrac{Bl}{\gamma mR}E=\dfrac{E}{Bl}\right)$ において $v-\beta=u$ とおくと，斉次方程式 $\dfrac{du}{dt}+\gamma u=0$ に書き換えられる．この一般解は $u=C\exp(-\gamma t)$ (C は任意定数)．$u=v-\beta$ より $v=\beta+C\exp(-\gamma t)$．以下は上記と同様．

(4)　前問までで得られた I, v の t 依存性をグラフに表すと，図 k3.5 のようになる．

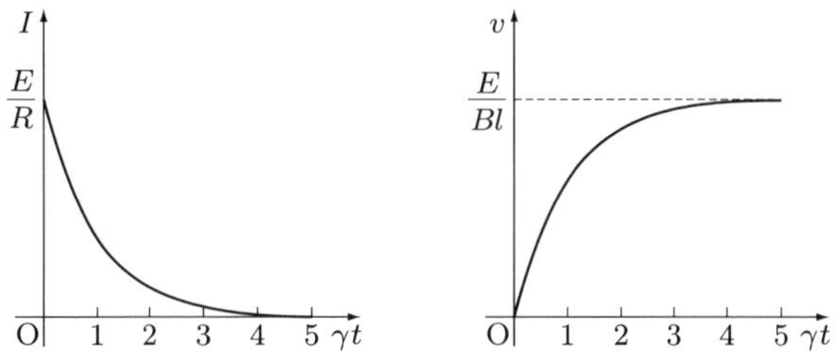

（a）I の t 依存性　　（b）v の t 依存性

図 k3.5

スイッチ S を閉じると，導体棒には P → Q の向きに電流が流れる．導体棒を流れるこの電流 I は，磁場から紙面右向きに力 IBl を受ける．この力により導体棒が紙面右向きに速度 v で動くと，導体棒の PQ 間には，I を減少させようとする誘導起電力 vBl が発生する．磁場から受ける力により v が大きくなるにつれて，誘導起電力の効果が強くなり，I は指数関数的に減少してゼロに収束する．I の減少と同時に，導体棒が受ける力も弱まってゼロに近づき，v は電池の起電力 E と誘導起電力 vBl が釣り合う速度に収束する．

第 4 章の解答

問題 4.1

	特性方程式	特性方程式の解	微分方程式の一般解
(1)	$\lambda^2-\lambda-6=0$	$\lambda=3,-2$	$y=C_1e^{3x}+C_2e^{-2x}$
(2)	$\lambda^2+2\lambda+1=0$	$\lambda=-1$ (2 重解)	$y=(C_1+C_2x)\,e^{-x}$
(3)	$\lambda^2-2=0$	$\lambda=\pm\sqrt{2}$	$y=C_1e^{\sqrt{2}x}+C_2e^{-\sqrt{2}x}$
(4)	$\lambda^2+4\lambda+1=0$	$\lambda=-2\pm\sqrt{3}$	$y=C_1e^{-(2-\sqrt{3})x}+C_2e^{-(2+\sqrt{3})x}$
(5)	$\lambda^2+4=0$	$\lambda=\pm 2i$	$y=C_1\cos 2x+C_2\sin 2x$
(6)	$\lambda^2+2\lambda+3=0$	$\lambda=-1\pm\sqrt{2}\,i$	$y=e^{-x}(C_1\cos\sqrt{2}x+C_2\sin\sqrt{2}x)$
(7)	$\lambda^2-(a+1)\lambda+a$ $=(\lambda-1)(\lambda-a)=0$	$\lambda=1,a$ ($a=1$ のときは 2 重解)	$a\neq 1$ のとき　$y=C_1e^{x}+C_2e^{ax}$ $a=1$ のとき　$y=(C_1+C_2x)\,e^{x}$

問題 4.2　特性方程式 $\lambda^2+2\gamma\lambda-\omega^2=0 \quad\Rightarrow\quad \lambda=-\gamma\pm\sqrt{\gamma^2+\omega^2}$ (異なる実数解)

微分方程式 (4.23) の一般解：$r=C_1\exp(\lambda_1 t)+C_2\exp(\lambda_2 t) \qquad \cdots(*)$

($\lambda_1=-\gamma+\sqrt{\gamma^2+\omega^2},\quad \lambda_2=-\gamma-\sqrt{\gamma^2+\omega^2},\quad C_1, C_2$ は任意定数)

$t=0$ で $r=a,\ dr/dt=0$ より，$C_1+C_2=a,\ \lambda_1 C_1+\lambda_2 C_2=0$

$$\therefore\ C_1=\frac{a\lambda_2}{\lambda_2-\lambda_1}=\frac{a}{2}\left(1+\frac{\gamma}{\sqrt{\gamma^2+\omega^2}}\right),\quad C_2=-\frac{a\lambda_1}{\lambda_2-\lambda_1}=\frac{a}{2}\left(1-\frac{\gamma}{\sqrt{\gamma^2+\omega^2}}\right)$$

これらを上記の一般解 (*) に代入すると，

$$\begin{aligned} r=&\frac{a}{2}e^{-\gamma t}\left\{\exp\left(\sqrt{\gamma^2+\omega^2}\,t\right)\right.\\ &\left.+\exp\left(-\sqrt{\gamma^2+\omega^2}\,t\right)\right\}\\ &+\frac{a\gamma}{2\sqrt{\gamma^2+\omega^2}}e^{-\gamma t}\left\{\exp\left(\sqrt{\gamma^2+\omega^2}\,t\right)\right.\\ &\left.-\exp\left(-\sqrt{\gamma^2+\omega^2}\,t\right)\right\}\end{aligned}$$

復習

双曲線関数

$$\cosh x=\frac{1}{2}\left(e^x+e^{-x}\right)$$
$$\sinh x=\frac{1}{2}\left(e^x-e^{-x}\right)$$

得られた解を双曲線関数を用いて表すと，

$$r=ae^{-\gamma t}\left\{\cosh\left(\sqrt{\gamma^2+\omega^2}\,t\right)+\frac{\gamma}{\sqrt{\gamma^2+\omega^2}}\sinh\left(\sqrt{\gamma^2+\omega^2}\,t\right)\right\}$$

$\gamma=0$ とおくと，［例題 4.3］の解 $r=a\cosh\omega t$ に帰着する．

問題 4.3　下記の $C_1,\ C_2$ は任意定数である．

(1)　特殊解として $\boxed{y=x^m}$ を微分方程式に代入する．

$$m(m-1)x^{m-2}(x^2+1)-2mx^m+2x^m=0\quad\therefore\ (m-1)\left\{(m-2)x^m+mx^{m-2}\right\}=0$$

$m=1$ ならばこの恒等式が成り立つから，$y=x$ が特殊解となる．

$$(x^2+1)y''-2xy'+2y=0\ \xrightarrow[y=xu]{}\ u''+\frac{2}{x(x^2+1)}u'=0$$

これは，u' を未知関数とする 1 階斉次方程式である．公式 (3.5) を用いると，

$$\begin{aligned} u'&=C_1\exp\left\{-2\int\frac{1}{x(x^2+1)}dx\right\}=C_1\exp\left\{-\int\frac{(x^2)'}{x^2(x^2+1)}dx\right\}\\ &=C_1\exp\left\{-\int\frac{1}{t(t+1)}dt\right\}\quad(x^2=t\ \text{と置換})\\ &=C_1\exp\left\{\int\left(\frac{1}{t+1}-\frac{1}{t}\right)dt\right\}=C_1\exp\{\log(t+1)-\log t\}\quad(t>0)\\ &=C_1\exp\left\{\log\left(\frac{t+1}{t}\right)\right\}=C_1\left(1+\frac{1}{t}\right)=C_1\left(1+\frac{1}{x^2}\right)\end{aligned}$$

これを積分すると，$u=C_1\left(x-\dfrac{1}{x}\right)+C_2$．ゆえに，$y=xu=C_1(x^2-1)+C_2x$

(2)　特殊解として $\boxed{y = e^{mx}}$ を微分方程式に代入する．

$$m^2 x e^{mx} - m(3x+1)e^{mx} + 3e^{mx} = 0 \quad \therefore\ (m-3)(mx-1) = 0$$

$m = 3$ ならばこの恒等式が成り立つから，$y = e^{3x}$ が特殊解となる．

$$xy'' - (3x+1)y' + 3y = 0 \xrightarrow[y = ue^{3x}]{} u'' + \left(3 - \frac{1}{x}\right)u' = 0$$

これは，u' を未知関数とする 1 階斉次方程式である．公式 (3.5) を用いると，

$$\begin{aligned} u' &= C_0 \exp\left\{-\int\left(3 - \frac{1}{x}\right)dx\right\} = C_0 \exp\left(-3x + \log|x|\right) = C_0 e^{-3x}\exp\left(\log|x|\right) \\ &= C_0|x|e^{-3x} = \pm C_0 x e^{-3x} = C_1 x e^{-3x} \quad (C_1 = \pm C_0) \end{aligned}$$

これを積分すると，

$$\begin{aligned} u &= C_1\int xe^{-3x}dx + C_2 = -\frac{C_1}{3}\int x\left(e^{-3x}\right)'dx + C_2 = -\frac{C_1}{3}\left(xe^{-3x} - \int e^{-3x}dx\right) + C_2 \\ &= -\frac{1}{9}C_1(3x+1)e^{-3x} + C_2 \end{aligned}$$

$-(1/9)C_1$ を改めて C_1 とおき直し，$y = ue^{3x}$ を用いると，$y = C_1(3x+1) + C_2 e^{3x}$

問題 4.4　下記の C_1, C_2 は任意定数である．

(1)　$y = u(x)\exp\left\{-\dfrac{1}{2}\displaystyle\int^x P(t)dt\right\} = u(x)\exp\left(\displaystyle\int^x \frac{1}{t}dt\right) = u(x)\exp\left(\log|x|\right)$

$= |x|u(x) = \pm x u(x)$

$u(x)$ は未知関数であるから，$\pm u(x)$ を $u(x)$ とおき直してもよい．$\boxed{y = xu(x)}$ とおく．以下，$u(x)$ を u と略記．

$$y'' - \frac{2}{x}y' - 2\left(2 - \frac{1}{x^2}\right)y = 0 \xrightarrow[y = xu]{} u'' - 4u = 0$$

特性方程式 $\lambda^2 - 4 = 0 \ \Rightarrow\ \lambda = \pm 2$　　$u'' - 4u = 0$ の一般解：$u = C_1 e^{2x} + C_2 e^{-2x}$

求める一般解：$y = xu = x\left(C_1 e^{2x} + C_2 e^{-2x}\right)$

(2)　$y = u(x)\exp\left\{-\dfrac{1}{2}\displaystyle\int^x P(t)dt\right\} = u(x)\exp\left(4\displaystyle\int^x t\,dt\right) = u(x)\exp(2x^2)$ より，

$\boxed{y = u(x)\exp(2x^2)}$ とおく．以下，$u(x)$ を u と略記．

$$y'' - 8xy' + 16x^2 y = 0 \xrightarrow[y = u\exp(2x^2)]{} u'' + 4u = 0$$

特性方程式 $\lambda^2 + 4 = 0 \ \Rightarrow\ \lambda = \pm 2i$　　$u'' + 4u = 0$ の一般解：$u = C_1\cos 2x + C_2 \sin 2x$

求める一般解：$y = u\exp(2x^2) = \exp(2x^2)\left(C_1\cos 2x + C_2\sin 2x\right)$

問題 4.5　$\boxed{x = e^t}$ とおくと，$\boxed{x^2 y'' = \dfrac{d^2 y}{dt^2} - \dfrac{dy}{dt},\ xy' = \dfrac{dy}{dt}}$ となることに注意する．下記の C_1, C_2 は任意定数である．

(1)　$x^2y'' - xy' + y = 0 \xrightarrow[x=e^t]{} \dfrac{d^2y}{dt^2} - 2\dfrac{dy}{dt} + y = 0 \quad \cdots (*)$

特性方程式 $\lambda^2 - 2\lambda + 1 = 0 \Rightarrow \lambda = 1$（2 重解）

$(*)$ の一般解：$y = (C_1 + C_2 t)\,e^t$．$e^t = x,\ t = \log x$ より，$y = x\,(C_1 + C_2 \log x)$

$x < 0$ の場合も考慮すると，$y = x\,(C_1 + C_2 \log|x|)$

(2)　$x^2y'' + 3xy' + 3y = 0 \xrightarrow[x=e^t]{} \dfrac{d^2y}{dt^2} + 2\dfrac{dy}{dt} + 3y = 0 \quad \cdots (**)$

特性方程式 $\lambda^2 + 2\lambda + 3 = 0 \ \Rightarrow\ \lambda = -1 \pm \sqrt{2}i$

$(**)$ の一般解：$y = e^{-t}\left(C_1 \cos\sqrt{2}t + C_2 \sin\sqrt{2}t\right)$

$e^t = x,\ t = \log x$ より，$y = (1/x)\left\{C_1 \cos\left(\sqrt{2}\log x\right) + C_2 \sin\left(\sqrt{2}\log x\right)\right\}$

$x < 0$ の場合も考慮すると，$y = (1/x)\left\{C_1 \cos\left(\sqrt{2}\log|x|\right) + C_2 \sin\left(\sqrt{2}\log|x|\right)\right\}$

問題 4.6　(1)　斉次方程式 $Ly = y'' - \dfrac{2x}{x^2+1}y' + \dfrac{2}{x^2+1}y = 0$ は，[問題 4.3] (1) と同じである．$y = x^m$ を斉次方程式に代入して m を決めることにより，あるいは $Ly = 0$ の係数に注意することにより，$y = x$ が $Ly = 0$ の解であることがわかる．$y = xu$（u は x の関数）を問題の微分方程式に代入する．

$$(2u' + xu'') - \frac{2x}{x^2+1}(u + xu') + \frac{2}{x^2+1}xu = 2$$

$$\therefore\ f' + \frac{2}{x(x^2+1)}f = \frac{2}{x} \quad (f = u') \quad \cdots (*)$$

これは 1 階非斉次方程式である．[問題 4.3] (1) のようにして斉次方程式の一般解を求めると，

$$f = C\left(1 + \frac{1}{x^2}\right) \quad (C\ は任意定数)$$

定数変化法により，$f = v\left(1 + \dfrac{1}{x^2}\right)$（$v$ は x の関数）を $(*)$ に代入する．

$$\left(1 + \frac{1}{x^2}\right)v' - \frac{2}{x^3}v + \frac{2}{x(x^2+1)}\left(1 + \frac{1}{x^2}\right)v = \frac{2}{x} \qquad \therefore\ v' = \frac{2x}{x^2+1}$$

これを積分する．分数式 $2x/(x^2+1)$ の分母を x で微分すると分子に等しいことに注意すると，

$$v = \int \frac{2x}{x^2+1}\,dx + C_1 = \log(x^2+1) + C_1 \quad (C_1\ は任意定数)$$

これを $f = u' = v\left(1 + \dfrac{1}{x^2}\right)$ に代入すると，$u' = C_1\left(1 + \dfrac{1}{x^2}\right) + \left(1 + \dfrac{1}{x^2}\right)\log(x^2+1)$

これを積分する．

$$u = C_1\int\left(1 + \frac{1}{x^2}\right)dx + \int\left(1 + \frac{1}{x^2}\right)\log(x^2+1)\,dx + C_2 \quad (C_2\ は任意定数)$$

すでに C_2 があるので，右辺の二つの積分では，積分定数をつける必要はない．ここで，

$$\int\left(1 + \frac{1}{x^2}\right)dx = x - \frac{1}{x}$$

また，部分積分すると，次式が得られる．

$$\begin{aligned}\int\left(1+\frac{1}{x^2}\right)\log(x^2+1)dx &= \left(x-\frac{1}{x}\right)\log(x^2+1)-2\int\left(1-\frac{2}{x^2+1}\right)dx \\ &= \left(x-\frac{1}{x}\right)\log(x^2+1)-2x+4\arctan x\end{aligned}$$

これより，$u=C_1\left(x-\frac{1}{x}\right)+\left(x-\frac{1}{x}\right)\log(x^2+1)-2x+4\arctan x+C_2$

$y=xu$ より求める一般解は，

$$y=C_1(x^2-1)+C_2x+(x^2-1)\log(x^2+1)-2x^2+4x\arctan x$$

(2)　$y=x^m$ を斉次方程式 $Ly=y''-\dfrac{x^2-2}{x(x+1)}y'-\dfrac{x+2}{x(x+1)}y=0$ に代入し，両辺に $x(x+1)$ を掛けて x^{m-2} で割り整理すると，$(m+1)\left\{x^2-(m-2)x-m\right\}=0$

$m=-1$ ならばこの恒等式が成り立つから，$y=x^{-1}$ が $Ly=0$ の特殊解であることがわかる．

$y=x^{-1}u$ (u は x の関数) を非斉次方程式に代入する．

$$\left(2x^{-3}u-2x^{-2}u'+x^{-1}u''\right)-\frac{x^2-2}{x(x+1)}\left(-x^{-2}u+x^{-1}u'\right)-\frac{x+2}{x(x+1)}x^{-1}u=x+1$$

$$\therefore\ f'-\left(1+\frac{1}{x+1}\right)f=x(x+1)\quad(f=u')\quad\cdots(**)$$

斉次方程式 $f'-\left(1+\dfrac{1}{x+1}\right)f=0$ の一般解は，

$$\begin{aligned}f &= C\exp\left\{\int\left(1+\frac{1}{x+1}\right)dx\right\}=C\exp\left(x+\log|x+1|\right)=Ce^x\exp\left(\log|x+1|\right) \\ &= Ce^x|x+1|=\pm C(x+1)e^x\quad(C\text{ は任意定数})\end{aligned}$$

定数変化法により，$f=(x+1)e^xv$ (v は x の関数) を $(**)$ に代入する．

$$\left\{(x+1)e^xv'+(x+2)e^xv\right\}-\frac{x+2}{x+1}(x+1)e^xv=x(x+1)\quad\therefore\ v'=xe^{-x}$$

部分積分を用いると，

$$v=-\int x\left(e^{-x}\right)'dx+C_1=-xe^{-x}+\int e^{-x}dx+C_1=-(x+1)e^{-x}+C_1$$

(C_1 は任意定数)

これを $f=u'=(x+1)e^xv$ に代入すると，$u'=C_1(x+1)e^x-(x+1)^2$．

これを積分すると，$u=C_1xe^x+C_2-\dfrac{1}{3}(x+1)^3$ (C_2 は任意定数)．

これを $y=x^{-1}u$ に代入すると，求める一般解は $y=C_1e^x+\dfrac{C_2}{x}-\dfrac{(x+1)^3}{3x}$

あるいは，$C_2 - \frac{1}{3}$ を改めて C_2 とおくと，$y = C_1 e^x + \dfrac{C_2}{x} - \dfrac{1}{3}(x^2+3x+3)$

問題 4.7　(1)　$y = x^m$ を斉次方程式に代入すると，

$$m(m-1)x^{m-2} + 4mx^{m-2} + 2x^{m-2} = 0$$

x^{m-2} で割ると，$m(m-1)+4m+2 = (m+1)(m+2) = 0 \quad \therefore\ m = -1, -2$

よって，斉次方程式の基本解は x^{-1}, x^{-2} である．

(2)　(1) で得られた基本解 $y_1 = x^{-1}, y_2 = x^{-2}$ のロンスキアンは，

$$W(y_1, y_2) = \begin{vmatrix} x^{-1} & x^{-2} \\ -x^{-2} & -2x^{-3} \end{vmatrix} = -x^{-4}$$

非斉次項 $R = x^{-1}e^x$ であるから，

$$\int \frac{y_2 R}{W(y_1,y_2)}dx = \int \frac{x^{-2}(x^{-1}e^x)}{-x^{-4}}dx = -\int xe^x dx$$

$$\int \frac{y_1 R}{W(y_1,y_2)}dx = \int \frac{x^{-1}(x^{-1}e^x)}{-x^{-4}}dx = -\int x^2 e^x dx$$

［例 1.1］(3a), (3b) のように部分積分すると，

$$\int xe^x dx = (x-1)e^x, \qquad \int x^2 e^x dx = (x^2-2x+2)e^x$$

公式 (4.35) より，非斉次方程式の一般解は，C_1, C_2 を任意定数として，

$$y = \frac{C_1}{x} + \frac{C_2}{x^2} + \frac{x-1}{x}e^x - \frac{x^2-2x+2}{x^2}e^x \qquad \therefore\ y = \frac{C_1}{x} + \frac{C_2}{x^2} + \frac{x-2}{x^2}e^x$$

問題 4.8　斉次方程式 $Ly = y'' + 2y' + 2y = 0$ の特性方程式 $\lambda^2 + 2\lambda + 2 = 0$ の解は，$\lambda = -1 \pm i$（互いに共役な複素解）．斉次方程式 $Ly = 0$ の基本解は，$e^{-x}\cos x$, $e^{-x}\sin x$．表 4.6 に従って，非斉次方程式 $Ly = R(x)$ の特殊解の形を定める．下記の C_1, C_2 は任意定数である．

(1)　非斉次方程式 $Ly = 1$ の特殊解を $\boxed{y = A\ (\text{定数})}$ とおく．

$y = A$ を微分方程式に代入すると，$2A = 1 \quad \therefore\ A = \frac{1}{2}$．$Ly = 1$ の特殊解：$y = \frac{1}{2}$．

$Ly = 1$ の一般解：$y = e^{-x}(C_1 \cos x + C_2 \sin x) + \dfrac{1}{2}$

(2)　$Ly = x$ の特殊解を $\boxed{y = Ax + B}$ とおく．これを微分方程式に代入すると，

$$2A + 2(Ax+B) = x \qquad \therefore\ 2Ax + 2(A+B) = x$$

係数を比較すると，$2A = 1,\quad A + B = 0 \quad \therefore\ A = \frac{1}{2}, B = -\frac{1}{2}$

$Ly = x$ の特殊解：$y = \frac{1}{2}(x-1)$

$Ly = x$ の一般解：$y = e^{-x}(C_1 \cos x + C_2 \sin x) + \dfrac{1}{2}(x-1)$

(3)　$Ly=x^2$ の特殊解を $\boxed{y=Ax^2+Bx+C}$ とおく．これを微分方程式に代入すると，

$$2A+2(2Ax+B)+2(Ax^2+Bx+C)=x^2$$

$$\therefore\ 2Ax^2+2(2A+B)x+2(A+B+C)=x^2$$

係数を比較すると，$2A=1,\quad 2A+B=0,\quad A+B+C=0$

$$\therefore\ A=\frac{1}{2},\quad B=-1,\quad C=\frac{1}{2}$$

$Ly=x^2$ の特殊解：$y=\dfrac{1}{2}x^2-x+\dfrac{1}{2}=\dfrac{1}{2}(x-1)^2$

$Ly=x^2$ の一般解：$y=e^{-x}\left(C_1\cos x+C_2\sin x\right)+\dfrac{1}{2}(x-1)^2$

問題 4.9　下記の C_1, C_2 は任意定数である．

(1)　斉次方程式 $Ly=y''-2y'+5y=0$ の特性方程式 $\lambda^2-2\lambda+5=0$ より，$\lambda=1\pm 2i$．$Ly=0$ の一般解は，$y=e^x\left(C_1\cos 2x+C_2\sin 2x\right)$．非斉次項 e^{2x} は $Ly=0$ の解でないから，$Ly=e^{2x}$ の特殊解として $\boxed{y=Ae^{2x}}$ とおく（表 4.7 を参照）．これを $Ly=e^{2x}$ に代入すると，$4Ae^{2x}-2\cdot 2Ae^{2x}+5Ae^{2x}=e^{2x}$

両辺を e^{2x} で割って整理すると，$5A=1\quad\therefore\ A=\dfrac{1}{5}$．$Ly=e^{2x}$ の特殊解：$y=\dfrac{1}{5}e^{2x}$．

$Ly=e^{2x}$ の一般解：$y=e^x\left(C_1\cos 2x+C_2\sin 2x\right)+\dfrac{1}{5}e^{2x}$

(2)　斉次方程式 $Ly=y''+y'-6y=0$ の特性方程式 $\lambda^2+\lambda-6=(\lambda-2)(\lambda+3)=0$ より，$\lambda=2,-3$．$Ly=0$ の一般解は，$y=C_1e^{2x}+C_2e^{-3x}$．非斉次項 e^{2x} は $Ly=0$ の解であり，xe^{2x} は解でない．したがって，$Ly=e^{2x}$ の特殊解として $\boxed{y=Axe^{2x}}$ とおく（表 4.7 を参照）．これと $y'=A(1+2x)e^{2x}$, $y''=4A(1+x)e^{2x}$ を $Ly=e^{2x}$ に代入すると，$4A(1+x)e^{2x}+A(1+2x)e^{2x}-6Axe^{2x}=e^{2x}$

両辺を e^{2x} で割って整理すると，$5A=1\quad\therefore\ A=\dfrac{1}{5}$．$Ly=e^{2x}$ の特殊解：$y=\dfrac{1}{5}xe^{2x}$．

$Ly=e^{2x}$ の一般解：$y=C_1e^{2x}+C_2e^{-3x}+\dfrac{1}{5}xe^{2x}$

(3)　斉次方程式 $Ly=y''-4y'+4y=0$ の特性方程式 $\lambda^2-4\lambda+4=(\lambda-2)^2=0$ より，$\lambda=2$（2 重解）．$Ly=0$ の一般解は，$y=(C_1+C_2x)\,e^{2x}$．非斉次項 e^{2x} は $Ly=0$ の解であり，xe^{2x} も解である．したがって，$Ly=e^{2x}$ の特殊解として $\boxed{y=Ax^2e^{2x}}$ とおく（表 4.7 を参照）．これと $y'=2A(x^2+x)e^{2x}$, $y''=2A(2x^2+4x+1)e^{2x}$ を $Ly=e^{2x}$ に代入すると，

$$2A(2x^2+4x+1)e^{2x}-8A(x^2+x)e^{2x}+4Ax^2e^{2x}=e^{2x}$$

両辺を e^{2x} で割って整理すると，$2A=1\quad\therefore\ A=\dfrac{1}{2}$．$Ly=e^{2x}$ の特殊解：$y=\dfrac{1}{2}x^2e^{2x}$．

$Ly=e^{2x}$ の一般解：$y=(C_1+C_2x)\,e^{2x}+\dfrac{1}{2}x^2e^{2x}$

問題 4.10　下記の C_1, C_2 は任意定数である．

斉次方程式 $Ly=y''+4y=0$ の特性方程式 $\lambda^2+4=0$ より，$\lambda=\pm 2i$.

$Ly = 0$ の一般解は，$y = C_1 \cos 2x + C_2 \sin 2x$.

(1)　非斉次項 $\cos x$ は $Ly = 0$ の解でないから，$Ly = \cos x$ の特殊解として $\boxed{y = A\cos x + B\sin x}$ とおく（表 4.8 を参照）．これを微分方程式に代入すると，

$$-(A\cos x + B\sin x) + 4(A\cos x + B\sin x) = \cos x$$

$$3A\cos x + 3B\sin x = \cos x \quad \therefore\ A = \frac{1}{3}, \quad B = 0$$

微分方程式に y' の項がないことからも，$B = 0$ がわかるだろう．

$Ly = \cos x$ の特殊解：$y = \dfrac{1}{3}\cos x$

$Ly = \cos x$ の一般解：$y = C_1 \cos 2x + C_2 \sin 2x + \dfrac{1}{3}\cos x$

(2)　非斉次項 $\cos 2x$ は $Ly = 0$ の解であるから，$Ly = \cos 2x$ の特殊解として $\boxed{y = x(A\cos 2x + B\sin 2x)}$ とおく（表 4.8 を参照）．これと $y'' = 4(-A\sin 2x + B\cos 2x) - 4x(A\cos 2x + B\sin 2x)$ を $Ly = \cos 2x$ に代入すると，

$$-4A\sin 2x + 4B\cos 2x = \cos 2x \quad \therefore\ A = 0, \quad B = \frac{1}{4}$$

$Ly = \cos 2x$ の特殊解：$y = \dfrac{1}{4}x\sin 2x$

$Ly = \cos 2x$ の一般解：$y = C_1 \cos 2x + C_2 \sin 2x + \dfrac{1}{4}x\sin 2x$

問題 4.11　下記の C_1, C_2 は任意定数を表す．

(1)　斉次方程式 $Ly = y'' + y' - 2y = 0$ の特性方程式 $\lambda^2 + \lambda - 2 = 0$ の解は $\lambda = 1, -2$. $Ly = 0$ の一般解は，$y = C_1 e^x + C_2 e^{-2x}$.

(i) $Ly = e^x$ の特殊解

非斉次項 e^x は $Ly = 0$ の解であり，xe^x は解でない．したがって，$Ly = e^x$ の特殊解として $\boxed{y = Axe^x}$ とおく（表 4.7 を参照）．これと $y' = A(1+x)e^x$, $y'' = A(2+x)e^x$ を微分方程式に代入して e^x で割ると，$A(2+x) + A(1+x) - 2Ax = 1 \quad \therefore\ 3A = 1 \quad \therefore\ A = \dfrac{1}{3}$

$Ly = e^x$ の特殊解：$y = \dfrac{1}{3}xe^x$

(ii) $Ly = \cos x$ の特殊解

非斉次項 $\cos x$ は $Ly = 0$ の解でないから，$Ly = \cos x$ の特殊解として $\boxed{y = A\cos x + B\sin x}$ とおく（表 4.8 を参照）．これと $y' = -A\sin x + B\cos x$, $y'' = -A\cos x - B\sin x$ を微分方程式に代入すると，

$$-(A\cos x + B\sin x) + (-A\sin x + B\cos x) - 2(A\cos x + B\sin x) = \cos x$$

$$\therefore\ (-3A + B)\cos x - (A + 3B)\sin x = \cos x$$

係数を比較すると，$-3A + B = 1$, $A + 3B = 0 \quad \therefore\ A = -\dfrac{3}{10}, \quad B = \dfrac{1}{10}$

$Ly = \cos x$ の特殊解：$y = \dfrac{1}{10}(-3\cos x + \sin x)$

(i)，(ii) より，$Ly = e^x + \cos x$ の特殊解：$y = \dfrac{1}{3}xe^x + \dfrac{1}{10}(-3\cos x + \sin x)$

$Ly = e^x + \cos x$ の一般解：$y = C_1 e^x + C_2 e^{-2x} + \dfrac{1}{3} x e^x + \dfrac{1}{10}(-3\cos x + \sin x)$

(2) 斉次方程式 $Ly = y'' + y = 0$ の特性方程式 $\lambda^2 + 1 = 0$ の解は，$\lambda = \pm i$．$Ly = 0$ の一般解は，$y = C_1 \cos x + C_2 \sin x$．

(i) $Ly = x^2$ の特殊解

特殊解として $\boxed{y = Ax^2 + Bx + C}$ とおく（表 4.6 を参照）．これを微分方程式に代入すると，$Ax^2 + Bx + (2A + C) = x^2$．係数を比較すると，$A = 1,\ B = 0,\ 2A + C = 0$．

$\therefore\ A = 1,\ B = 0,\ C = -2$．$Ly = x^2$ の特殊解：$y = x^2 - 2$

(ii) $Ly = \sin x$ の特殊解

非斉次項 $\sin x$ は $Ly = 0$ の解であるから，$Ly = \sin x$ の特殊解として $\boxed{y = x\,(A\cos x + B\sin x)}$ とおく（表 4.8 を参照）．これと $y'' = 2(-A\sin x + B\cos x) - x(A\cos x + B\sin x)$ を微分方程式に代入すると，

$$-2A\sin x + 2B\cos x = \sin x$$

係数を比較すると，$-2A = 1,\ 2B = 0$

$$\therefore\ A = -\frac{1}{2},\quad B = 0.\ Ly = \sin x \text{ の特殊解：} y = -\frac{1}{2} x\cos x$$

(i)，(ii) より，$Ly = x^2 + \sin x$ の特殊解：$y = x^2 - 2 - \dfrac{1}{2} x\cos x$

$Ly = x^2 + \sin x$ の一般解：$y = C_1\cos x + C_2 \sin x + x^2 - 2 - \dfrac{1}{2} x\cos x$

問題 4.12 下記の $C_1,\ C_2$ は任意定数である．

(1) $y = u(x)\exp\left\{-\dfrac{1}{2}\displaystyle\int^x P(t)dt\right\} = u(x)\exp\left(2\displaystyle\int^x t\,dt\right) = u(x)\exp(x^2)$

$\boxed{y = u\exp(x^2)}$ を微分方程式に代入して，両辺を $\exp(x^2)$ で割る．

$$\left\{u'' + 4xu' + 2(2x^2+1)u\right\} - 4x(u' + 2xu) + 4x^2 u = e^x \qquad \therefore\ Lu = u'' + 2u = e^x$$

斉次方程式 $Lu = 0$ の特性方程式 $\lambda^2 + 2 = 0$ の解は $\lambda = \pm\sqrt{2}\,i$．

$Lu = 0$ の一般解：$u = C_1 \cos\sqrt{2}x + C_2 \sin\sqrt{2}x$

非斉次項 e^x は $Lu = 0$ の解でないから，$Lu = e^x$ の特殊解として $\boxed{u = Ae^x}$ とおく（表 4.7 を参照）．これを $Lu = e^x$ に代入して両辺を e^x で割ると，$3A = 1\quad \therefore\ A = \dfrac{1}{3}$．

$Lu = e^x$ の特殊解：$u = \dfrac{1}{3} e^x$

$Lu = e^x$ の一般解：$u = C_1\cos\sqrt{2}x + C_2\sin\sqrt{2}x + \dfrac{1}{3}e^x$

$y = u\exp(x^2)$ より，求める一般解は $y = \exp(x^2)\left(C_1\cos\sqrt{2}x + C_2\sin\sqrt{2}x + \dfrac{1}{3}e^x\right)$

(2) $y = u(x)\exp\left\{-\dfrac{1}{2}\displaystyle\int^x P(t)dt\right\} = u(x)\exp\left(\displaystyle\int^x \frac{1}{t}dt\right) = u(x)\exp(\log|x|)$

$= |x|u(x) = \pm xu(x)$

$\pm u$ を改めて u とおき直すと，$\boxed{y = xu}$. これを微分方程式に代入すると，

$$(2u' + xu'') - \frac{2}{x}(u + xu') + \frac{x^2+2}{x^2}xu = x\sin x\cos x \qquad \therefore\ Lu = u'' + u = \sin x\cos x$$

斉次方程式 $Lu = 0$ の特性方程式 $\lambda^2 + 1 = 0$ の解は，$\lambda = \pm i$. $Lu = 0$ の一般解は，$u = C_1\cos x + C_2\sin x$.

非斉次項 $\sin x\cos x = (1/2)\sin 2x$ は $Lu = 0$ の解でないから，$Lu = (1/2)\sin 2x$ の特殊解として $\boxed{u = A\cos 2x + B\sin 2x}$ とおく（表 4.8 を参照）. これを微分方程式に代入すると，

$$-3A\cos 2x - 3B\sin 2x = \frac{1}{2}\sin 2x$$

係数を比較すると，$-3A = 0$, $-3B = \dfrac{1}{2}$ $\quad\therefore\ A = 0,\quad B = -\dfrac{1}{6}$

$Lu = \dfrac{1}{2}\sin 2x$ の特殊解：$u = -\dfrac{1}{6}\sin 2x$

$Lu = \dfrac{1}{2}\sin 2x$ の一般解：$u = C_1\cos x + C_2\sin x - \dfrac{1}{6}\sin 2x$

$y = xu$ より，求める一般解は，$y = x\left(C_1\cos x + C_2\sin x - \dfrac{1}{6}\sin 2x\right)$

演習問題（下記の C_1, C_2 は任意定数である.）

4.1　(1)　$R(x) \equiv 0$（斉次方程式）のとき

斉次方程式 $Ly = y'' + 4y' + 5y = 0$ の特性方程式 $\lambda^2 + 4\lambda + 5 = 0$ の解は $\lambda = -2 \pm i$. 一般解は $y = e^{-2x}(C_1\cos x + C_2\sin x)$

(2)　$R(x) = x$ のとき

$Ly = y'' + 4y' + 5y = x$ の特殊解として $\boxed{y = Ax + B}$ とおく（表 4.6 を参照）. これを微分方程式に代入すると，$5Ax + (4A + 5B) = x$. 係数を比較すると，$5A = 1$, $4A + 5B = 0$.
$\therefore\ A = \dfrac{1}{5},\quad B = -\dfrac{4}{25}$. $Ly = x$ の特殊解：$y = \dfrac{1}{5}x - \dfrac{4}{25} = \dfrac{1}{5}\left(x - \dfrac{4}{5}\right)$

$Ly = x$ の一般解：$y = e^{-2x}(C_1\cos x + C_2\sin x) + \dfrac{1}{5}\left(x - \dfrac{4}{5}\right)$

(3)　$R(x) = \cos x$ のとき

非斉次項の $\cos x$ は斉次方程式 $Ly = y'' + 4y' + 5y = 0$ の解でないから，$Ly = \cos x$ の特殊解として $\boxed{y = A\cos x + B\sin x}$ とおく（表 4.8 を参照）. これを微分方程式に代入して整理すると，$4(A + B)\cos x - 4(A - B)\sin x = \cos x$. 係数比較により，$4(A + B) = 1$, $4(A - B) = 0$.
$\therefore\ A = \dfrac{1}{8},\quad B = \dfrac{1}{8}$. $Ly = \cos x$ の特殊解：$y = \dfrac{1}{8}(\cos x + \sin x)$.

$Ly = \cos x$ の一般解：$y = e^{-2x}(C_1\cos x + C_2\sin x) + \dfrac{1}{8}(\cos x + \sin x)$

(4)　$R(x) = e^{-2x}\sin x$ のとき

非斉次項の $e^{-2x}\sin x$ は斉次方程式 $Ly = y'' + 4y' + 5y = 0$ の解であるから，$Ly = e^{-2x}\sin x$ の特殊解として，$\boxed{y = xe^{-2x}(A\cos x + B\sin x)}$ とおく（表 4.9 を参照）. これと

$$y' = \{(-2A + B)x + A\}e^{-2x}\cos x + \{-(A + 2B)x + B\}e^{-2x}\sin x$$

$$y'' = \{(3A - 4B)x - 2(2A - B)\} e^{-2x} \cos x + \{(4A + 3B)x - 2(A + 2B)\} e^{-2x} \sin x$$

を微分方程式に代入して整理すると，$2Be^{-2x} \cos x - 2Ae^{-2x} \sin x = e^{-2x} \sin x$．係数を比較すると，$2B = 0$, $-2A = 1$．$\therefore\ A = -\dfrac{1}{2}$,　$B = 0$.

$Ly = e^{-2x} \sin x$ の特殊解：$y = -\dfrac{1}{2} xe^{-2x} \cos x$

$Ly = e^{-2x} \sin x$ の一般解：$y = e^{-2x} (C_1 \cos x + C_2 \sin x) - \dfrac{1}{2} xe^{-2x} \cos x$

(5)　(2) より，$y = \dfrac{1}{5}\left(x - \dfrac{4}{5}\right)$ は $Ly = x$ の特殊解．(3) より，$y = \dfrac{1}{8}(\cos x + \sin x)$ は $Ly = \cos x$ の特殊解．解の重ね合わせの定理より，$y = \dfrac{1}{5}\left(x - \dfrac{4}{5}\right) + \dfrac{1}{8}(\cos x + \sin x)$ は $Ly = x + \cos x$ の特殊解.

$Ly = x + \cos x$ の一般解：$y = e^{-2x} (C_1 \cos x + C_2 \sin x) + \dfrac{1}{5}\left(x - \dfrac{4}{5}\right) + \dfrac{1}{8} (\cos x + \sin x)$

4.2　(1)　$R(x) \equiv 0$（斉次方程式）のとき

斉次方程式 $Ly = y'' + 3y' + 2y = 0$ の特性方程式 $\lambda^2 + 3\lambda + 2 = (\lambda + 1)(\lambda + 2) = 0$ の解は $\lambda = -1, -2$．一般解は $y = C_1 e^{-x} + C_2 e^{-2x}$

(2)　$R(x) = e^x$ のとき

非斉次項の e^x は斉次方程式 $Ly = 0$ の解でないから，$Ly = e^x$ の特殊解として $\boxed{y = Ae^x}$ とおく（表 4.7 を参照）．これを微分方程式に代入して e^x で割ると，$6A = 1$,　$\therefore\ A = \dfrac{1}{6}$.

$Ly = e^x$ の特殊解：$y = \dfrac{1}{6} e^x$．$Ly = e^x$ の一般解：$y = C_1 e^{-x} + C_2 e^{-2x} + \dfrac{1}{6} e^x$

(3)　$R(x) = e^{-x}$ のとき

非斉次項の e^{-x} は $Ly = 0$ の解であり，xe^{-x} は解でないから，$Ly = e^{-x}$ の特殊解として $\boxed{y = Axe^{-x}}$ とおく（表 4.7 を参照）．これと $y' = A(1 - x)e^{-x}$, $y'' = -A(2 - x)e^{-x}$ を $Ly = e^{-x}$ に代入して両辺を e^{-x} で割ると，$-A(2 - x) + 3A(1 - x) + 2Ax = 1$．$\therefore\ A = 1$.

$Ly = e^{-x}$ の特殊解：$y = xe^{-x}$

$Ly = e^{-x}$ の一般解：$y = C_1 e^{-x} + C_2 e^{-2x} + xe^{-x}$

(4)　$R(x) = xe^{-x}$ のとき

非斉次項の因子 e^{-x} は $Ly = 0$ の解であり，xe^{-x} は解でないから，$Ly = xe^{-x}$ の特殊解として，$\boxed{y = x(Ax + B)e^{-x}}$ とおく（表 4.9, 4.10 を参照）．これと $y' = \left\{-Ax^2 + (2A - B)x + B\right\} e^{-x}$, $y'' = \left\{Ax^2 - (4A - B)x + 2(A - B)\right\} e^{-x}$ を $Ly = xe^{-x}$ に代入して両辺を e^{-x} で割ると，

$$\left\{Ax^2 - (4A - B)x + 2(A - B)\right\} + 3\left\{-Ax^2 + (2A - B)x + B\right\} + 2x(Ax + B) = x$$

$\therefore\ 2Ax + (2A + B) = x$．係数を比較すると，$2A = 1$, $2A + B = 0$．$\therefore\ A = \dfrac{1}{2}$, $B = -1$.

$Ly = xe^{-x}$ の特殊解：$y = \dfrac{1}{2} x(x - 2)e^{-x}$

$Ly = xe^{-x}$ の一般解：$y = C_1 e^{-x} + C_2 e^{-2x} + \dfrac{1}{2} x(x - 2)e^{-x}$

(5) $R(x)=e^x+e^{-x}$ のとき

(2) より，$y=(1/6)e^x$ は $Ly=e^x$ の特殊解．(3) より，$y=xe^{-x}$ は $Ly=e^{-x}$ の特殊解．解の重ね合わせの定理より，$y=(1/6)e^x+xe^{-x}$ は $Ly=e^x+e^{-x}$ の特殊解．

$Ly=e^x+e^{-x}$ の一般解：$y=C_1e^{-x}+C_2e^{-2x}+\dfrac{1}{6}e^x+xe^{-x}$

4.3 ［例題 4.13］にならって，標準形に書き換える．

$$
\begin{aligned}
y &= u(x)\exp\left\{-\frac{1}{2}\int^x P(t)dt\right\}=u(x)\exp\left(2\int^x\frac{1}{t}dt\right)=u(x)\exp\left(2\log|x|\right)\\
&= u(x)\exp\left(\log x^2\right)=x^2u(x)
\end{aligned}
$$

$y=x^2u$（$u(x)$ を u と略記）と $y'=2xu+x^2u'$, $y''=2u+4xu'+x^2u''$ を $Ly=y''-(4/x)y'+\left(1+6/x^2\right)y=R(x)$ に代入すると，$\boxed{x^2(u''+u)=R(x)}$

(1) $R(x)\equiv 0$（斉次方程式）のとき

$u''+u=0$ の特性方程式 $\lambda^2+1=0$ の解は $\lambda=\pm i$.

$u''+u=0$ の一般解：$u=C_1\cos x+C_2\sin x$

$y=x^2u$ より，求める一般解は $y=x^2\left(C_1\cos x+C_2\sin x\right)$

(2) $R(x)=x^2\sin 2x$ のとき

$u''+u=\sin 2x$ の一般解を求める．非斉次項 $\sin 2x$ は斉次方程式 $u''+u=0$ の解でないから，$u''+u=\sin 2x$ の特殊解として，$\boxed{u=A\cos 2x+B\sin 2x}$ とおく（表 4.8 を参照）．これを微分方程式に代入すると，$-3A\cos 2x-3B\sin 2x=\sin 2x$．係数を比較すると，$-3A=0$, $-3B=1$.
$\therefore\ A=0,\quad B=-\dfrac{1}{3}$.

$u''+u=\sin 2x$ の特殊解：$u=-\dfrac{1}{3}\sin 2x$

$u''+u=\sin 2x$ の一般解：$u=C_1\cos x+C_2\sin x-\dfrac{1}{3}\sin 2x$

$y=x^2u$ より，求める一般解は $y=x^2\left(C_1\cos x+C_2\sin x\right)-\dfrac{1}{3}x^2\sin 2x$

(3) $R(x)=x^2\sin x$ のとき

$u''+u=\sin x$ の一般解を求める．非斉次項 $\sin x$ は斉次方程式 $u''+u=0$ の解であるから，$u''+u=\sin x$ の特殊解として $\boxed{u=x\left(A\cos x+B\sin x\right)}$ とおく（表 4.8 を参照）．これと $u''=2(-A\sin x+B\cos x)-x(A\cos x+B\sin x)$ を $u''+u=\sin x$ に代入して整理すると，$2B\cos x-2A\sin x=\sin x$．係数を比較すると，$2B=0$, $-2A=1$. $\therefore\ A=-\dfrac{1}{2},\quad B=0$.

$u''+u=\sin x$ の特殊解：$u=-\dfrac{1}{2}x\cos x$

$u''+u=\sin x$ の一般解：$u=C_1\cos x+C_2\sin x-\dfrac{1}{2}x\cos x$

$y=x^2u$ より，求める一般解は $y=x^2\left(C_1\cos x+C_2\sin x\right)-\dfrac{1}{2}x^3\cos x$

(4) $R(x)=x^3\sin x$ のとき

$u''+u=x\sin x$ の一般解を求める．非斉次項の因子 $\sin x$ は斉次方程式 $u''+u=0$ の解であるから，$u''+u=x\sin x$ の特殊解として $\boxed{u=x\,(Ax+B)\cos x+x\,(Cx+D)\sin x}$ とおく（表 4.9 を参照）．これと

$$u''=\Big\{-Ax^2-(B-4C)x+2(A+D)\Big\}\cos x-\Big\{Cx^2+(4A+D)x+2(B-C)\Big\}\sin x$$

を $u''+u=x\sin x$ に代入して整理すると，$2\{2Cx+(A+D)\}\cos x-2\{2Ax+(B-C)\}\sin x=x\sin x$．係数を比較すると，$C=0$, $A+D=0$, $-4A=1$, $B-C=0$. $\therefore$ $A=-\dfrac{1}{4}$, $B=0$, $C=0$, $D=\dfrac{1}{4}$.

$u''+u=x\sin x$ の特殊解：$u=\dfrac{1}{4}x(\sin x-x\cos x)$

$u''+u=x\sin x$ の一般解：$u=C_1\cos x+C_2\sin x+\dfrac{1}{4}x(\sin x-x\cos x)$

$y=x^2u$ より，求める一般解は $y=x^2\,(C_1\cos x+C_2\sin x)+\dfrac{1}{4}x^3(\sin x-x\cos x)$

4.4 これはオイラーの微分方程式（非斉次）である．斉次の場合の解法 A–3 が有効である．$x<0$ のときは，x を $-x$ とおき直して $x>0$ とする．

$\boxed{x=e^t}$ とおくと，$\boxed{x^2y''=x^2\dfrac{d^2y}{dx^2}=\dfrac{d^2y}{d\,t^2}-\dfrac{dy}{dt},\ xy'=x\dfrac{dy}{dx}=\dfrac{dy}{dt}}$ であるから，

$$x^2y''-xy'+y=R(x)\xrightarrow[x=e^t]{}\frac{d^2y}{d\,t^2}-2\frac{dy}{dt}+y=R(e^t)\qquad\cdots(*)$$

(1) $R(x)\equiv 0$ のとき

$(*)$ は $Ly=\dfrac{d^2y}{d\,t^2}-2\dfrac{dy}{dt}+y=0$（斉次）．特性方程式 $\lambda^2-2\lambda+1=(\lambda-1)^2=0$ の解は $\lambda=1$(2 重解)．斉次方程式 $Ly=0$ の一般解は $y=(C_1+C_2t)\,e^t$．$e^t=x$, $t=\log x$ より，$y=x\,(C_1+C_2\log x)$.

$x<0$ のときを含めて成り立つ一般解：$y=x\,(C_1+C_2\log|x|)$

(2) $R(x)=x^2$ のとき

$(*)$ は $Ly=\dfrac{d^2y}{d\,t^2}-2\dfrac{dy}{dt}+y=e^{2t}$．(1) からわかるように $Ly=0$ の一般解は $y=(C_1+C_2t)\,e^t$. 非斉次項 e^{2t} は $Ly=0$ の解でないから，$Ly=e^{2t}$ の特殊解として $\boxed{y=Ae^{2t}}$ とおく（表 4.7 を参照）．これを $Ly=e^{2t}$ に代入すると，$4Ae^{2t}-2\cdot 2Ae^{2t}+Ae^{2t}=e^{2t}$．両辺を e^{2t} で割って整理すると，$A=1$．$Ly=e^{2t}$ の特殊解：$y=e^{2t}$．$Ly=e^{2t}$ の一般解：$y=(C_1+C_2t)\,e^t+e^{2t}$. $e^t=x$, $t=\log x$ より，$y=x\,(C_1+C_2\log x)+x^2$.

$x<0$ のときを含めて成り立つ一般解：$y=x\,(C_1+C_2\log|x|)+x^2$

右辺の C_1, C_2 を係数とする項の和は斉次方程式の一般解，x^2 は非斉次方程式の特殊解である．

(3) $R(x)=\log x$ のとき

$(*)$ は $Ly=\dfrac{d^2y}{d\,t^2}-2\dfrac{dy}{dt}+y=t$．$Ly=0$ の一般解は $y=(C_1+C_2t)\,e^t$．$Ly=t$ の特殊解として $\boxed{y=At+B}$ とおく（表 4.6 を参照）．これを $Ly=t$ に代入すると，$At-2A+B=t$．係数を比較すると，$A=1$, $-2A+B=0$. $\therefore$ $A=1$, $B=2$. $Ly=t$ の特殊解：$y=t+2$. $Ly=t$ の一般解：$y=(C_1+C_2t)\,e^t+t+2$.

$e^t = x,\ t = \log x$ より，求める一般解は $y = x\,(C_1 + C_2 \log x) + \log x + 2$

(4)　$R(x) = x \log x$ のとき

$(*)$ は $Ly = \dfrac{d^2y}{dt^2} - 2\dfrac{dy}{dt} + y = t\,e^t$．$Ly = 0$ の一般解は $y = (C_1 + C_2 t)\,e^t$．$Ly = t\,e^t$ の非斉次項の因子 e^t は斉次方程式 $Ly = 0$ の解であり，$t\,e^t$ も解である．したがって，$Ly = t\,e^t$ の特殊解として $\boxed{y = t^2\,(At + B)\,e^t}$ とおく（表 4.10 を参照）．これと

$$\frac{dy}{dt} = \left\{At^3 + (3A+B)t^2 + 2Bt\right\}e^t,$$

$$\frac{d^2y}{dt^2} = \left\{At^3 + (6A+B)t^2 + 2(3A+2B)t + 2B\right\}e^t$$

を $Ly = t\,e^t$ に代入して両辺を e^t で割って整理すると，$6At + 2B = t$．係数を比較すると，$6A = 1$，$2B = 0$．$\therefore\ A = \dfrac{1}{6},\quad B = 0$．$Ly = t\,e^t$ の特殊解：$y = \dfrac{1}{6}t^3e^t$．

$Ly = t\,e^t$ の一般解：$y = (C_1 + C_2 t)\,e^t + \dfrac{1}{6}t^3e^t$．

$e^t = x,\ t = \log x$ より，求める一般解は $y = x\,(C_1 + C_2 \log x) + \dfrac{1}{6}x\,(\log x)^3$

4.5　斉次方程式 $Lx = \dfrac{d^2x}{dt^2} - \dfrac{2g}{l}x = 0$ の特性方程式 $\lambda^2 - \dfrac{2g}{l} = 0$ の解は $\lambda = \pm\sqrt{\dfrac{2g}{l}}$．以下，$\sqrt{\dfrac{2g}{l}} = \gamma$ と表す．

斉次方程式の一般解：$x = C_1 \exp(\gamma t) + C_2 \exp(-\gamma t)$

非斉次項は定数 $-g$ なので，非斉次方程式 $Lx = -g$ の特殊解の形を $\boxed{x = A}$（定数）とおく（表 4.6 を参照）．これを非斉次方程式に代入して A を求めると，$A = \dfrac{l}{2}$．

$Lx = -g$ の特殊解：$x = \dfrac{l}{2}$

$Lx = -g$ の一般解：$\boxed{x = \dfrac{l}{2} + C_1 \exp(\gamma t) + C_2 \exp(-\gamma t)}$

初期条件より，$\dfrac{l}{2} + C_1 + C_2 = a,\ \gamma\,(C_1 - C_2) = 0.\qquad \therefore\ C_1 = C_2 = \dfrac{1}{2}\left(a - \dfrac{l}{2}\right)$

ゆえに，$$x = \frac{l}{2} + \frac{1}{2}\left(a - \frac{l}{2}\right)\{\exp(\gamma t) + \exp(-\gamma t)\}\qquad \left(\gamma = \sqrt{\frac{2g}{l}}\right)$$

あるいは，$x = \dfrac{l}{2} + \left(a - \dfrac{l}{2}\right)\cosh(\gamma t)$

復習

双曲線関数

$$\cosh x = \frac{1}{2}\left(e^x + e^{-x}\right)$$

$$\sinh x = \frac{1}{2}\left(e^x - e^{-x}\right)$$

右側の鎖が滑り落ち始めると，右側の部分の長さ x は指数関数的に増加する．図 k4.1 は，$a/l = 3/5, 2/3, 3/4$ に対する x の時間依存性を表す．

4.6　斉次方程式 $Lr = \dfrac{d^2r}{dt^2} - \omega^2 r = 0$ の特性方程式 $\lambda^2 - \omega^2 = 0$ の解は $\lambda = \pm\omega$．$Lr = 0$ の一般解：$r = C_1 \exp(\omega t) + C_2 \exp(-\omega t)$．

非斉次項の $\sin\omega t$ は $Lr = 0$ の解でないから，非斉次方程式 $Lr = -g\sin\omega t$ の特殊解として，

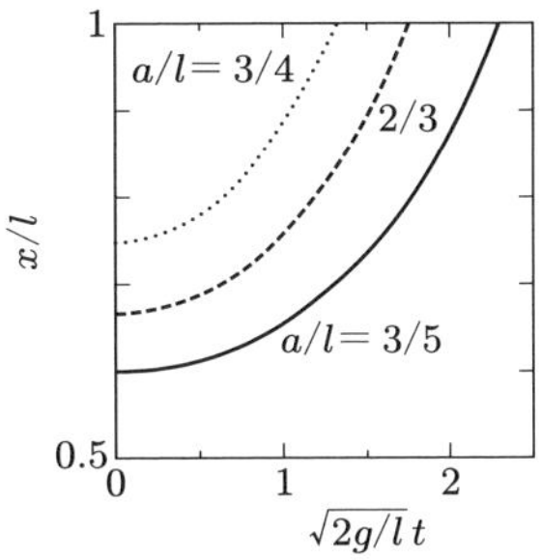

図 k4.1

$\boxed{r = A\cos\omega t + B\sin\omega t}$ とおく（表 4.8 を参照．微分方程式に dr/dt の項がないことに注目し，$r = A\sin\omega t$ とおいてもよい）．これを微分方程式に代入する．

$$-2A\omega^2\cos\omega t - 2B\omega^2\sin\omega t = -g\sin\omega t$$

係数を比較すると，$A = 0,\ -2B\omega^2 = -g.\ \therefore\ A = 0,\ B = \dfrac{g}{2\omega^2}.$

$Lr = -g\sin\omega t$ の特殊解：$r = \dfrac{g}{2\omega^2}\sin\omega t$

$Lr = -g\sin\omega t$ の一般解：$\boxed{r = C_1\exp(\omega t) + C_2\exp(-\omega t) + \dfrac{g}{2\omega^2}\sin\omega t}$

初期条件より，$C_1 + C_2 = a,\ \omega\,(C_1 - C_2) + \dfrac{g}{2\omega} = 0$

$$\therefore\ C_1 = \frac{1}{2}\left(a - \frac{g}{2\omega^2}\right),\quad C_2 = \frac{1}{2}\left(a + \frac{g}{2\omega^2}\right)$$

以上より，$r = \dfrac{1}{2}\left(a - \dfrac{g}{2\omega^2}\right)\exp(\omega t) + \dfrac{1}{2}\left(a + \dfrac{g}{2\omega^2}\right)\exp(-\omega t) + \dfrac{g}{2\omega^2}\sin\omega t \quad \cdots(*)$

あるいは，$r = a\cosh\omega t - \dfrac{g}{2\omega^2}(\sinh\omega t - \sin\omega t)$

(i) $a = g/(2\omega^2)$ すなわち $\omega = \sqrt{g/(2a)}$ のとき

$(*)$ の右辺にある $\exp(\omega t)$ の項がなくなり，$r = a\{\exp(-\omega t) + \sin\omega t\}$ となる．これは，時間が経つにつれて，円軌道 $r = a\sin\omega t$ に収束する．実際，$r = a\sin\omega t$ のとき，点 O を原点とする xy 座標系をとり，

$$x = r\cos\omega t = a\sin\omega t\cos\omega t = \frac{1}{2}a\sin 2\omega t$$

$$y = r\sin\omega t = a\sin^2\omega t = \frac{1}{2}a\,(1 - \cos 2\omega t)$$

から ωt を消去すると，$x^2 + \left(y - \dfrac{a}{2}\right)^2 = \left(\dfrac{a}{2}\right)^2$ が得られ，これは円の方程式である．

(ii) $a > g/(2\omega^2)$ すなわち $\omega > \sqrt{g/(2a)}$ のとき

時間が経つと，$(*)$ 右辺の第 1 項（$\exp(\omega t)$ の項）が支配的になる．この項は正であり，時間が経つと指数関数的に増大する．この場合は遠心力の効果が強く，ビーズは針金の $r > 0$ の方向（点 O

からみて，最初にビーズがあった方向）に滑り去る．

(iii) $a < g/(2\omega^2)$ すなわち $\omega < \sqrt{g/(2a)}$ のとき

$(*)$ 右辺の第 1 項は負であり，時間が経つとその絶対値が指数関数的に増大する．この場合は遠心力の効果が弱く，ビーズは重力により針金を滑り落ちて $r < 0$ の側に移り，$r < 0$ の方向に滑り去る．

図 k4.2 は，$g/(a\omega^2) = 1.5,\ 2.0,\ 2.5$，すなわち $\omega = \sqrt{(2g)/(3a)},\ \sqrt{g/(2a)},\ \sqrt{(2g)/(5a)}$ に対するビーズの軌道を示す．この三つの軌道はそれぞれ，上記の三つの場合(ii)，(i)，(iii) に対応する．2 個の同心円の中心に針金上の点 O があり，回転角 $\omega t = 0, \pi/2, \pi$ がそれぞれ大きいほうの円の外側に示されている．

4.7　$y'' + k^2 y = 0$ の特性方程式 $\lambda^2 + k^2 = 0$ の解は $\lambda = \pm k\,i$.

$y'' + k^2 y = 0$ の一般解：$y = C_1 \cos kx + C_2 \sin kx$.

境界条件より，$C_1 = 0,\quad C_1 \cos kl + C_2 \sin kl = 0.\ \therefore\ C_1 = 0,\quad C_2 \sin kl = 0.$

恒等的にゼロでない解を考えるから，$C_2 \neq 0,\quad \sin kl = 0.$

$\sin kl = 0$ より，$k = n\pi/l$（n は正整数）．C_2 を C と書き換えると，この k に対する解は，

$y = C \sin(n\pi x/l)$（C はゼロでない任意定数）．図 k4.3 は，$n = 1, 2, 3$ に対する $y = \sin(n\pi x/l)$ を示す．ここでは $C = 1$ とおいた．これらの解曲線は，$x = 0,\ l$ に固定端がある弦の定常波の波形と同じものである．$n = 1, 2, 3$ の解曲線は，いわゆる基本振動，2 倍振動，3 倍振動に対応する．

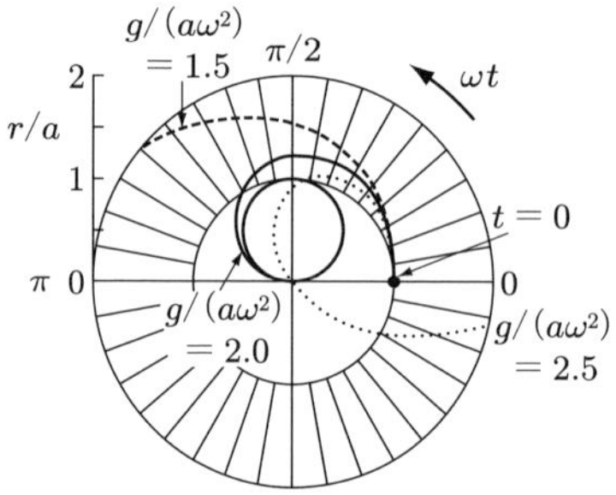

図 k4.2

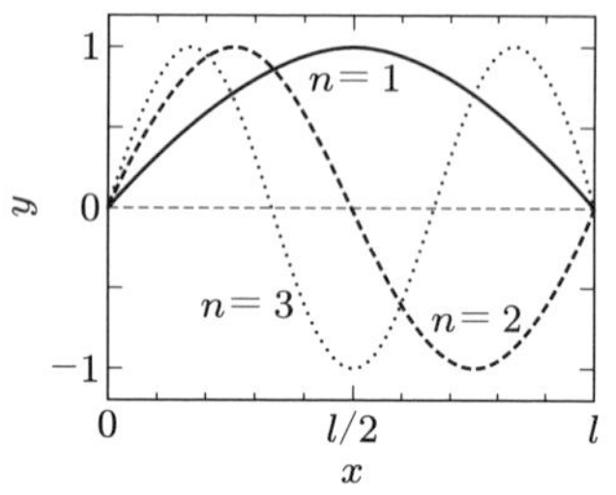

図 k4.3

第 5 章の解答

問題 5.1　(1)　整級数 $f(x)$ の収束半径を求める．$f(x)$ を書き換えると，

$$f(x) = x \sum_{n=0}^{\infty} \frac{(-1)^n}{2n+1} x^{2n} = x \sum_{n=0}^{\infty} \frac{(-1)^n}{2n+1} t^n \quad (t = x^2)$$

t^n の係数 $a_n = \dfrac{(-1)^n}{2n+1}$ に対して $\displaystyle\lim_{n\to\infty} \left| \frac{a_{n+1}}{a_n} \right| = \lim_{n\to\infty} \frac{2n+1}{2n+3} = 1$ であるから，$\displaystyle\sum_{n=0}^{\infty} a_n t^n$ の収束半径は 1 となる．$t = x^2$ より，整級数 $f(x)$ の収束半径も 1 である．

(2)　$-1 < x < 1$ において，$f'(x)$ は整級数 $f(x)$ を項別微分すると得られる．すなわち $f'(x) = \displaystyle\sum_{n=0}^{\infty} (-1)^n x^{2n} = \sum_{n=0}^{\infty} (-x^2)^n$．この等比級数は $-1 < x < 1$ のとき収束し，$f'(x) = \dfrac{1}{1+x^2}$

(3)　積分により $f(x)$ を求める．問題で与えられた整級数より，$f(0) = 0$．これに注意して $f'(t) = 1/(t^2+1)$ を $t = 0$ から $t = x\ (-1 < x < 1)$ まで積分すると，

$$f(x) = \int_0^x \frac{1}{t^2+1}\,dt = [\arctan t]_0^x = \arctan x$$

$$\therefore\ f(x) = \sum_{n=0}^{\infty} \frac{(-1)^n}{2n+1} x^{2n+1} = \arctan x \quad (-1 \le x \le 1)$$

▷ **注意 1**　arctan は主値をとるものとする．したがって $\arctan 0 = 0$ である．
▷ **注意 2**　整級数 $f(x)$ は $x = \pm 1$ でも収束するので，収束域は $-1 \le x \le 1$ とした．

問題 5.2　いずれも $y'' + P(x)y' + Q(x)y = 0$ の形である．

(1)　$P(x) = x,\ Q(x) = 1$ はそれぞれ多項式，定数であるから，収束半径 $\rho = \infty$ である．

$$y'' + xy' + y = 0$$

$$\downarrow\quad y = \sum_{n=0}^{\infty} a_n x^n, \quad y' = \sum_{n=1}^{\infty} n a_n x^{n-1},$$

$$y'' = \sum_{n=2}^{\infty} n(n-1) a_n x^{n-2} = \sum_{n=0}^{\infty} (n+1)(n+2) a_{n+2} x^n$$

$$\sum_{n=0}^{\infty} (n+1)(n+2) a_{n+2} x^n + \sum_{n=1}^{\infty} n a_n x^n + \sum_{n=0}^{\infty} a_n x^n = 0$$

左辺第 1 項，第 3 項の和は $n = 0$ から，第 2 項の和は $n = 1$ から始まることに注意する．x によらずこの関係式が恒等的に成り立つから，x^n の各項の係数をゼロとおくと，

$n = 0$ の係数に対し，$2a_2 + a_0 = 0 \quad \therefore\ a_2 = -(1/2)\,a_0$

$n \ge 1$ の係数に対し，$(n+1)(n+2)a_{n+2} + n a_n + a_n = 0 \quad \therefore\ a_{n+2} = -\dfrac{1}{n+2} a_n$

以上より，$\boxed{a_{n+2} = -\dfrac{1}{n+2} a_n \quad (n = 0, 1, 2, \cdots)}$　この漸化式を用いて，a_0 から順に係数を決めると，$a_2 = -\dfrac{1}{2}a_0$，$a_4 = -\dfrac{1}{4}a_2 = \dfrac{1}{2\cdot 4}a_0$，$\cdots$，$a_{2m} = \dfrac{(-1)^m}{2\cdot 4\cdot 6\cdot \cdots \cdot (2m)}a_0$，$\cdots$

$$\therefore\ a_{2m} = \frac{(-1)^m}{2\cdot 4\cdot 6\cdot \cdots \cdot (2m)} a_0 = \frac{(-1)^m}{2^m (m!)} a_0 \quad (m = 0, 1, 2, \cdots)$$

$0! = 1$ と定義されるので，この式は $m = 0$ のときも成り立つ．

つぎに，a_1 から順に係数を決めると，$a_3 = -\dfrac{1}{3}a_1$，$a_5 = -\dfrac{1}{5}a_3 = \dfrac{1}{3\cdot 5}a_1$，$\cdots$，$a_{2m+1} = \dfrac{(-1)^m}{3\cdot 5\cdot 7\cdot \cdots \cdot (2m+1)}a_1$，$\cdots \quad \therefore\ a_{2m+1} = \dfrac{(-1)^m}{3\cdot 5\cdot 7\cdot \cdots \cdot (2m+1)}a_1 \quad (m = 1, 2, 3, \cdots)$

ここで，$1\cdot 3\cdot 5\cdot \cdots \cdot (2m+1) = (2m+1)!!$ と表すと，$a_{2m+1} = \dfrac{(-1)^m}{(2m+1)!!}a_1 \quad (m = 0, 1, 2, \cdots)$

以上より，$y = \displaystyle\sum_{n=0}^{\infty} a_n x^n = a_0 \sum_{m=0}^{\infty} \frac{(-1)^m}{2^m (m!)} x^{2m} + a_1 \sum_{m=0}^{\infty} \frac{(-1)^m}{(2m+1)!!} x^{2m+1}$

ここで，右辺第 1 項の整級数は指数関数で表すことができて，

$$\sum_{m=0}^{\infty}\frac{(-1)^m}{2^m(m!)}x^{2m}=\sum_{m=0}^{\infty}\frac{1}{m!}\left(-\frac{x^2}{2}\right)^m=\exp\left(-\frac{x^2}{2}\right)$$

任意に決めることのできる係数 a_0, a_1 をそれぞれ C_1, C_2 と書くと，求める一般解は

$$y=C_1y_1+C_2y_2 \quad (C_1, C_2 \text{ は任意定数})$$

$$y_1=\exp\left(-\frac{x^2}{2}\right),\quad y_2=\sum_{n=0}^{\infty}\frac{(-1)^n}{(2n+1)!!}x^{2n+1}$$

ここで，$(2n+1)!!=1\cdot3\cdot5\cdot\cdots\cdot(2n+1)\quad(n=0,1,2,\cdots)$

(2)　$P(x), Q(x)$ を $x=0$ を中心とする整級数で表すと，

$$P(x)=\frac{4x}{1+x^2}=4x\sum_{n=0}^{\infty}(-1)^nx^{2n}\ (\rho=1),\quad Q(x)=\frac{2}{1+x^2}=2\sum_{n=0}^{\infty}(-1)^nx^{2n}\ (\rho=1)$$

微分方程式の解も，$x=0$ を中心とし，収束半径 $\rho=1$ の整級数で表される．

$$(x^2+1)y''+4xy'+2y=0$$

$$\downarrow\quad y=\sum_{n=0}^{\infty}a_nx^n\quad y'=\sum_{n=1}^{\infty}na_nx^{n-1},$$

$$y''=\sum_{n=2}^{\infty}n(n-1)a_nx^{n-2}=\sum_{n=0}^{\infty}(n+1)(n+2)a_{n+2}x^n$$

$$\sum_{n=2}^{\infty}n(n-1)a_nx^n+\sum_{n=0}^{\infty}(n+1)(n+2)a_{n+2}x^n+4\sum_{n=1}^{\infty}na_nx^n+2\sum_{n=0}^{\infty}a_nx^n=0$$

左辺第 1 項の和は $n=2$ から，第 2 項と第 4 項の和は $n=0$ から，第 3 項は $n=1$ から始まることに注意する．x によらずこの関係式が恒等的に成り立つから，x^n の各項の係数をゼロとおく．

$n=0$ の係数に対し，$2a_2+2a_0=0\quad\therefore\ a_2=-a_0$.

$n=1$ の係数に対し，$6a_3+4a_1+2a_1=0\quad\therefore\ a_3=-a_1$．$n\geq2$ の係数に対し，

$n(n-1)a_n+(n+1)(n+2)a_{n+2}+4na_n+2a_n=0\quad\therefore\ a_{n+2}=-a_n$.

以上より，$\boxed{a_{n+2}=-a_n\quad(n=0,1,2,\cdots)}$　この漸化式を用いて，a_0 から順に係数を決めると，

$$a_2=-a_0,\quad a_4=-a_2=(-1)^2a_0,\quad\cdots,\quad a_{2m}=(-1)^ma_0,\quad\cdots$$

$$\therefore\ a_{2m}=(-1)^ma_0\quad(m=0,1,2,\cdots)$$

また，a_1 から順に係数を決めると，

$$a_3=-a_1,\quad a_5=-a_3=(-1)^2a_1,\quad\cdots,\quad a_{2m+1}=(-1)^ma_1,\quad\cdots$$

$$\therefore\ a_{2m+1}=(-1)^ma_1\quad(m=0,1,2,\cdots)$$

これらを$y=\sum_{n=0}^{\infty}a_nx^n=\sum_{m=0}^{\infty}a_{2m}x^{2m}+\sum_{m=0}^{\infty}a_{2m+1}x^{2m+1}$ に代入し，等比級数に注意すると，

つぎのように y は有理関数で表される．

$$y = a_0 \sum_{m=0}^{\infty} (-1)^m x^{2m} + a_1 x \sum_{m=0}^{\infty} (-1)^m x^{2m} = (a_0 + a_1 x) \sum_{m=0}^{\infty} (-x^2)^m = \frac{a_0 + a_1 x}{1 + x^2}$$

係数 a_0, a_1 をそれぞれ通常の任意定数 C_1, C_2 で置き換えると，求める一般解は $y = \dfrac{C_1 + C_2 x}{x^2 + 1}$ と表される．上記の級数解は $|x| < 1$ における解であるが，最終的に得られた有理関数の解は $-\infty < x < \infty$ における解であることに注意しよう．

問題 5.3 (1) 微分方程式の係数は，つぎのような整級数で表される．

$$P(x) = -\frac{2x}{1-x^2} = -2x \sum_{n=0}^{\infty} x^{2n} \ (|x| < 1), \quad Q(x) = \frac{\nu(\nu+1)}{1-x^2} = \nu(\nu+1) \sum_{n=0}^{\infty} x^{2n} \ (|x| < 1)$$

したがって，微分方程式の任意の解も，$|x| < 1$ において $y = \sum\limits_{n=0}^{\infty} a_n x^n$ の形で表される．

$$(1-x^2)y'' - 2xy' + 2y = 0$$

$$\downarrow \quad y = \sum_{n=0}^{\infty} a_n x^n, \quad y' = \sum_{n=1}^{\infty} n a_n x^{n-1}$$

$$y'' = \sum_{n=2}^{\infty} n(n-1) a_n x^{n-2} = \sum_{n=0}^{\infty} (n+1)(n+2) a_{n+2} x^n$$

$$\sum_{n=0}^{\infty} (n+1)(n+2) a_{n+2} x^n - \sum_{n=2}^{\infty} n(n-1) a_n x^n - 2 \sum_{n=1}^{\infty} n a_n x^n + 2 \sum_{n=0}^{\infty} a_n x^n = 0$$

左辺第 1 項と第 4 項の和は $n = 0$ から，第 2 項の和は $n = 2$ から，第 3 項の和は $n = 1$ から始まることに注意する．x^n の各項の係数をゼロとおくと，

$n = 0$ の係数に対し，　$2a_2 + 2a_0 = 0 \quad \therefore \ a_2 = -a_0$

$n = 1$ の係数に対し，　$6a_3 - 2a_1 + 2a_1 = 0 \quad \therefore \ a_3 = 0$

（a_1 の値によらず $a_3 = 0$ になることに注意）

$n \geq 2$ の係数に対し，

$$(n+1)(n+2)a_{n+2} - n(n-1)a_n - 2na_n + 2a_n = 0 \quad \therefore \ a_{n+2} = \frac{n-1}{n+1} a_n \quad (n \geq 2)$$

漸化式を用いて，$a_2 \ (= -a_0)$ から順に a_n を決めると，

$$a_4 = \frac{1}{3} a_2 = -\frac{1}{3} a_0, \quad a_6 = \frac{3}{5} a_4 = -\frac{1}{5} a_0, \quad a_8 = \frac{5}{7} a_6 = -\frac{1}{7} a_0, \quad \cdots,$$

$$a_{2m} = -\frac{1}{2m-1} a_0, \quad \cdots \quad \therefore \ a_{2m} = -\frac{1}{2m-1} a_0 \quad (m = 0, 1, 2, \cdots)$$

つぎに，$a_3 \ (= 0)$ から順に係数を決めると，

$$a_5 = a_7 = a_9 = \cdots = a_{2m+1} = \cdots = 0 \quad \therefore \ a_{2m+1} = 0 \quad (m = 1, 2, 3, \cdots)$$

以上より，$y = a_1 x - a_0 \sum_{n=0}^{\infty} \dfrac{x^{2n}}{2n-1}$

ここで，右辺の整級数が，［例題 5.1］の整級数に似ていることに注意する．右辺の整級数を書き換えて，［例題 5.1］(3) の初等関数で表すと，

$$\sum_{n=0}^{\infty} \frac{x^{2n}}{2n-1} = -1 + \sum_{n=1}^{\infty} \frac{x^{2n}}{2n-1} = -1 + x\sum_{n=0}^{\infty} \frac{x^{2n+1}}{2n+1} = -1 + \frac{x}{2}\log\frac{1+x}{1-x}$$

任意の係数 a_1, a_0 をそれぞれ C_1, C_2 とおくと，求める一般解はつぎのようになる．

$$y = C_1 x + C_2\left(1 - \frac{x}{2}\log\frac{1+x}{1-x}\right) \quad (C_1,\ C_2 \text{ は任意定数})$$

(2)　(1) の一般解の第 2 項は，$x \to 1$ あるいは $x \to -1$ のとき発散する．「$x = 1, -1$ で解が有限」という条件を課すと，$C_2 = 0$ でなければならない．したがって，解は $y = C_1 x$ となる．

問題 5.4　いずれも $y'' + P(x)y' + Q(x)y = 0$ のタイプである．

(1)　$P(x) = 1/2x$, $Q(x) = -1/4x$ より，$p_0 = 1/2$, $q_0 = 0$, $\rho = \infty$．決定方程式 $\lambda(\lambda-1) + p_0\lambda + q_0 = \lambda(\lambda-1) + (1/2)\lambda = \lambda\{\lambda - (1/2)\} = 0$ より，解は $\lambda_1 = 1/2$, $\lambda_2 = 0$．$\lambda_1 - \lambda_2 = 1/2$ であるから，**表 5.2 の①**に該当する．まず，$x > 0$ の場合を考える．

i) $\lambda_1 = \dfrac{1}{2}$ に対する級数解 $y_1 = x^{1/2}\sum_{n=0}^{\infty} a_n x^n$ を求める．

$$4xy'' + 2y' - y = 0$$

$$y = \sum_{n=0}^{\infty} a_n x^{n+1/2},\quad y' = \sum_{n=0}^{\infty}\left(n+\frac{1}{2}\right)a_n x^{n-1/2} = \sum_{n=-1}^{\infty}\left(n+\frac{3}{2}\right)a_{n+1}x^{n+1/2}$$

$$y'' = \sum_{n=-1}^{\infty}\left(n+\frac{1}{2}\right)\left(n+\frac{3}{2}\right)a_{n+1}x^{n-1/2}$$

$$\downarrow$$

$$\sum_{n=-1}^{\infty}(2n+1)(2n+3)a_{n+1}x^{n+1/2} + \sum_{n=-1}^{\infty}(2n+3)a_{n+1}x^{n+1/2} - \sum_{n=0}^{\infty}a_n x^{n+1/2} = 0$$

左辺第 1 項と第 2 項の $n = -1$ に対する項は相殺するので，$n = 0$ からの和を考えればよい．したがって，

$$\sum_{n=0}^{\infty}\{(2n+2)(2n+3)a_{n+1} - a_n\}x^{n+1/2} = 0 \quad \therefore\ a_{n+1} = \frac{a_n}{(2n+2)(2n+3)} \quad (n \geq 0)$$

この漸化式を用いて，a_0 から順に a_n を決めると，

$$a_1 = \frac{1}{2\cdot 3}a_0 = \frac{1}{3!}a_0,\quad a_2 = \frac{1}{4\cdot 5}a_1 = \frac{1}{5!}a_0,\quad a_3 = \frac{1}{6\cdot 7}a_2 = \frac{1}{7!}a_0,\quad \cdots,$$

$$a_n = \frac{1}{(2n+1)!}a_0,\quad \cdots \quad \therefore\ a_n = \frac{1}{(2n+1)!}a_0 \quad (n \geq 0)$$

基本解の一つを求めるためには，$a_0 = 1$ とおいてもよく，

$$y_1 = x^{1/2}\sum_{n=0}^{\infty} a_n x^n = x^{1/2}\sum_{n=0}^{\infty}\frac{x^n}{(2n+1)!}$$

ii) $\lambda_2 = 0$ に対する級数解 $y_2 = \sum_{n=0}^{\infty} b_n x^n$ を求める.

$$4xy'' + 2y' - y = 0$$

$$y = \sum_{n=0}^{\infty} b_n x^n, \quad y' = \sum_{n=1}^{\infty} n b_n x^{n-1} = \sum_{n=0}^{\infty}(n+1)b_{n+1}x^n$$

$$y'' = \sum_{n=1}^{\infty} n(n+1)b_{n+1}x^{n-1}$$

$$\downarrow$$

$$4\sum_{n=1}^{\infty} n(n+1)b_{n+1}x^n + 2\sum_{n=0}^{\infty}(n+1)b_{n+1}x^n - \sum_{n=0}^{\infty} b_n x^n = 0$$

左辺第 1 項の和は $n=1$ から，第 2 項と第 3 項の和は $n=0$ から始まることに注意する．x^n の各項の係数をゼロとおくと，

$n=0$ の係数に対し，　$2b_1 - b_0 = 0 \quad \therefore\ b_1 = \dfrac{1}{2}b_0$

$n \geq 1$ の係数に対し，

$$4n(n+1)b_{n+1} + 2(n+1)b_{n+1} - b_n = 0 \quad \therefore\ b_{n+1} = \frac{b_n}{(2n+1)(2n+2)} \quad (n \geq 1)$$

この漸化式を用いて，$b_1\ (= b_0/2)$ から順に b_n を決めると

$$b_2 = \frac{1}{3\cdot 4}b_1 = \frac{1}{4!}b_0, \quad b_3 = \frac{1}{5\cdot 6}b_2 = \frac{1}{6!}b_0, \quad \cdots, \quad b_n = \frac{1}{(2n)!}b_0, \quad \cdots$$

$$\therefore\ b_n = \frac{1}{(2n)!}b_0 \quad (n \geq 0)$$

$0! = 1$ と定義されるので，この式は $n=0$ のときも成り立つ．

基本解の一つを求めるためには $b_0 = 1$ とおいてもよく，$y_2 = \sum_{n=0}^{\infty} b_n x^n = \sum_{n=0}^{\infty}\dfrac{x^n}{(2n)!}$

以上より，求める基本解は，$y_1 = x^{1/2}\sum_{n=0}^{\infty}\dfrac{x^n}{(2n+1)!}$, $y_2 = \sum_{n=0}^{\infty}\dfrac{x^n}{(2n)!}$ $(x > 0)$

得られた基本解が $x < 0$ の場合にも成り立つようにするためには，y_1 にある因子 $x^{\lambda_1} = x^{1/2}$ を $|x|^{1/2}$ に置き換えればよい（式 (5.14) を参照）.

以上より，求める基本解は，$y_1 = |x|^{1/2}\sum_{n=0}^{\infty}\dfrac{x^n}{(2n+1)!}$, $y_2 = \sum_{n=0}^{\infty}\dfrac{x^n}{(2n)!}$

a) $x > 0$ のとき　$y_1 = \sum_{n=0}^{\infty}\dfrac{\left(\sqrt{x}\right)^{2n+1}}{(2n+1)!} = \sinh\sqrt{x}$

$$y_2 = \sum_{n=0}^{\infty}\frac{\left(\sqrt{x}\right)^{2n}}{(2n)!} = \cosh\sqrt{x}$$

b) $x<0$ のとき　$y_1=\sum_{n=0}^{\infty}\frac{(-1)^n}{(2n+1)!}\left(\sqrt{-x}\right)^{2n+1}=\sin\sqrt{-x}$

$$y_2=\sum_{n=0}^{\infty}\frac{(-1)^n}{(2n)!}\left(\sqrt{-x}\right)^{2n}=\cos\sqrt{-x}$$

(2)　$P(x)=-(1/x)-1,\ Q(x)=1/x^2$ より，$p_0=-1,\ q_0=1,\ \rho=\infty$．決定方程式 $\lambda(\lambda-1)+p_0\lambda+q_0=\lambda(\lambda-1)-\lambda+1=(\lambda-1)^2=0$ より，$\lambda=1$（2 重解）．これは**表 5.2 の②**に該当する．まず，$x>0$ の場合を考える．

i) $y=x^\lambda\sum_{n=0}^{\infty}a_nx^n=\sum_{n=0}^{\infty}a_nx^{n+1}$ の形の解

$$x^2y''-x(x+1)y'+y=0$$

$$y=\sum_{n=0}^{\infty}a_nx^{n+1}=\sum_{n=1}^{\infty}a_{n-1}x^n,\quad y'=\sum_{n=1}^{\infty}na_{n-1}x^{n-1}=\sum_{n=2}^{\infty}(n-1)a_{n-2}x^{n-2}$$

$$y''=\sum_{n=2}^{\infty}n(n-1)a_{n-1}x^{n-2}$$

$$\downarrow$$

$$\sum_{n=2}^{\infty}n(n-1)a_{n-1}x^n-\sum_{n=2}^{\infty}(n-1)a_{n-2}x^n-\sum_{n=1}^{\infty}na_{n-1}x^n+\sum_{n=1}^{\infty}a_{n-1}x^n=0$$

左辺第 3 項と第 4 項の和にある $n=1$ の項は相殺するので，どの和についても $n=2$ からの和を考えればよい．$n\geq 2$ の x^n の係数をゼロとおくと，

$$n(n-1)a_{n-1}-(n-1)a_{n-2}-na_{n-1}+a_{n-1}=0$$

$$\therefore\ a_{n-1}=\frac{a_{n-2}}{n-1}\ (n\geq 2)\qquad \therefore\ a_n=\frac{a_{n-1}}{n}\ (n\geq 1)$$

この漸化式を用いて，a_0 から順に a_n を決めると，

$$a_1=a_0,\quad a_2=\frac{1}{2}a_1=\frac{1}{2!}a_0,\quad a_3=\frac{1}{3}a_2=\frac{1}{3!}a_0,\quad \cdots,\quad a_n=\frac{1}{n!}a_0,\quad \cdots$$

$$\therefore\ a_n=\frac{1}{n!}a_0\quad (n\geq 0)$$

これより，$y=\sum_{n=0}^{\infty}a_nx^{n+1}=a_0x\sum_{n=0}^{\infty}\frac{x^n}{n!}=a_0xe^x$

基本解の一つ y_1 を求めるためには，$a_0=1$ とおいてもよいから，$y_1=xe^x$

ii) $y=y_1\log x+g\quad\left(g=x^\lambda\sum_{n=1}^{\infty}b_nx^n=\sum_{n=1}^{\infty}b_nx^{n+1}\right)$ の形の解

$$x^2y''-x(x+1)y'+y=0$$

$$y=y_1\log x+g,\quad y'=y_1'\log x+y_1/x+g'$$

$$y''=y_1''\log x+2y_1'/x-y_1/x^2+g''$$

$$\downarrow$$

$$\left\{x^2y_1''-x(x+1)y_1'+y_1\right\}\log x+\left\{2xy_1'-(x+2)y_1\right\}+\left\{x^2g''-x(x+1)g'+g\right\}=0$$

y_1 は微分方程式の解であるから，$x^2y_1''-x(x+1)y_1'+y_1=0$．ゆえに，

$$x^2g'' - x(x+1)g' + g = -2xy_1' + (x+2)y_1$$

これに $g = \sum_{n=1}^{\infty} b_n x^{n+1}$, $y_1 = xe^x = \sum_{n=0}^{\infty} \frac{x^{n+1}}{n!}$ を代入して整理すると,

$$\sum_{n=2}^{\infty} n(n-1)b_{n-1}x^n - \sum_{n=3}^{\infty} (n-1)b_{n-2}x^n - \sum_{n=2}^{\infty} nb_{n-1}x^n + \sum_{n=2}^{\infty} b_{n-1}x^n$$

$$= -2\sum_{n=1}^{\infty} \frac{nx^n}{(n-1)!} + \sum_{n=2}^{\infty} \frac{x^n}{(n-2)!} + 2\sum_{n=1}^{\infty} \frac{x^n}{(n-1)!}$$

初項の番号 n が級数により異なることに注意. 左辺と右辺にある x^n の各項の係数を等しいとおく. 左辺には x^1 の項はなく, 右辺では第 1 項と第 3 項にある x^1 の項が相殺する.
$n = 2$ の係数に対し, $2b_1 - 2b_1 + b_1 = -4 + 1 + 2 \quad \therefore\ b_1 = -1$
$n \geq 3$ の係数に対し,

$$n(n-1)b_{n-1} - (n-1)b_{n-2} - nb_{n-1} + b_{n-1} = -\frac{2n}{(n-1)!} + \frac{1}{(n-2)!} + \frac{2}{(n-1)!}$$

$$\therefore\ (n-1)b_{n-1} - b_{n-2} = -\frac{1}{(n-1)!} \quad (n \geq 3) \quad \therefore\ nb_n - b_{n-1} = -\frac{1}{n!} \quad (n \geq 2)$$

ここで, 両辺に $(n-1)!$ を掛けて $(n!)b_n = \beta_n$ とおくと $\beta_n - \beta_{n-1} = -1/n$ $(n \geq 2)$.
n を k で置き換え, $k = 2$ から $k = n$ まで和をとると,

$$\sum_{k=2}^{n} (\beta_k - \beta_{k-1}) = -\sum_{k=2}^{n} \frac{1}{k} \quad \therefore\ \beta_n - \beta_1 = -\sum_{k=2}^{n} \frac{1}{k}$$

$\beta_n = (n!)b_n$, $\beta_1 = b_1 = -1$ であるから, $b_n = -\frac{1}{n!}\sum_{k=1}^{n} \frac{1}{k}$ $(n \geq 1)$. これを $y = y_1 \log x + x\sum_{n=1}^{\infty} b_n x^n = xe^x \log x + x\sum_{n=1}^{\infty} b_n x^n$ に代入したものを y_2 とおくと,

$$y_2 = xe^x \log x - x\sum_{n=1}^{\infty} \frac{\varphi_n}{n!}x^n \quad \left(\varphi_n = \sum_{k=1}^{n} \frac{1}{k}\right)$$

$x < 0$ でも成り立つ解を得るために, $x^\lambda = x^1$ の部分を $|x|^\lambda = |x|^1$ で置き換え, $\log x$ を $\log|x|$ と書き換えると,

$$y_1 = |x|\sum_{n=0}^{\infty} \frac{x^n}{n!} = |x|\,e^x, \quad y_2 = |x|e^x \log|x| - |x|\sum_{n=1}^{\infty} \frac{\varphi_n}{n!}x^n$$

となるが, $x < 0$ のときは単に $|x| = -x$ であるから, $\log x \to \log|x|$ の書き換えのみを行えばよい. 以上より, 求める基本解は,

$$y_1 = xe^x, \quad y_2 = x\left(e^x \log|x| - \sum_{n=1}^{\infty} \frac{\varphi_n}{n!}x^n\right) \quad \left(\varphi_n = \sum_{k=1}^{n} \frac{1}{k}\right)$$

(3)　$P(x) = 2/x$, $Q(x) \equiv 1$ より，$p_0 = 2$, $q_0 = 0$, $\rho = \infty$．決定方程式 $\lambda(\lambda-1) + p_0\lambda + q_0 = \lambda(\lambda-1) + 2\lambda = \lambda(\lambda+1) = 0$ より，$\lambda_1 = 0$, $\lambda_2 = -1$．これは**表 5.2 の③**に該当する．まず，$x > 0$ の場合を考える．

i) $y = x^{\lambda_1}\sum_{n=0}^{\infty} a_n x^n = \sum_{n=0}^{\infty} a_n x^n$ の形の解

$$xy'' + 2y' + xy = 0$$

$$\downarrow \quad y = \sum_{n=0}^{\infty} a_n x^n = \sum_{n=1}^{\infty} a_{n-1}x^{n-1},\quad y' = \sum_{n=0}^{\infty}(n+1)a_{n+1}x^n,\quad y'' = \sum_{n=1}^{\infty} n(n+1)a_{n+1}x^{n-1}$$

$$\sum_{n=1}^{\infty} n(n+1)a_{n+1}x^n + 2\sum_{n=0}^{\infty}(n+1)a_{n+1}x^n + \sum_{n=1}^{\infty} a_{n-1}x^n = 0$$

左辺第 1 項と第 3 項の和は $n = 1$ から，第 2 項の和は $n = 0$ から始まることに注意する．x^n の各項の係数をゼロとおくと，$n = 0$ の係数に対し，$2a_1 = 0 \quad \therefore\ a_1 = 0$
$n \geq 1$ の係数に対し，$n(n+1)a_{n+1} + 2(n+1)a_{n+1} + a_{n-1} = 0$
$\therefore\ a_{n+1} = -\dfrac{a_{n-1}}{(n+1)(n+2)} \quad (n \geq 1)$
この漸化式を用いて a_0 から順に a_n を決めると，$a_2 = -\dfrac{1}{2\cdot 3}a_0 = -\dfrac{1}{3!}a_0$, $a_4 = -\dfrac{a_2}{4\cdot 5} = \dfrac{1}{5!}a_0$, $\cdots$，$a_{2m} = \dfrac{(-1)^m}{(2m+1)!}a_0$，$\cdots \quad \therefore\ a_{2m} = \dfrac{(-1)^m}{(2m+1)!}a_0 \ (m = 0, 1, 2, \cdots)$
同じ漸化式を用いて，$a_1\ (=0)$ から順に a_n を決めると，

$$a_3 = a_5 = \cdots = a_{2m+1} = \cdots = 0 \quad \therefore\ a_{2m+1} = 0 \quad (m = 0, 1, 2, \cdots)$$

これらの係数の値より，$y = a_0 \sum_{m=0}^{\infty}\dfrac{(-1)^m}{(2m+1)!}x^{2m}$
基本解の一つを求めるためには $a_0 = 1$ とおいてもよく，この y を y_1 とおく．さらに，

$$y_1 = \frac{1}{x}\sum_{m=0}^{\infty}\frac{(-1)^m}{(2m+1)!}x^{2m+1} = \frac{1}{x}\left(x - \frac{x^3}{3!} + \frac{x^5}{5!} - \frac{x^7}{7!} + \cdots\right) = \frac{\sin x}{x}$$

ii) $y = Cy_1\log x + g \quad \left(g = x^{\lambda_2}\sum_{n=0}^{\infty} b_n x^n = \sum_{n=0}^{\infty} b_n x^{n-1}\right)$ の形の解（C は定数）

$$xy'' + 2y' + xy = 0$$

$$\downarrow \quad y = Cy_1\log x + g,\quad y' = Cy_1'\log x + Cy_1/x + g'$$
$$y'' = Cy_1''\log x + 2Cy_1'/x - Cy_1/x^2 + g''$$

$$Cx\left(xy_1'' + 2y_1' + xy_1\right)\log x + C\left(2xy_1' + y_1\right) + x\left(xg'' + 2g' + xg\right) = 0$$

y_1 は微分方程式の解であるから，左辺第 1 項で $xy_1'' + 2y_1' + xy_1 = 0$ である．

$$C\left(2xy_1'+y_1\right)+x\left(xg''+2g'+xg\right)=0$$

$$y_1=\sum_{n=0}^{\infty}\frac{(-1)^n}{(2n+1)!}x^{2n},\quad xy_1'=\sum_{n=1}^{\infty}\frac{(-1)^n\cdot 2n}{(2n+1)!}x^{2n}$$

$$x^2g=\sum_{n=1}^{\infty}b_{n-1}x^n,\quad xg'=-b_0x^{-1}+\sum_{n=1}^{\infty}nb_{n+1}x^n$$

$$x^2g''=2b_0x^{-1}+\sum_{n=2}^{\infty}n(n-1)b_{n+1}x^n$$

$$C\sum_{n=0}^{\infty}(-1)^n\frac{4n+1}{(2n+1)!}x^{2n}+\sum_{n=2}^{\infty}n(n-1)b_{n+1}x^n+2\sum_{n=1}^{\infty}nb_{n+1}x^n+\sum_{n=1}^{\infty}b_{n-1}x^n=0$$

x^n の各項の係数をゼロとおく．

$n=0$ の項は左辺第 1 項のみに含まれるので，$C=0$

$n=1$ の係数に対し，$2b_2+b_0=0 \quad \therefore\ b_2=-\dfrac{b_0}{2}$

$n\geq 2$ の係数に対し，$n(n-1)b_{n+1}+2nb_{n+1}+b_{n-1}=0 \quad \therefore\ b_{n+1}=-\dfrac{b_{n-1}}{n(n+1)} \quad (n\geq 2)$

この漸化式を用いて，b_1 から順に b_n を決めると，

$$b_3=-\frac{1}{2\cdot 3}b_1=-\frac{1}{3!}b_1,\quad b_5=-\frac{1}{4\cdot 5}b_3=\frac{1}{5!}b_1,\quad\cdots,$$

$$b_{2m+1}=\frac{(-1)^m}{(2m+1)!}b_1,\quad\cdots\quad\therefore\ b_{2m+1}=\frac{(-1)^m}{(2m+1)!}b_1\quad(m=0,1,2,\cdots)$$

同じ漸化式を用いて，$b_2\,(=-b_0/2)$ から順に b_n を決めると，

$$b_4=-\frac{1}{3\cdot 4}b_2=\frac{1}{4!}b_0,\quad b_6=-\frac{1}{5\cdot 6}b_4=-\frac{1}{6!}b_0,\quad\cdots,$$

$$b_{2m}=\frac{(-1)^m}{(2m)!}b_0,\quad\cdots\quad\therefore\ b_{2m}=\frac{(-1)^m}{(2m)!}b_0\quad(m=0,1,2,\cdots)$$

$0!=1$ と定義されるので，この式は $m=0$ のときも成り立つ．

これらの係数の値より，

$$y=\sum_{m=0}^{\infty}b_{2m}x^{2m-1}+\sum_{m=0}^{\infty}b_{2m+1}x^{2m}=b_0\sum_{m=0}^{\infty}\frac{(-1)^m}{(2m)!}x^{2m-1}+b_1\sum_{m=0}^{\infty}\frac{(-1)^m}{(2m+1)!}x^{2m}$$

右辺第 2 項は b_1y_1 であるから，y_1 と独立な解を得るためには $b_1=0$ とおいてもよい．また，基本解を求めるためには $b_0=1$ とおいてもよい．この y を y_2 と書くと，

$$y_2=\frac{1}{x}\sum_{m=0}^{\infty}\frac{(-1)^m}{(2m)!}x^{2m}=\frac{1}{x}\left(1-\frac{x^2}{2!}+\frac{x^4}{4!}-\frac{x^6}{6!}+\cdots\right)=\frac{1}{x}\cos x$$

$x<0$ でも成り立つ解を得るには，$x^{\lambda_2}=x^{-1}$ の部分を $|x|^{-1}$ で置き換えることになる．したがって，$y_2=\dfrac{1}{|x|}\displaystyle\sum_{m=0}^{\infty}\frac{(-1)^m}{(2m)!}x^{2m}$ となるが，$x<0$ のときは単に $|x|^{-1}=-x^{-1}$ であるから，基本解

としては x^{-1} のままでよい．以上より，求める基本解は，

$$y_1 = \sum_{m=0}^{\infty} \frac{(-1)^m}{(2m+1)!} x^{2m} = \frac{\sin x}{x}, \quad y_2 = \frac{1}{x} \sum_{m=0}^{\infty} \frac{(-1)^m}{(2m)!} x^{2m} = \frac{\cos x}{x}$$

演習問題

5.1 (1)　x^n の係数 $a_n = (-1)^{n-1}/n$ に対して，$\lim_{n\to\infty} |a_{n+1}/a_n| = \lim_{n\to\infty} n/(n+1) = 1$ であるから，整級数の収束半径は 1 となる．

(2)　$-1 < x < 1$ において，$f'(x)$ は整級数 $f(x)$ を項別微分すると得られる．すなわち，

$$f'(x) = \sum_{n=1}^{\infty} \frac{(-1)^{n-1}}{n} (x^n)' = \sum_{n=1}^{\infty} (-1)^{n-1} x^{n-1} = \sum_{n=0}^{\infty} (-x)^n$$

この等比級数は $-1 < x < 1$ のとき収束し，$f'(x) = \dfrac{1}{1+x}$

(3)　問題で与えられた整級数より，$f(0) = 0$．これに注意して $f'(t) = 1/(1+t)$ を $t = 0$ から $t = x$ $(-1 < x < 1)$ まで積分すると，

$$f(x) = \int_0^x \frac{1}{1+t} dt = [\log|1+t|]_0^x = \log(1+x)$$

$$\therefore \quad f(x) = \sum_{n=1}^{\infty} \frac{(-1)^{n-1}}{n} x^n = \log(1+x) \quad (-1 < x \leq 1)$$

この整級数 $f(x)$ は $x = 1$ でも収束することがわかるので，収束域は $-1 < x \leq 1$ となる．

5.2 (1)　y' の係数 $P(x) = -2x$（多項式），y の係数 $Q(x) \equiv 2\nu$（定数）なので，微分方程式の任意の解は，整級数 $y = \sum_{n=0}^{\infty} a_n x^n$（$\rho = \infty$）で表される．

$$y'' - 2xy' + 2y = 0$$

$$\downarrow \quad y = \sum_{n=0}^{\infty} a_n x^n, \quad y' = \sum_{n=1}^{\infty} n a_n x^{n-1}$$

$$y'' = \sum_{n=2}^{\infty} n(n-1) a_n x^{n-2} = \sum_{n=0}^{\infty} (n+1)(n+2) a_{n+2} x^n$$

$$\sum_{n=0}^{\infty} (n+1)(n+2) a_{n+2} x^n - 2\sum_{n=1}^{\infty} n a_n x^n + 2\sum_{n=0}^{\infty} a_n x^n = 0$$

左辺第 1 項と第 3 項の和は $n = 0$ から，第 2 項の和は $n = 1$ から始まることに注意する．x^n の各項の係数をゼロとおくと，$n = 0$ の係数に対し $2a_2 + 2a_0 = 0$ $\quad \therefore\ a_2 = -a_0$

$n \geq 1$ の係数に対し，$(n+1)(n+2)a_{n+2} - 2na_n + 2a_n = 0$ $\quad \therefore\ a_{n+2} = \dfrac{2(n-1)}{(n+1)(n+2)} a_n$

この漸化式を用いて，a_1 から順に a_n を決めると，

$$a_3 = a_5 = \cdots = a_{2m+1} = \cdots = 0 \quad \therefore\ a_{2m+1} = 0 \quad (m = 1, 2, 3, \cdots)$$

ここで，a_1 は任意に選べることに注意する．
この漸化式を用いて，$a_2\ (= -a_0)$ から順に a_n を決めると，

$$a_4 = \frac{2}{3 \cdot 4} a_2 = -\frac{2}{3 \cdot 4} a_0 = -\frac{a_0}{(2!) \cdot 3}, \quad a_6 = \frac{2 \cdot 3}{5 \cdot 6} a_4 = -\frac{a_0}{(3!) \cdot 5},$$

$$a_8 = \frac{2 \cdot 5}{7 \cdot 8} a_6 = -\frac{a_0}{(4!) \cdot 7}, \quad \cdots, \quad a_{2m} = -\frac{a_0}{(m!)\,(2m-1)}, \quad \cdots$$

$$\therefore\ a_{2m} = -\frac{a_0}{(m!)\,(2m-1)} \quad (m \geq 1)$$

以上より，$y = a_1 x + a_0 \left\{ 1 - \sum_{m=1}^{\infty} \frac{x^{2m}}{(m!)\,(2m-1)} \right\}$．基本解は，

$$y_1 = x,\ y_2 = 1 - \sum_{n=1}^{\infty} \frac{x^{2n}}{(n!)\,(2n-1)}$$

(2) 不等式を用いると，

$$\sum_{n=1}^{\infty} \frac{x^{2n}}{(n!)\,(2n-1)} \geq \sum_{n=1}^{\infty} \frac{x^{2n}}{(n!)\,(2n+2)} = \frac{1}{2} \sum_{n=1}^{\infty} \frac{x^{2n}}{(n+1)\,!} = \frac{1}{2x^2} \sum_{n=1}^{\infty} \frac{(x^2)^{n+1}}{(n+1)!}$$

$$= \frac{1}{2x^2} \sum_{n=2}^{\infty} \frac{(x^2)^n}{n!} = \frac{1}{2x^2} \left\{ \sum_{n=0}^{\infty} \frac{(x^2)^n}{n!} - 1 - x^2 \right\}$$

$$= \frac{1}{2x^2} \left\{ \exp(x^2) - 1 - x^2 \right\}$$

$x \to \infty$ のとき，$\dfrac{1}{2x^2} \left\{ \exp(x^2) - 1 - x^2 \right\} \exp\left(-\dfrac{1}{2} x^2 \right)$

$$= \frac{1}{2x^2} \left\{ \exp\left(\frac{1}{2} x^2 \right) - (1 + x^2) \exp\left(-\frac{1}{2} x^2 \right) \right\} \to \infty$$

よって，$|y_2| \exp\{-(1/2)x^2\} \to \infty$ となる．結局，「$x \to \infty$ のとき $y \exp\{-(1/2)x^2\} \to 0$」を満たす解は，$y = Cy_1 = Cx$（$C$ は任意定数）となる．

5.3 (1) y' の係数 $P(x) = (1/x) - 1$，y の係数 $Q(x) = \nu/x$ より $p_0 = 1$, $q_0 = 0$, $\rho = \infty$．決定方程式 $\lambda(\lambda - 1) + p_0\lambda + q_0 = \lambda(\lambda - 1) + \lambda = \lambda^2 = 0$ の解は，$\lambda = 0$（2 重解）．これは**表 5.2 の②**に該当する．

(2) 式 (5.14) で $\lambda_1 = 0$ であるから，$x \to 0$ のとき $y_1 \to a_0\ (\neq 0)$．したがって，表 5.2②の y_2 は $x \to 0$ のとき発散するので（$\log|x|$ に注意），題意を満たす解は $y = C_1 y_1$（C_1 は定数）となる．y_1 の形は式 (5.14) で与えられている．$\lambda_1 = 0$ と「$x = 0$ のとき $y = 1$」の条件より，解はつぎの形になる：$y = \sum_{n=0}^{\infty} a_n x^n\ (a_0 = 1) \quad \cdots (*)$

$$xy'' + (1 - x)y' + \nu y = 0$$

$$\Big\downarrow \quad y = \sum_{n=0}^{\infty} a_n x^n, \quad y' = \sum_{n=1}^{\infty} n a_n x^{n-1} = \sum_{n=0}^{\infty} (n+1) a_{n+1} x^n, \quad y'' = \sum_{n=1}^{\infty} n(n+1) a_{n+1} x^{n-1}$$

$$\sum_{n=1}^{\infty} n(n+1)a_{n+1}x^n + \sum_{n=0}^{\infty}(n+1)a_{n+1}x^n - \sum_{n=1}^{\infty} na_n x^n + \nu\sum_{n=0}^{\infty} a_n x^n = 0$$

左辺第 2 項，第 4 項の和が $n=0$ から，第 1 項，第 3 項の和が $n=1$ から始まることと $a_0=1$ に注意すると，$a_1+\nu+\sum_{n=1}^{\infty}\left\{(n+1)^2 a_{n+1}-(n-\nu)a_n\right\}x^n=0$. x^n の各係数をゼロとおくと，$a_1+\nu=0,\ (n+1)^2a_{n+1}-(n-\nu)a_n=0\ (n\geq 1)$.

$$\therefore\quad \boxed{a_{n+1} = -\frac{\nu-n}{(n+1)^2}a_n \quad (n\geq 0)}$$

ここで，得られた漸化式は $n=0$ のときも成り立ち，このとき $a_1=-\nu$ を与えることに注意しよう．漸化式を用いて $a_0=1$ から順に a_n を決めると，

$$a_1=-\nu,\quad a_2=-\frac{\nu-1}{2^2}a_1=\frac{\nu(\nu-1)}{(2!)^2},\quad a_3=-\frac{\nu-2}{3^2}a_2=-\frac{\nu(\nu-1)(\nu-2)}{(3!)^2},\quad \cdots,$$

$$a_n=(-1)^n\frac{\nu(\nu-1)(\nu-2)\cdots(\nu-n+1)}{(n!)^2},\quad \cdots,\quad a_\nu=\frac{(-1)^\nu}{\nu!},$$

$$a_{\nu+1}=0,\quad a_{\nu+2}=0,\quad \cdots$$

$$\therefore\quad \boxed{a_n=\begin{cases}\dfrac{(-1)^n}{n!}\begin{pmatrix}\nu\\ n\end{pmatrix} & (0\leq n\leq\nu)\\ 0 & (n\geq\nu+1)\end{cases}}$$

ここで，2 項係数 $\begin{pmatrix}\nu\\ n\end{pmatrix}=\dfrac{\nu(\nu-1)(\nu-2)\cdots(\nu-n+1)}{n!}$ であり，$\begin{pmatrix}\nu\\ 0\end{pmatrix}=1$ と定義する．以上より，求める解は ν 次の多項式であり，これを $L_\nu(x)$ と書くことにすると，

$$L_\nu(x)=\sum_{n=0}^{\nu}\frac{(-1)^n}{n!}\begin{pmatrix}\nu\\ n\end{pmatrix}x^n$$

とくに，$\nu=0,1,2$ のときは，$L_0(x)=1,\ L_1(x)=1-x,\ L_2(x)=1-2x+\dfrac{x^2}{2}$

(3) $\displaystyle\int_0^\infty x^n e^{-x}dx=n!$ $(n=0,1,2,\cdots)$ を用いる．たとえば，

$$\int_0^\infty\{f_2(x)\}^2dx=\int_0^\infty\{L_2(x)\}^2e^{-x}dx=\int_0^\infty\left(1-2x+\frac{x^2}{2}\right)^2e^{-x}dx$$

$$=\int_0^\infty\left(1-4x+5x^2-2x^3+\frac{x^4}{4}\right)e^{-x}dx=1-4\,(1!)+5\,(2!)-2\,(3!)+\frac{1}{4}\,(4!)=1$$

$$\int_0^\infty f_1(x)f_2(x)dx=\int_0^\infty L_1(x)L_2(x)e^{-x}dx=\int_0^\infty(1-x)\left(1-2x+\frac{x^2}{2}\right)e^{-x}dx$$

$$= \int_0^{\infty} \left(1 - 3x + \frac{5}{2}x^2 - \frac{1}{2}x^3\right) e^{-x} dx = 1 - 3\,(1!) + \frac{5}{2}\,(2!) - \frac{1}{2}\,(3!) = 0$$

その他の場合も同様にして，$\displaystyle\int_0^{\infty} f_\mu(x) f_\nu(x) dx = \delta_{\mu\nu}$ $(\mu, \nu = 0, 1, 2)$ が証明できる．

第 6 章の解答

問題 6.1 $d/d\tilde{t} = D$ とおいて，連立微分方程式を書き換えると

$$\begin{cases} (D+2)x - y = 1 - \exp(-\tilde{\gamma}\tilde{t}) & \cdots (*) \\ -x + (D+2)y = 0 \quad \cdots (**) \end{cases}$$

$(*)$, $(**)$ から x を消去する．$(**)$ の両辺に $D+2$ を作用させたものと $(*)$ を辺々加えると，

$$\left\{(D+2)^2 - 1\right\} y = 1 - \exp(-\tilde{\gamma}\tilde{t})$$

$$\therefore\ (D+1)(D+3)y = (D^2 + 4D + 3)y = 1 - \exp(-\tilde{\gamma}\tilde{t}) \quad \cdots (\dagger)$$

$(\dagger)$ の一般解を求める．そのためにまず，斉次方程式 $(D^2 + 4D + 3)y = 0$ の一般解を求める．特性方程式 $\lambda^2 + 4\lambda + 3 = (\lambda + 1)(\lambda + 3) = 0$ より，$\lambda = -3, -1$ である．よって斉次方程式の一般解 h は $h = C_1 \exp(-3\tilde{t}) + C_2 \exp(-\tilde{t})$ (C_1, C_2 は任意定数)．第 4 章の「解の重ね合わせの定理」を用いて，非斉次方程式 $(\dagger)$ の特殊解を求める．

i) $(D^2 + 4D + 3)y = 1$ の特殊解

表 4.6 より，$\boxed{y = k\ (\text{定数})}$ とおいて微分方程式に代入すると，$k = 1/3$．よって $Y_1 = 1/3$ は特殊解．

ii) $(D^2 + 4D + 3)y = -\exp(-\tilde{\gamma}\tilde{t})$ の特殊解

$\tilde{\gamma} \neq 1, 3$ に注意し，表 4.7 より，$\boxed{y = A\exp(-\tilde{\gamma}\tilde{t})\ (A\ \text{は定数})}$ とおいて微分方程式に代入すると，

$$(\tilde{\gamma}^2 - 4\tilde{\gamma} + 3)A\exp(-\tilde{\gamma}\tilde{t}) = -\exp(-\tilde{\gamma}\tilde{t}) \quad \therefore\ A = -\frac{1}{(\tilde{\gamma}-1)(\tilde{\gamma}-3)}$$

よって，$Y_2 = -\dfrac{1}{(\tilde{\gamma}-1)(\tilde{\gamma}-3)} \exp(-\tilde{\gamma}\tilde{t})$ は特殊解．

i), ii) より，$(\dagger)$ の特殊解 Y は

$$Y = Y_1 + Y_2 = \frac{1}{3} - \frac{1}{(\tilde{\gamma}-1)(\tilde{\gamma}-3)} \exp(-\tilde{\gamma}\tilde{t})$$

式 (4.32) あるいは式 (4.33) より，$(\dagger)$ の一般解 y は

$$y = h + Y = C_1 \exp(-3\tilde{t}) + C_2 \exp(-\tilde{t}) + \frac{1}{3} - \frac{1}{(\tilde{\gamma}-1)(\tilde{\gamma}-3)} \exp(-\tilde{\gamma}\tilde{t})$$

これを $(**)$ に代入して x を求める．

$$x = (D+2)y = -3C_1 \exp(-3\tilde{t}) - C_2 \exp(-\tilde{t}) + \frac{\tilde{\gamma}}{(\tilde{\gamma}-1)(\tilde{\gamma}-3)} \exp(-\tilde{\gamma}\tilde{t})$$

$$+2C_1\exp(-3\tilde{t})+2C_2\exp(-\tilde{t})+2\left\{\frac{1}{3}-\frac{1}{(\tilde{\gamma}-1)(\tilde{\gamma}-3)}\exp(-\tilde{\gamma}\tilde{t})\right\}$$

$$=-C_1\exp(-3\tilde{t})+C_2\exp(-\tilde{t})+\frac{2}{3}+\frac{\tilde{\gamma}-2}{(\tilde{\gamma}-1)(\tilde{\gamma}-3)}\exp(-\tilde{\gamma}\tilde{t})$$

ゆえに，

$$x=-C_1\exp(-3\tilde{t})+C_2\exp(-\tilde{t})+\frac{2}{3}+\frac{\tilde{\gamma}-2}{(\tilde{\gamma}-1)(\tilde{\gamma}-3)}\exp(-\tilde{\gamma}\tilde{t})$$

$$y=C_1\exp(-3\tilde{t})+C_2\exp(-\tilde{t})+\frac{1}{3}-\frac{1}{(\tilde{\gamma}-1)(\tilde{\gamma}-3)}\exp(-\tilde{\gamma}\tilde{t})$$

初期条件「$\tilde{t}=0$ のとき $x=y=0$」より，

$$-C_1+C_2+\frac{2}{3}+\frac{\tilde{\gamma}-2}{(\tilde{\gamma}-1)(\tilde{\gamma}-3)}=0,\quad C_1+C_2+\frac{1}{3}-\frac{1}{(\tilde{\gamma}-1)(\tilde{\gamma}-3)}=0$$

$$\therefore\ C_1=\frac{\tilde{\gamma}}{6(\tilde{\gamma}-3)},\quad C_2=-\frac{\tilde{\gamma}}{2(\tilde{\gamma}-1)}$$

これらを一般解に代入すると，

$$x=-\frac{\tilde{\gamma}}{6(\tilde{\gamma}-3)}\exp(-3\tilde{t})-\frac{\tilde{\gamma}}{2(\tilde{\gamma}-1)}\exp(-\tilde{t})+\frac{2}{3}+\frac{\tilde{\gamma}-2}{(\tilde{\gamma}-1)(\tilde{\gamma}-3)}\exp(-\tilde{\gamma}\tilde{t})$$

$$y=\frac{\tilde{\gamma}}{6(\tilde{\gamma}-3)}\exp(-3\tilde{t})-\frac{\tilde{\gamma}}{2(\tilde{\gamma}-1)}\exp(-\tilde{t})+\frac{1}{3}-\frac{1}{(\tilde{\gamma}-1)(\tilde{\gamma}-3)}\exp(-\tilde{\gamma}\tilde{t})$$

$x=(R/E_0)I_1$, $y=(R/E_0)I_2$, $\tilde{t}=(R/L)t$, $\tilde{\gamma}=(L/R)\gamma$ に注意し，得られた解をグラフに表すと，図 k6.1 のようになる．$\tilde{t}=0$ から時間が経つと I_1, I_2 はゼロから単調に増加し，十分に時間が経つと $(R/E_0)I_1$, $(R/E_0)I_2$ はそれぞれ 2/3, 1/3 に収束する．γ が大きいほど，I_1, I_2 は急激に増加する．

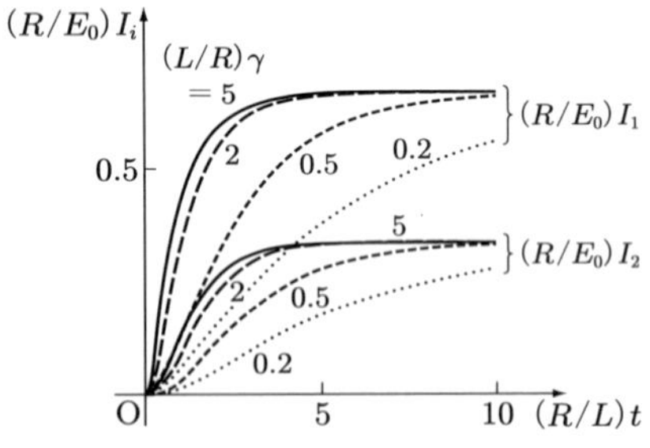

図 k6.1

i) $\tilde{\gamma}\gg 1$ $(\gamma^{-1}\ll L/R)$ のとき

$$x\approx-\frac{1}{6}\exp(-3\tilde{t})-\frac{1}{2}\exp(-\tilde{t})+\frac{2}{3},\quad y\approx\frac{1}{6}\exp(-3\tilde{t})-\frac{1}{2}\exp(-\tilde{t})+\frac{1}{3}$$

$t=0$ $(\tilde{t}=0)$ から時間が経つと，x, y はゼロから単調に増加し，L/R の数倍の時間 t で，それぞれ 2/3，1/3 に接近する．これは，起電力 $E(t)$ が立ち上がる時間 γ^{-1} のほうが，RL 回路の電流の時間的変化を特徴づける時間 L/R よりもずっと短い場合である．$\gamma \to \infty$ の極限をとると，起電力として起電力 E_0 の電池を用い，$t=0$ にスイッチを閉じた場合と同じになる．

ii) $\tilde{\gamma} \ll 1$ $(\gamma^{-1} \gg L/R)$ のとき

$$x \approx \frac{2}{3}\left\{1-\exp(-\tilde{\gamma}\tilde{t})\right\}, \quad y \approx \frac{1}{3}\left\{1-\exp(-\tilde{\gamma}\tilde{t})\right\}$$

$t=0$ $(\tilde{t}=0)$ から時間が経つと，x, y はゼロからゆっくり単調に増加し，γ^{-1} の数倍の時間 t でそれぞれ 2/3, 1/3 に接近する．これは，起電力 $E(t)$ が立ち上がる時間 γ^{-1} のほうが，RL 回路の電流の時間的変化を特徴づける時間 L/R よりもずっと長い場合である．$\gamma \to 0$ の極限をとると，二つのコイルを導線で置き換えた場合と同じになる．

問題 6.2 式 (6.12) はつぎのように表される．

$\dfrac{d\boldsymbol{r}}{d\tilde{t}} = A\boldsymbol{r} + \boldsymbol{q}(\tilde{t})$．ここで，$\boldsymbol{r} = \begin{bmatrix} x \\ y \end{bmatrix}$, $A = \begin{bmatrix} -2 & 1 \\ 1 & -2 \end{bmatrix}$, $\boldsymbol{q}(\tilde{t}) = \begin{bmatrix} 1-\exp(-\tilde{\gamma}\tilde{t}) \\ 0 \end{bmatrix}$.

行列 A の固有値 λ は，$\begin{vmatrix} -2-\lambda & 1 \\ 1 & -2-\lambda \end{vmatrix} = (-2-\lambda)^2 - 1 = (\lambda+1)(\lambda+3) = 0$ より $\lambda = -3$, -1 となる．

固有値 $\lambda_1 = -3$ に属する固有ベクトル $\boldsymbol{p}_1 = \begin{bmatrix} \alpha_1 \\ \beta_1 \end{bmatrix}$ を求める．$A\boldsymbol{p}_1 = \lambda_1 \boldsymbol{p}_1$，すなわち

$\begin{bmatrix} -2 & 1 \\ 1 & -2 \end{bmatrix}\begin{bmatrix} \alpha_1 \\ \beta_1 \end{bmatrix} = -3\begin{bmatrix} \alpha_1 \\ \beta_1 \end{bmatrix}$ より，$\alpha_1 + \beta_1 = 0$ となるから，簡単な形に書ける $\alpha_1 = 1$, $\beta_1 = -1$ を選ぶことにする．

固有値 $\lambda_2 = -1$ に属する固有ベクトル $\boldsymbol{p}_2 = \begin{bmatrix} \alpha_2 \\ \beta_2 \end{bmatrix}$ を求める．$A\boldsymbol{p}_2 = \lambda_2 \boldsymbol{p}_2$，すなわち

$\begin{bmatrix} -2 & 1 \\ 1 & -2 \end{bmatrix}\begin{bmatrix} \alpha_2 \\ \beta_2 \end{bmatrix} = -\begin{bmatrix} \alpha_2 \\ \beta_2 \end{bmatrix}$ より，$\alpha_2 - \beta_2 = 0$ となるから，簡単な形に書ける $\alpha_2 = 1$, $\beta_2 = 1$ を選ぶことにする．

以上より，$\boldsymbol{p}_1 = \begin{bmatrix} 1 \\ -1 \end{bmatrix}$, $\boldsymbol{p}_2 = \begin{bmatrix} 1 \\ 1 \end{bmatrix}$

$\boldsymbol{p}_1, \boldsymbol{p}_2$ を列ベクトルとする行列 P と，その逆行列 P^{-1} は，

$$P = [\boldsymbol{p}_1\ \boldsymbol{p}_2] = \begin{bmatrix} 1 & 1 \\ -1 & 1 \end{bmatrix}, \quad P^{-1} = \frac{1}{2}\begin{bmatrix} 1 & -1 \\ 1 & 1 \end{bmatrix}$$

これらを用いると，

$$P^{-1}AP = \begin{bmatrix} -3 & 0 \\ 0 & -1 \end{bmatrix},$$

$$P^{-1}\boldsymbol{q}(\tilde{t}) = \frac{1}{2}\begin{bmatrix} 1 & -1 \\ 1 & 1 \end{bmatrix}\begin{bmatrix} 1-\exp(-\tilde{\gamma}\tilde{t}) \\ 0 \end{bmatrix} = \frac{1}{2}\left\{1-\exp(-\tilde{\gamma}\tilde{t})\right\}\begin{bmatrix} 1 \\ 1 \end{bmatrix}$$

となる．また，$P^{-1}\boldsymbol{r} = \begin{bmatrix} X \\ Y \end{bmatrix}$ とおく．これらを $\dfrac{d\boldsymbol{r}}{d\tilde{t}} = A\boldsymbol{r} + \boldsymbol{q}(\tilde{t})$ の左から P^{-1} を掛けて得ら

れる $\dfrac{d}{d\tilde{t}}(P^{-1}\boldsymbol{r}) = (P^{-1}AP)(P^{-1}\boldsymbol{r}) + P^{-1}\boldsymbol{q}(\tilde{t})$ に用いると，

$$\frac{d}{d\tilde{t}}\begin{bmatrix} X \\ Y \end{bmatrix} = \begin{bmatrix} -3 & 0 \\ 0 & -1 \end{bmatrix}\begin{bmatrix} X \\ Y \end{bmatrix} + \frac{1}{2}\left\{1 - \exp(-\tilde{\gamma}\tilde{t})\right\}\begin{bmatrix} 1 \\ 1 \end{bmatrix}$$

$$\therefore\ \frac{dX}{d\tilde{t}} + 3X = \frac{1}{2}\left\{1 - \exp(-\tilde{\gamma}\tilde{t})\right\} \quad \cdots(*) \qquad \frac{dY}{d\tilde{t}} + Y = \frac{1}{2}\left\{1 - \exp(-\tilde{\gamma}\tilde{t})\right\} \quad \cdots(**)$$

$(*)$ の斉次方程式 $dX/d\tilde{t} + 3X = 0$ の一般解は，$X = C\exp(-3\tilde{t})$（C は任意定数）．定数変化法を用いて $(*)$ の一般解を求めることにする．$X = u\exp(-3\tilde{t})$（u は $\tilde{t}$ の関数）を $(*)$ に代入すると，

$$\frac{du}{d\tilde{t}}\exp(-3\tilde{t}) = \frac{1}{2}\left\{1 - \exp(-\tilde{\gamma}\tilde{t})\right\} \quad \therefore\ \frac{du}{d\tilde{t}} = \frac{1}{2}\left[\exp(3\tilde{t}) - \exp\left\{(3-\tilde{\gamma})\tilde{t}\right\}\right]$$

$\tilde{\gamma} \neq 3$ に注意し，これを $\tilde{t}$ について積分すると，

$$u = \frac{1}{6}\exp(3\tilde{t}) - \frac{1}{2(3-\tilde{\gamma})}\exp\left\{(3-\tilde{\gamma})\tilde{t}\right\} + C_1 \qquad (C_1\text{ は任意定数})$$

これを $X = u\exp(-3\tilde{t})$ に代入すると，$X = C_1\exp(-3\tilde{t}) + \dfrac{1}{6} + \dfrac{1}{2(\tilde{\gamma}-3)}\exp(-\tilde{\gamma}\tilde{t})$

同様にして $(**)$ の一般解 Y を求めると，

$$Y = C_2\exp(-\tilde{t}) + \frac{1}{2} + \frac{1}{2(\tilde{\gamma}-1)}\exp(-\tilde{\gamma}\tilde{t}) \quad (C_2\text{ は任意定数．}\tilde{\gamma} \neq 1\text{ に注意})$$

$\boldsymbol{r} = \begin{bmatrix} x \\ y \end{bmatrix} = P\begin{bmatrix} X \\ Y \end{bmatrix} = \begin{bmatrix} 1 & 1 \\ -1 & 1 \end{bmatrix}\begin{bmatrix} X \\ Y \end{bmatrix} = \begin{bmatrix} X+Y \\ Y-X \end{bmatrix}$ より

$$x = X + Y, \quad y = Y - X$$

であるから，

$$x = C_1\exp(-3\tilde{t}) + C_2\exp(-\tilde{t}) + \frac{2}{3} + \frac{\tilde{\gamma}-2}{(\tilde{\gamma}-1)(\tilde{\gamma}-3)}\exp(-\tilde{\gamma}\tilde{t})$$
$$y = -C_1\exp(-3\tilde{t}) + C_2\exp(-\tilde{t}) + \frac{1}{3} - \frac{1}{(\tilde{\gamma}-1)(\tilde{\gamma}-3)}\exp(-\tilde{\gamma}\tilde{t})$$

▷ **注意**（別解）　この連立微分方程式は，式 (6.13) のタイプなので，式 (6.12a) と (6.12b) の両辺の和と差をつくり，$x + y = X$, $x - y = Y$ とおくと，独立した二つの 1 階線形微分方程式

$$\frac{dX}{d\tilde{t}} = -X + 1 - \exp(-\tilde{\gamma}\tilde{t}), \qquad \frac{dY}{d\tilde{t}} = -3Y + 1 - \exp(-\tilde{\gamma}\tilde{t})$$

が得られる．一般解 X, Y を求めて $x = (X+Y)/2$, $y = (X-Y)/2$ に代入すればよい．

しかし，この解答のように行列の固有値問題を利用すると，和と差をつくることに気がつかなくても，自動的に和と差をつくる方法に導かれる．

演習問題

6.1 式 (6.39) を書き換えると，

$$\begin{cases} 2(D+1)I_1 - DI_2 = 0 & \cdots(*) \\ -2\alpha I_1 + (D+2\alpha)I_2 = 0 & \cdots(**) \end{cases}$$

ここで，$D = d/d\tau$ である．$(*)$, $(**)$ から I_1 を消去する．$(*)$ の両辺に α を掛けたものと，$(**)$ の両辺に $D+1$ を作用させたものを辺々加えると，

$$\{(D+1)(D+2\alpha) - \alpha D\}\, I_2 = 0 \quad \therefore\ \left\{D^2 + (\alpha+1)\,D + 2\alpha\right\} I_2 = 0 \quad \cdots(\dagger)$$

i) $\boldsymbol{\alpha = 1}$ **のとき**

$(\dagger)$ は $\left(D^2 + 2D + 2\right) I_2 = 0$ となる．特性方程式 $\lambda^2 + 2\lambda + 2 = 0$ の解は $\lambda = -1 \pm i$ であるから，表 4.4 より $\left(D^2 + 2D + 2\right) I_2 = 0$ の一般解は

$$I_2 = \exp(-\tau)\,(C_1 \cos\tau + C_2 \sin\tau) \quad (C_1,\ C_2 \text{ は任意定数}).$$

$(**)$ で $\alpha = 1$ とおくと，$I_1 = \left(\dfrac{1}{2}D + 1\right) I_2$．これに得られた一般解 I_2 を代入すると，

$$\begin{aligned} I_1 &= -\frac{1}{2}\exp(-\tau)\,(C_1\cos\tau + C_2\sin\tau) + \frac{1}{2}\exp(-\tau)\,(-C_1\sin\tau + C_2\cos\tau) \\ &\quad + \exp(-\tau)\,(C_1\cos\tau + C_2\sin\tau) \\ &= \frac{1}{2}C_1\exp(-\tau)\,(\cos\tau - \sin\tau) + \frac{1}{2}C_2\exp(-\tau)\,(\sin\tau + \cos\tau) \quad \cdots(\dagger\dagger) \end{aligned}$$

ここで，三角関数の合成を行うと，

$$\cos\tau - \sin\tau = \sqrt{2}\left(\cos\tau\cos\frac{\pi}{4} - \sin\tau\sin\frac{\pi}{4}\right) = \sqrt{2}\cos\left(\tau + \frac{\pi}{4}\right)$$

$$\sin\tau + \cos\tau = \sqrt{2}\left(\sin\tau\cos\frac{\pi}{4} + \cos\tau\sin\frac{\pi}{4}\right) = \sqrt{2}\sin\left(\tau + \frac{\pi}{4}\right)$$

これらを $(\dagger\dagger)$ に代入すると，

$$I_1 = \frac{1}{\sqrt{2}}\exp(-\tau)\left\{C_1\cos\left(\tau + \frac{\pi}{4}\right) + C_2\sin\left(\tau + \frac{\pi}{4}\right)\right\}$$

以上より，

$$\boxed{\begin{aligned} I_1 &= \frac{1}{\sqrt{2}}\exp(-\tau)\left\{C_1\cos\left(\tau + \frac{\pi}{4}\right) + C_2\sin\left(\tau + \frac{\pi}{4}\right)\right\} \\ I_2 &= \exp(-\tau)\,(C_1\cos\tau + C_2\sin\tau) \end{aligned}}$$

ここで，$\tau = t/(2CR)$, C_1, C_2 は任意定数である．得られた I_1, I_2 と式 (6.37a) を用いると，

$$\frac{Q}{CR} = 2I_1 - I_2$$

$$= C_1 \exp(-\tau)\left\{\sqrt{2}\cos\left(\tau+\frac{\pi}{4}\right)-\cos\tau\right\}+C_2\exp(-\tau)\left\{\sqrt{2}\sin\left(\tau+\frac{\pi}{4}\right)-\sin\tau\right\}$$

「$\tau=0$ のとき $I_2=0$」であるから，$C_1=0$ となる．さらに，「$\tau=0$ のとき $Q=Q_0$」であるから，$C_2=Q_0/CR$．ここで $\alpha=CR^2/L=1$ より，$Q_0/CR=RQ_0/L$ と表すこともできる．
以上より，「$\tau=0$ のとき $Q=Q_0, I_2=0$」を満たす解は

$$I_1=\frac{Q_0}{\sqrt{2}CR}\exp(-\tau)\sin\left(\tau+\frac{\pi}{4}\right),\quad I_2=\frac{Q_0}{CR}\exp(-\tau)\sin\tau$$

であり，このとき，

$$Q=Q_0\exp(-\tau)\left\{\sqrt{2}\sin\left(\tau+\frac{\pi}{4}\right)-\sin\tau\right\}$$

I_1, I_2 と Q の時間的変化をグラフに表すと，図 k6.2 のようになる．

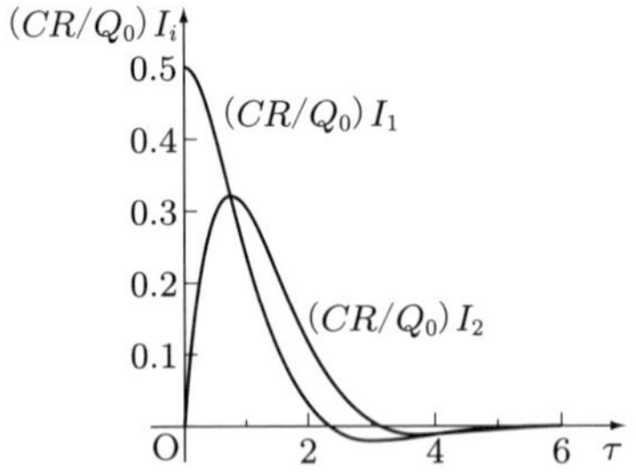

（a）$(CR/Q_0)\,I_i$ の τ 依存性

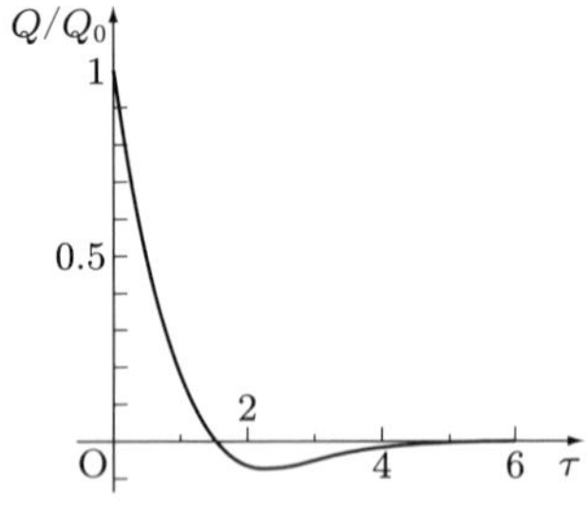

（b）Q/Q_0 の τ 依存性

図 k6.2

ところで，コンデンサー C とコイル L が直列に接続されている閉回路には，振動電流が発生し，振動電流の周期は $2\pi\sqrt{LC}$ である．一方，コンデンサー C と抵抗 R（$2R$）が直列に接続されている閉回路では，充電されたコンデンサーが放電するとき，コンデンサーの電荷が指数関数的に減少し，減衰時間は CR（$2CR$）である．これらの二つの時間の比 $(CR)/\sqrt{LC}$（比例定数は除く）を 2 乗したものが α に対応する．問題の回路でスイッチを閉じると，コンデンサーの放電が始まるが，$\alpha=1$ の場合は，上記の振動と抵抗を通じての単調なコンデンサーの放電が，影響し合う形で含まれる．閉回路 ABDEFGA では C, L, R が，閉回路 ABFGA では C と $2R$ が直列に接続されていることに注意しよう．上述の振動電流の周期と比べて，コンデンサーの放電時間が長すぎたり（α が大きすぎたり），短すぎたり（α が小さすぎたり）しなければ，このような減衰を伴う振動の解が現れる．

ii) $\boldsymbol{\alpha=6}$ **のとき**

(†) は $\left(D^2+7D+12\right)I_2=0$ となる．特性方程式 $\lambda^2+7\lambda+12=0$ の解は $\lambda=-4,\,-3$ であるから，$\left(D^2+7D+12\right)I_2=0$ の一般解は

$$I_2=C_1\exp(-4\tau)+C_2\exp(-3\tau)\quad (C_1,\,C_2\ \text{は任意定数})$$

(**) で $\alpha=6$ とおくと $12I_1=(D+12)I_2$．これに得られた一般解 I_2 を代入すると，

$$\begin{aligned} 12I_1 &= -4C_1\exp(-4\tau) - 3C_2\exp(-3\tau) + 12\{C_1\exp(-4\tau) + C_2\exp(-3\tau)\} \\ &= 8C_1\exp(-4\tau) + 9C_2\exp(-3\tau) \end{aligned}$$

以上より，

$$\boxed{I_1 = \frac{2}{3}C_1\exp(-4\tau) + \frac{3}{4}C_2\exp(-3\tau), \quad I_2 = C_1\exp(-4\tau) + C_2\exp(-3\tau)}$$

ここで，$\tau = t/(2CR)$, C_1, C_2 は任意定数である．
得られた I_1, I_2 と式 (6.37a) を用いると，

$$\frac{Q}{CR} = 2I_1 - I_2 = \frac{C_1}{3}\exp(-4\tau) + \frac{C_2}{2}\exp(-3\tau)$$

「$\tau = 0$ のとき $I_2 = 0$, $Q = Q_0$」より，$C_1 = -C_2 = -\dfrac{6Q_0}{CR}$.
ここで，$\alpha = CR^2/L = 6$ より，$6Q_0/CR = RQ_0/L$ と表すこともできる．
以上より，「$\tau = 0$ のとき $Q = Q_0, I_2 = 0$」を満たす解は，

$$I_1 = \frac{Q_0}{2CR}\{9\exp(-3\tau) - 8\exp(-4\tau)\}, \quad I_2 = \frac{6Q_0}{CR}\{\exp(-3\tau) - \exp(-4\tau)\}$$

であり，このとき，$Q = Q_0\{3\exp(-3\tau) - 2\exp(-4\tau)\}$
I_1, I_2 と Q の時間的変化をグラフに表すと，図 k6.3 のようになる．

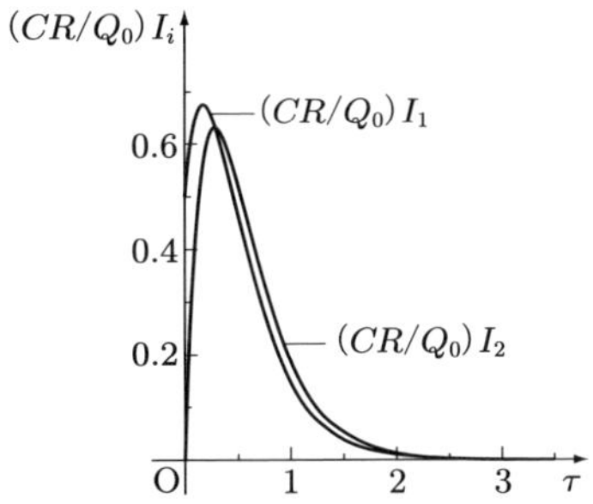

（a）$(CR/Q_0)\,I_i$ の τ 依存性

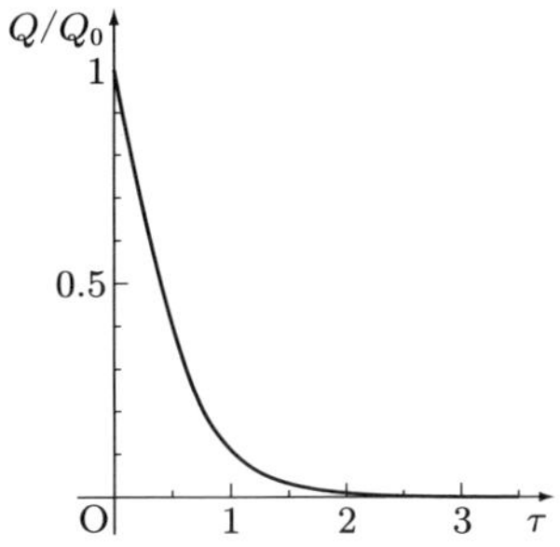

（b）Q/Q_0 の τ 依存性

図 k6.3

この場合は $\alpha\ (= CR^2/L)$ が大きいので，I_1, I_2 あるいは Q の解に振動（正弦波や余弦波）は含まれず，解は減衰する指数関数を用いて表される．

6.2 (1) 初期条件「$t = 0$ のとき $x = x_0$」のもとで微分方程式 $dx/dt = x$ を解くと，$x = x_0 e^t$.
魚の数は指数関数的に増加する．

(2) 連立線形微分方程式を書き換えると，

$$\begin{cases} (D-1)x + ay = 0 & \cdots(*) \\ x - (D+3)y = 0 & \cdots(**) \end{cases}$$

$(*)$ から，$(**)$ の両辺に $D-1$ を作用させたものを辺々引くと，

$$\{(D-1)(D+3)+a\}y=0 \quad \therefore \ \left(D^2+2D+a-3\right)y=0$$

i) $\boldsymbol{a=7/4}$ **の場合**

$\left(D^2+2D-\dfrac{5}{4}\right)y=0$ の一般解を求める．特性方程式 $\lambda^2+2\lambda-\dfrac{5}{4}=\dfrac{1}{4}\left(4\lambda^2+8\lambda-5\right)=\dfrac{1}{4}(2\lambda-1)(2\lambda+5)=0$ より $\lambda=\dfrac{1}{2},\ -\dfrac{5}{2}$. 表 4.4 からわかるように，一般解は $y=C_1\exp\left(\dfrac{1}{2}t\right)+C_2\exp\left(-\dfrac{5}{2}t\right)$ （C_1，C_2 は任意定数）．初期条件「$t=0$ のとき $y=0$」より，$C_2=-C_1$. $y=C_1\left\{\exp\left(\dfrac{1}{2}t\right)-\exp\left(-\dfrac{5}{2}t\right)\right\}$ を $(**)$ に代入して x を求めると，$x=\dfrac{C_1}{2}\left\{7\exp\left(\dfrac{1}{2}t\right)-\exp\left(-\dfrac{5}{2}t\right)\right\}$. 初期条件「$t=0$ のとき $x=x_0$」より，$C_1=\dfrac{x_0}{3}$. 以上より，

$$x=\frac{x_0}{6}\left\{7\exp\left(\frac{1}{2}t\right)-\exp\left(-\frac{5}{2}t\right)\right\},\quad y=\frac{x_0}{3}\left\{\exp\left(\frac{1}{2}t\right)-\exp\left(-\frac{5}{2}t\right)\right\}$$

ii) $\boldsymbol{a=15/4}$ **の場合**

$\left(D^2+2D+\dfrac{3}{4}\right)y=0$ の一般解を求める．特性方程式 $\lambda^2+2\lambda+\dfrac{3}{4}=\dfrac{1}{4}\left(4\lambda^2+8\lambda+3\right)=\dfrac{1}{4}(2\lambda+1)(2\lambda+3)=0$ より，$\lambda=-\dfrac{1}{2},\ -\dfrac{3}{2}$. 表 4.4 からわかるように，一般解は $y=C_1\exp\left(-\dfrac{1}{2}t\right)+C_2\exp\left(-\dfrac{3}{2}t\right)$ （C_1，C_2 は任意定数）．初期条件「$t=0$ のとき $y=0$」より $C_2=-C_1$. $y=C_1\left\{\exp\left(-\dfrac{1}{2}t\right)-\exp\left(-\dfrac{3}{2}t\right)\right\}$ を $(**)$ に代入して x を求めると，$x=\dfrac{C_1}{2}\left\{5\exp\left(-\dfrac{1}{2}t\right)-3\exp\left(-\dfrac{3}{2}t\right)\right\}$. 初期条件「$t=0$ のとき $x=x_0$」より，$C_1=x_0$. 以上より，

$$x=\frac{x_0}{2}\left\{5\exp\left(-\frac{1}{2}t\right)-3\exp\left(-\frac{3}{2}t\right)\right\},\quad y=x_0\left\{\exp\left(-\frac{1}{2}t\right)-\exp\left(-\frac{3}{2}t\right)\right\}$$

i)，ii) で得られた解を図示すると，図 k6.4 のようになる．
定数 a は釣り人による魚の捕獲率を表す．a が小さいときは $(a=7/4)$，捕獲による魚の減少よりも魚の繁殖力のほうが強く，魚と釣り人の数はどちらも指数関数的に増加する．a が大きいときは $(a=15/4)$，釣り人の数が増え始める初期の段階では，魚の繁殖力により魚の数も増加するが，釣り人の数が多くなると，魚の繁殖力よりも捕獲による魚の減少のほうが強くなり，魚と釣り人の数はどちらも指数関数的に減少する．

6.3 (1)　[例題 6.3] と同じようにして，正則行列 P とその逆行列 P^{-1} を求める．
式 (6.29) の t を τ で置き換えた式に $P^{-1}\boldsymbol{r}=\begin{bmatrix} X_1 \\ X_2 \end{bmatrix}$, $P^{-1}AP=\begin{bmatrix} -7 & 0 \\ 0 & -2 \end{bmatrix}$, $P^{-1}\boldsymbol{q}(\tau)=\dfrac{1}{5}\begin{bmatrix} 1 & -2 \\ 2 & 1 \end{bmatrix}\begin{bmatrix} \tilde{F}_0\sin\tilde{\omega}\tau \\ 0 \end{bmatrix}=\dfrac{1}{5}\tilde{F}_0\sin\tilde{\omega}\tau\begin{bmatrix} 1 \\ 2 \end{bmatrix}$ を代入すると，

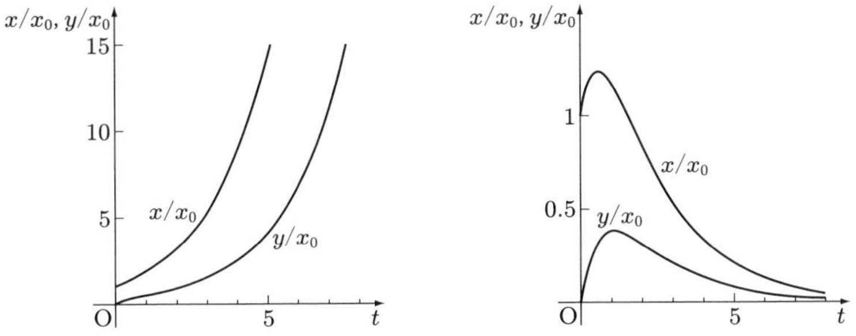

（a） $a = \dfrac{7}{4}$　　　（b） $a = \dfrac{15}{4}$

図 k6.4

$$\frac{d^2}{d\tau^2}\begin{bmatrix} X_1 \\ X_2 \end{bmatrix} = \begin{bmatrix} -7 & 0 \\ 0 & -2 \end{bmatrix}\begin{bmatrix} X_1 \\ X_2 \end{bmatrix} + \frac{1}{5}\tilde{F}_0 \sin\tilde{\omega}\tau \begin{bmatrix} 1 \\ 2 \end{bmatrix}$$

$$\therefore\ \frac{d^2X_1}{d\tau^2} + 7X_1 = \frac{1}{5}\tilde{F}_0 \sin\tilde{\omega}\tau \quad \cdots(*),\qquad \frac{d^2X_2}{d\tau^2} + 2X_2 = \frac{2}{5}\tilde{F}_0 \sin\tilde{\omega}\tau \quad \cdots(**)$$

$(*)$ の一般解を求める．まず，$(*)$ の斉次方程式 $\dfrac{d^2X_1}{d\tau^2} + 7X_1 = 0$ の一般解 h_1 は $h_1 = C_1\cos\sqrt{7}\tau + C_2\sin\sqrt{7}\tau$（$C_1$, C_2 は任意定数）．表 4.8 により，$(*)$ の特殊解として $X_1 = A\sin\tilde{\omega}\tau$ とおいて定数 A を求めると，$A = \dfrac{\tilde{F}_0}{5(7-\tilde{\omega}^2)}$（$\tilde{\omega} \neq \sqrt{7}$ に注意）．ここで，$(*)$ が $dX_1/d\tau$ の項を含んでいないので，$X_1 = A\sin\tilde{\omega}\tau$ とおいた．$X_1 = A\cos\tilde{\omega}\tau + B\sin\tilde{\omega}\tau$ とおいても，結局 $A = 0$ となる．よって，$(*)$ の特殊解 $\bar{X}_1$ は $\bar{X}_1 = \dfrac{\tilde{F}_0}{5(7-\tilde{\omega}^2)}\sin\tilde{\omega}\tau$ となる．以上より，$(*)$ の一般解 X_1 はつぎのようになる．

$$X_1 = h_1 + \bar{X}_1 = C_1\cos\sqrt{7}\tau + C_2\sin\sqrt{7}\tau + \frac{\tilde{F}_0}{5(7-\tilde{\omega}^2)}\sin\tilde{\omega}\tau \quad \cdots(\dagger)$$

同様にして，$(**)$ の一般解 X_2 を求めると，

$$X_2 = C_3\cos\sqrt{2}\tau + C_4\sin\sqrt{2}\tau + \frac{2\tilde{F}_0}{5(2-\tilde{\omega}^2)}\sin\tilde{\omega}\tau \quad (C_3,\ C_4\ \text{は任意定数}) \quad \cdots(\dagger\dagger)$$

$\begin{bmatrix} X_1 \\ X_2 \end{bmatrix} = P^{-1}\begin{bmatrix} x_1 \\ x_2 \end{bmatrix} = \dfrac{1}{5}\begin{bmatrix} 1 & -2 \\ 2 & 1 \end{bmatrix}\begin{bmatrix} x_1 \\ x_2 \end{bmatrix}$ より，$X_1 = \dfrac{x_1 - 2x_2}{5}$, $X_2 = \dfrac{2x_1 + x_2}{5}$．
X_1, X_2 を用いると，初期条件は「$X_1 = X_2 = 0$, $dX_1/d\tau = dX_2/d\tau = 0$」．この条件から C_1, C_2, C_3, C_4 を決めると，$C_1 = 0$, $C_2 = \dfrac{\tilde{\omega}\,\tilde{F}_0}{5\sqrt{7}(\tilde{\omega}^2 - 7)}$, $C_3 = 0$, $C_4 = \dfrac{\sqrt{2}\tilde{\omega}\,\tilde{F}_0}{5(\tilde{\omega}^2 - 2)}$．
これらを $(\dagger)$, $(\dagger\dagger)$ に代入すると，

$$\begin{cases} X_1 = \dfrac{\tilde{F}_0}{5(7-\tilde{\omega}^2)}\left(\sin\tilde{\omega}\tau - \dfrac{\tilde{\omega}}{\sqrt{7}}\sin\sqrt{7}\tau\right) \\ X_2 = \dfrac{2\tilde{F}_0}{5(2-\tilde{\omega}^2)}\left(\sin\tilde{\omega}\tau - \dfrac{\tilde{\omega}}{\sqrt{2}}\sin\sqrt{2}\tau\right) \end{cases}$$

$\begin{bmatrix} x_1 \\ x_2 \end{bmatrix} = P\begin{bmatrix} X_1 \\ X_2 \end{bmatrix} = \begin{bmatrix} 1 & 2 \\ -2 & 1 \end{bmatrix}\begin{bmatrix} X_1 \\ X_2 \end{bmatrix}$ より，$x_1 = X_1 + 2X_2$, $x_2 = -2X_1 + X_2$ であるから，

$$\begin{bmatrix} x_1 \\ x_2 \end{bmatrix} = \frac{\tilde{F}_0 \sin\tilde{\omega}\tau}{(7-\tilde{\omega}^2)(2-\tilde{\omega}^2)}\begin{bmatrix} 6-\tilde{\omega}^2 \\ 2 \end{bmatrix} - \frac{\tilde{\omega}\tilde{F}_0\sin\sqrt{7}\tau}{5\sqrt{7}(7-\tilde{\omega}^2)}\begin{bmatrix} 1 \\ -2 \end{bmatrix} - \frac{\sqrt{2}\tilde{\omega}\tilde{F}_0\sin\sqrt{2}\tau}{5(2-\tilde{\omega}^2)}\begin{bmatrix} 2 \\ 1 \end{bmatrix}$$

(2) 図 k6.5 は，$\tilde{\omega} = (a)\ 0.2$, (b) $(11/10)\sqrt{2}$, (c) $(51/50)\sqrt{7}$, (d) 10 のときの二つの質点の振動を示す．横軸は二つの質点の変位 x_1, x_2 を，縦軸は $\omega_0 t$ を表す．

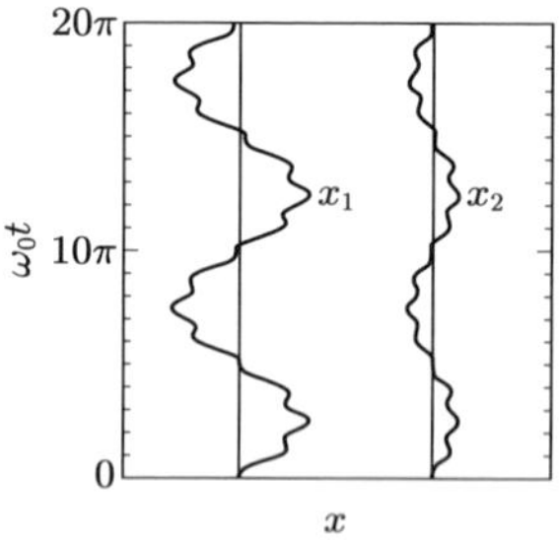

（a）$\tilde{\omega} = 0.2$

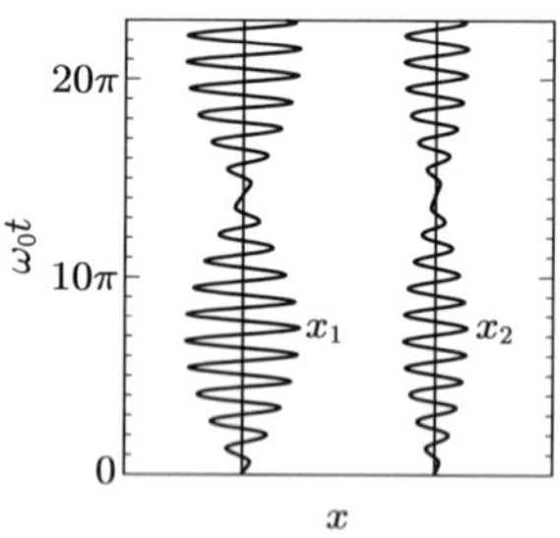

（b）$\tilde{\omega} = \dfrac{11}{10}\sqrt{2}$

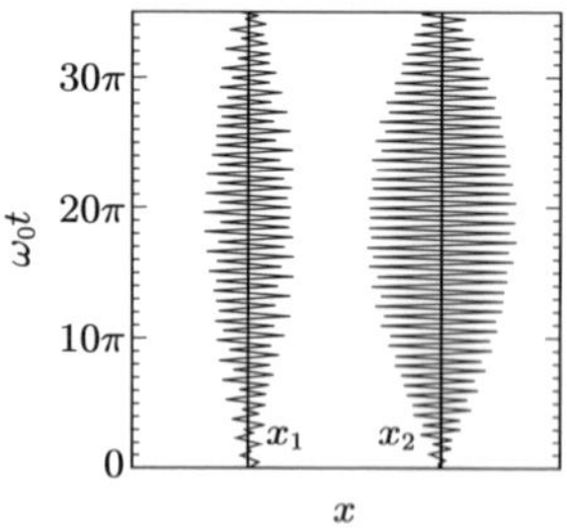

（c）$\tilde{\omega} = \dfrac{51}{50}\sqrt{7}$

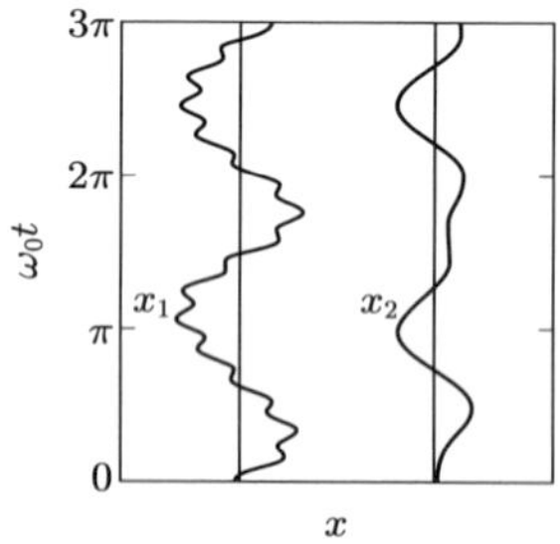

（d）$\tilde{\omega} = 10$

図 k6.5

a) $\tilde{\omega} \ll \sqrt{2}, \sqrt{7}$ のとき

$$\begin{bmatrix} x_1 \\ x_2 \end{bmatrix} \approx \frac{\tilde{F}_0\sin\tilde{\omega}\tau}{7}\begin{bmatrix} 3 \\ 1 \end{bmatrix} - \frac{\tilde{\omega}\,\tilde{F}_0\sin\sqrt{7}\tau}{35\sqrt{7}}\begin{bmatrix} 1 \\ -2 \end{bmatrix} - \frac{\sqrt{2}\tilde{\omega}\tilde{F}_0\sin\sqrt{2}\tau}{10}\begin{bmatrix} 2 \\ 1 \end{bmatrix}$$

振幅の比 3 : 1 で同位相のゆっくりした $\sin\tilde{\omega}\tau$ の振動（右辺第 1 項）に，振幅の小さい $\sin\sqrt{7}\tau$,

$\sin\sqrt{2}\tau$ の速い振動（右辺第 2 項，第 3 項）が重なったものになる（図 (a)）．

b) $\tilde{\omega} \approx \sqrt{2}$　ただし，$\tilde{\omega} \neq \sqrt{2}$ のとき

$$\begin{bmatrix} x_1 \\ x_2 \end{bmatrix} \approx \frac{2\tilde{F}_0 \sin\tilde{\omega}\tau}{5(2-\tilde{\omega}^2)}\begin{bmatrix} 2 \\ 1 \end{bmatrix} - \frac{2\tilde{F}_0 \sin\sqrt{2}\tau}{5(2-\tilde{\omega}^2)}\begin{bmatrix} 2 \\ 1 \end{bmatrix} = \frac{2\tilde{F}_0}{5(2-\tilde{\omega}^2)}\left(\sin\tilde{\omega}\tau - \sin\sqrt{2}\tau\right)\begin{bmatrix} 2 \\ 1 \end{bmatrix}$$

$$= \frac{4\tilde{F}_0}{5(2-\tilde{\omega}^2)}\cos\left(\frac{\tilde{\omega}+\sqrt{2}}{2}\tau\right)\sin\left(\frac{\tilde{\omega}-\sqrt{2}}{2}\tau\right)\begin{bmatrix} 2 \\ 1 \end{bmatrix}$$

これは角振動数の近い二つの正弦波 $\sin\tilde{\omega}\tau$, $\sin\sqrt{2}\tau$ の重ね合わせであり，いわゆる「うなり」が起こる．二つの質点の振動は，振幅の比 $2:1$ で同位相である（図 (b)）．

c) $\tilde{\omega} \approx \sqrt{7}$　ただし，$\tilde{\omega} \neq \sqrt{7}$ のとき

$$\begin{bmatrix} x_1 \\ x_2 \end{bmatrix} \approx \frac{\tilde{F}_0 \sin\tilde{\omega}\tau}{5(7-\tilde{\omega}^2)}\begin{bmatrix} 1 \\ -2 \end{bmatrix} - \frac{\tilde{F}_0 \sin\sqrt{7}\tau}{5(7-\tilde{\omega}^2)}\begin{bmatrix} 1 \\ -2 \end{bmatrix} = \frac{\tilde{F}_0}{5(7-\tilde{\omega}^2)}\left(\sin\tilde{\omega}\tau - \sin\sqrt{7}\tau\right)\begin{bmatrix} 1 \\ -2 \end{bmatrix}$$

$$= \frac{2\tilde{F}_0}{5(7-\tilde{\omega}^2)}\cos\left(\frac{\tilde{\omega}+\sqrt{7}}{2}\tau\right)\sin\left(\frac{\tilde{\omega}-\sqrt{7}}{2}\tau\right)\begin{bmatrix} 1 \\ -2 \end{bmatrix}$$

これは角振動数の近い二つの正弦波 $\sin\tilde{\omega}\tau$, $\sin\sqrt{7}\tau$ の重ね合わせであり，いわゆる「うなり」が起こる．二つの質点の振動は，振幅の比 $1:2$ で逆位相である（図 (c)）．

d) $\tilde{\omega} \gg \sqrt{2}, \sqrt{7}$ のとき

$$\begin{bmatrix} x_1 \\ x_2 \end{bmatrix} \approx \frac{\tilde{F}_0 \sin\tilde{\omega}\tau}{\tilde{\omega}^4}\begin{bmatrix} -\tilde{\omega}^2 \\ 2 \end{bmatrix} + \frac{\tilde{F}_0 \sin\sqrt{7}\tau}{5\sqrt{7}\tilde{\omega}}\begin{bmatrix} 1 \\ -2 \end{bmatrix} + \frac{\sqrt{2}\tilde{F}_0 \sin\sqrt{2}\tau}{5\tilde{\omega}}\begin{bmatrix} 2 \\ 1 \end{bmatrix}$$

右辺第 1 項の速い振動では，外力が働く左側の質点が大きな振幅（$\tilde{\omega}^{-2}$ に比例）をもつ．左側の質点の振動は，二つの正弦波 $\sin\sqrt{2}\tau$, $\sin\sqrt{7}\tau$ の 1 次結合（振幅は $\tilde{\omega}^{-1}$ に比例）に，速い $\sin\tilde{\omega}\tau$ の振動が重なったものになる（図 (d)）．

付録の解答（下記の C_1, C は任意定数である．）

問題 A.1　(1)　$\dfrac{dy}{dx} = (x-y+1)^2 \xrightarrow[u'=1-y']{x-y+1=u} \dfrac{du}{dx} = 1-u^2$（変数分離形）　$\cdots(*)$

$u \neq \pm 1$ として変数を分離すると，$\dfrac{1}{1-u^2}du = dx$．積分すると，$\displaystyle\int \frac{1}{1-u^2}du = \int dx + C_1$ $\cdots(**)$．左辺の積分で被積分関数を部分分数に分けると，

$$\int \frac{1}{1-u^2}du = \frac{1}{2}\int\left(\frac{1}{u+1} - \frac{1}{u-1}\right)du = \frac{1}{2}\left(\log|u+1| - \log|u-1|\right) = \frac{1}{2}\log\left|\frac{u+1}{u-1}\right|$$

となるから，$(**)$ より $\log\left|\dfrac{u+1}{u-1}\right| = 2(x+C_1)$

log（自然対数）と exp は互いに逆関数であるから，

$$\left|\frac{u+1}{u-1}\right| = \exp\{2(x+C_1)\} \quad \therefore\ \frac{u+1}{u-1} = C\exp(2x) \quad (C = \pm\exp(2C_1))$$

u について解くと，$u = \dfrac{C\exp(2x)+1}{C\exp(2x)-1}$

最初に $u \neq \pm 1$ として変数を分離したが，$u \equiv 1, -1$ も解である．これらの解はそれぞれ $C \to \pm\infty$，$C=0$ とおけば得られる．よって，$(*)$ の一般解は，$u = \dfrac{C\exp(2x)+1}{C\exp(2x)-1} = 1 + \dfrac{2}{C\exp(2x)-1}$．

これに $u = x - y + 1$ を代入すると，求める一般解は，

$$y = x - \frac{2}{C\exp(2x)-1} \quad \text{あるいは} \quad y = x + \frac{2}{C\exp(2x)+1}$$

(2)　$\dfrac{dy}{dx} = \sin(x+y+1) \xrightarrow[u'=1+y']{x+y+1=u} \dfrac{du}{dx} = 1 + \sin u \quad \cdots (*)$

$1 + \sin u \neq 0$ として変数を分離すると，$\dfrac{1}{1+\sin u}du = dx$．積分すると，

$$\int \frac{1}{1+\sin u}du = \int dx + C \quad \cdots (**)$$

ここで，$1+\sin u = 1 + \cos(u - \pi/2) = 2\cos^2(u/2 - \pi/4)$ を用い，$u/2 - \pi/4 = t$ とおくと，左辺の積分はつぎのようになる．

$$\begin{aligned} \int \frac{1}{1+\sin u}du &= \frac{1}{2}\int \frac{1}{\cos^2(u/2-\pi/4)}du = \int \frac{1}{\cos^2 t}dt = \int \sec^2 t\,dt = \tan t \\ &= \tan\left(\frac{u}{2} - \frac{\pi}{4}\right) \end{aligned}$$

したがって，$(**)$ は $\tan\left(\dfrac{u}{2} - \dfrac{\pi}{4}\right) = x + C$ となる．正接 tan の逆関数 arctan を用いると，

$$\frac{u}{2} - \frac{\pi}{4} = \arctan(x+C) \qquad \therefore\ u = \frac{\pi}{2} + 2\arctan(x+C) \quad \cdots (***)$$

$1+\sin u \neq 0$ として変数を分離したが，$1 + \sin u \equiv 0$，すなわち $u \equiv (3/2)\pi + 2n\pi$（$n$ は整数）も $(*)$ の解である．この解は，$(***)$ で $C \to \pm\infty$ とおけば得られる（ここでは，多価関数 arctan のすべての分枝を考慮）．したがって，$(***)$ は $(*)$ の一般解である．$(***)$ に $u = x+y+1$ を代入すると，求める一般解は，$y = -x - 1 + \dfrac{\pi}{2} + 2\arctan(x+C)$

問題 A.2　(1)　$\dfrac{dy}{dx} = \dfrac{2(2y-x)}{x+y} \xrightarrow[y'=u+xu']{y=xu} x\dfrac{du}{dx} = -\dfrac{(u-1)(u-2)}{u+1} \quad \cdots (*)$

$(u-1)(u-2) \neq 0$ として変数を分離して積分すると，

$$\int \frac{u+1}{(u-1)(u-2)}du = -\int \frac{1}{x}dx + C_1$$

左辺の被積分関数を部分関数に分けると，$\dfrac{u+1}{(u-1)(u-2)} = -\dfrac{2}{u-1} + \dfrac{3}{u-2}$ となるから，

$$\int \left(-\frac{2}{u-1} + \frac{3}{u-2}\right)du = -\int \frac{1}{x}dx + C_1$$

積分すると，$-2\log|u-1|+3\log|u-2|=-\log|x|+C_1 \quad \therefore\ \log\dfrac{\left|x(u-2)^3\right|}{(u-1)^2}=C_1$

log（自然対数）と exp は互いに逆関数なので，

$$\frac{\left|x(u-2)^3\right|}{(u-1)^2}=\exp C_1 \quad \therefore\ x(u-2)^3=C(u-1)^2 \quad (C=\pm\exp C_1) \quad \cdots(**)$$

$(u-1)(u-2)\neq 0$ として変数を分離したが，$u\equiv 1,2$ も $(*)$ の解である．これらの解はそれぞれ $(**)$ で $C\to\pm\infty$, $C=0$ とおくと得られる．よって，$(*)$ の一般解は

$$x(u-2)^3=C(u-1)^2$$

$u=y/x$ より，求める一般解は，$(y-2x)^3=C(y-x)^2$

(2) $\dfrac{dy}{dx}=-\dfrac{bx+y}{x+ay} \xrightarrow[y'=u+xu']{y=xu} x\dfrac{du}{dx}=-\dfrac{au^2+2u+b}{au+1} \quad \cdots(*)$

$au^2+2u+b\neq 0$ として変数を分離して積分すると，

$$\int\frac{au+1}{au^2+2u+b}du=-\int\frac{1}{x}dx+C_1$$

左辺で $(au^2+2u+b)'=2(au+1)$ であることに注意すると，

$$\frac{1}{2}\log\left|au^2+2u+b\right|=-\log|x|+C_1 \quad \therefore\ \log\left(x^2\left|au^2+2u+b\right|\right)=2C_1$$

log（自然対数）と exp は互いに逆関数なので，

$$x^2\left|au^2+2u+b\right|=\exp 2C_1 \quad \therefore\ x^2(au^2+2u+b)=C \quad (C=\pm\exp 2C_1) \quad \cdots(**)$$

$au^2+2u+b\neq 0$ として変数を分離したが，u の 2 次方程式 $au^2+2u+b=0$ の解（定数）からも，$(*)$ の解が得られる．この解は $(**)$ で $C=0$ とおくと得られる．以上より，$(*)$ の一般解は $x^2(au^2+2u+b)=C$ である．

$u=y/x$ より，求める一般解は，$bx^2+2xy+ay^2=C$

問題 A.3 どちらも $Pdx+Qdy=0$ のタイプである．

(1) $P=y, Q=-2(x+y^4)$ は xy 平面全体で連続微分可能であり，$\dfrac{1}{P}\left(\dfrac{\partial P}{\partial y}-\dfrac{\partial Q}{\partial x}\right)=\dfrac{3}{y}$ $(=g(y))$ より，この微分方程式は表 A.1 の(ii) に該当することがわかる．積分因子は，

$$\mu=\exp\left\{-\int g(y)dy\right\}=\exp\left(-3\int\frac{1}{y}dy\right)=\exp\left(-3\log|y|\right)=\exp\left(\log|y|^{-3}\right)=|y|^{-3}$$

$\mu=y^{-3}, -y^{-3}$ のどちらを微分方程式に掛けても，$y^{-2}dx-2(xy^{-3}+y)dy=0 \quad \cdots(*)$
半平面 $y>0$，あるいは半平面 $y<0$ で，y^{-2}, $-2(xy^{-3}+y)$ は連続微分可能である．
つぎのように積分を計算する．

$$I=\int y^{-2}dx=xy^{-2}, \quad J=-2\int(xy^{-3}+y)dy=xy^{-2}-y^2$$

J の項のうち y のみを含む項 $-y^2$ を I に加えたものを $F(x,y)$ とすると，$F(x,y)=xy^{-2}-y^2$

となる．求める一般解は，$x - y^4 = Cy^2$

(2)　$P = y - x$, $Q = x\log x$ は半平面 $x > 0$ で連続微分可能であり，$\dfrac{1}{Q}\left(\dfrac{\partial P}{\partial y} - \dfrac{\partial Q}{\partial x}\right) = -\dfrac{1}{x}$ $(= f(x))$ より，この微分方程式は表 A.1 の(i) に該当することがわかる．積分因子は $\mu = \exp\left\{\displaystyle\int f(x)dx\right\} = \exp\left(-\displaystyle\int \frac{1}{x}dx\right) = \exp(-\log x) = \exp\left(\log x^{-1}\right) = \dfrac{1}{x}$．$\mu = \dfrac{1}{x}$ を微分方程式に掛けると，

$$\left(\frac{y}{x} - 1\right)dx + \log x\, dy = 0 \quad \cdots (*)$$

半平面 $x > 0$ で $(y/x) - 1$, $\log x$ は連続微分可能である．つぎのように積分を計算する．

$$I = \int \left(\frac{y}{x} - 1\right)dx = y\log x - x, \quad J = \int \log x\, dy = y\log x$$

J に y のみを含む項はないので，I を $F(x, y)$ とすると，$F(x, y) = y\log x - x$
求める一般解は，$-x + y\log x = C$

問題 A.4　(1)　まず，両辺に y^2 を掛ける．

$$y^2y' + x^2y^3 = x^2 \xrightarrow[y^3 = z]{} z' + 3x^2z = 3x^2$$

ここでは定数変化法を用いる．

$$z' + 3x^2z = 0 \text{ の一般解：} z = C_1\exp\left(-3\int x^2dx\right) = C_1\exp(-x^3)$$

$$z' + 3x^2z = 3x^2 \xrightarrow[z = u\exp(-x^3)]{} u' = 3x^2\exp(x^3)$$

$$u = 3\int x^2\exp(x^3)dx + C = \int (x^3)'\exp(x^3)dx + C$$

$x^3 = t$ と置換すると，$(x^3)' = dt/dx$ であるから，

$$u = \int e^t\frac{dt}{dx}dx + C = \int e^t dt + C = e^t + C = \exp(x^3) + C$$

$y^3 = z = u\exp(-x^3)$ より，$y^3 = C\exp(-x^3) + 1$

(2)　$y \neq 0$ として，まず，両辺を y^3 で割る．

$$y^{-3}y' + \frac{y^{-2}}{2x} = (\log x)^2 \xrightarrow[y^{-2} = z]{} z' - \frac{z}{x} = -2(\log x)^2$$

ここでは定数変化法を用いる．

$$z' - \frac{z}{x} = 0 \text{ の一般解：} z = C_1\exp\left(\int\frac{1}{x}dx\right) = C_1\exp(\log x) = C_1x$$

$$z' - \frac{z}{x} = -2(\log x)^2 \xrightarrow[z = xu]{} u' = -\frac{2}{x}(\log x)^2$$

積分すると，

$$u = -2\int \frac{1}{x}(\log x)^2 dx + C = -2\int (\log x)'(\log x)^2 dx + C$$

$\log x = t$ と置換すると，$(\log x)' = dt/dx$ であるから，

$$u = -2\int t^2 dt + C = -\frac{2}{3}t^3 + C = -\frac{2}{3}(\log x)^3 + C$$

$y^{-2} = z = xu$ より，$y^{-2} = Cx - \dfrac{2}{3}x(\log x)^3$

最初に $y \neq 0$ として両辺を y^3 で割ったが，解 $y \equiv 0$ はこの式で $C \to \infty$ とすれば得られる．

問題 A.5 $w \neq 0$ として，まず，両辺を $w^{2/3}$ で割る．

$$w^{-2/3}\frac{dw}{dt} + bw^{1/3} = a \xrightarrow[w^{1/3}=z]{} \frac{dz}{dt} + \frac{b}{3}z = \frac{a}{3}$$

ここでは定数変化法を用いる．

$$\frac{dz}{dt} + \frac{b}{3}z = 0 \text{ の一般解：} z = C_1 \exp\left(-\frac{b}{3}\int dt\right) = C_1 \exp\left(-\frac{bt}{3}\right)$$

$$\frac{dz}{dt} + \frac{b}{3}z = \frac{a}{3} \xrightarrow[z = u\exp\left(-\frac{b}{3}t\right)]{} \frac{du}{dt} = \frac{a}{3}\exp\left(\frac{b}{3}t\right)$$

これを積分すると，$u = \dfrac{a}{3}\displaystyle\int \exp\left(\frac{b}{3}t\right) dt + C = \dfrac{a}{b}\exp\left(\dfrac{b}{3}t\right) + C$

$z = u\exp\left(-\dfrac{b}{3}t\right)$ より，$z = C\exp\left(-\dfrac{b}{3}t\right) + \dfrac{a}{b}$

初期条件「$t = 0$ のとき $w = 0$」と $z = w^{1/3}$ より，$C = -a/b$ となり，求める解はつぎのようになる．

$$w = \left(\frac{a}{b}\right)^3 \left\{1 - \exp\left(-\frac{b}{3}t\right)\right\}^3$$

図 kA.1 は，この解をグラフに表したものである．$bt/3 \ll 1$ のとき，$\exp(-bt/3)$ をテイラー展開して $bt/3$ について 1 次の項までとると，$\exp(-bt/3) \approx 1 - bt/3$ となるから，$w \approx (at/3)^3$ が得られる．時間の経過とともに w は増加し，$bt/3 \gg 1$ では $w \approx (a/b)^3$ となる．

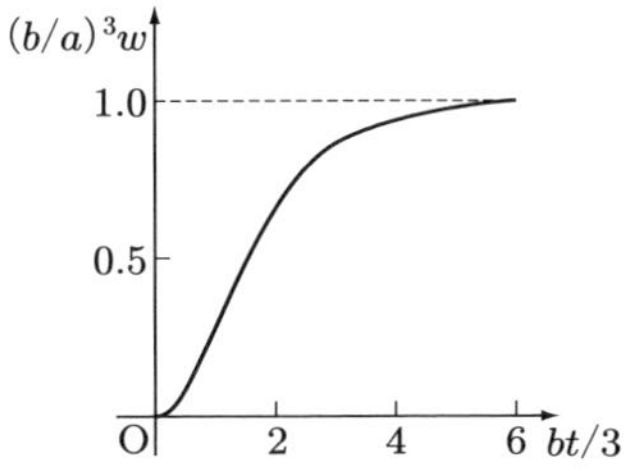

図 kA.1

索　引

た 行

な 行

は 行

ま 行

ら 行

著 者 略 歴
稲岡　毅　（いなおか・たけし）
1985 年　大阪大学大学院基礎工学研究科物理系専攻博士課程修了
工学博士
現在　琉球大学名誉教授
専門：物性物理学の理論（物性理論）
分野：表面物性，素励起，ナノサイエンスなど

編集担当　上村紗帆（森北出版）
編集責任　富井　晃（森北出版）
組　　版　ウルス
印　　刷　モリモト印刷
製　　本　ブックアート

基礎からの微分方程式　—実例でよくわかる—

2012 年 5 月 30 日　第 1 版第 1 刷発行
2025 年 3 月 25 日　第 1 版第 8 刷発行

著　　者　稲岡　毅
発 行 者　森北博巳
発 行 所　**森北出版株式会社**
東京都千代田区富士見 1–4–11（〒102–0071）
電話 03–3265–8341 ／ FAX 03–3264–8709
https://www.morikita.co.jp/
日本書籍出版協会・自然科学書協会　会員
JCOPY ＜（一社）出版者著作権管理機構 委託出版物＞

落丁・乱丁本はお取替えいたします．

Printed in Japan／ISBN978–4–627–07671–6

MEMO

微分方程式の解法　早見表［2］

2階線形微分方程式（斉次）　$Ly = y'' + P(x)y' + Q(x)y = 0$

（第4章）

以下で，$Ly = y'' + P(x)y' + Q(x)y$，$C_1$, C_2 は任意定数

(i) y_1, y_2 が $Ly = 0$ の1次独立な解（基本解）のとき，

$$Ly = 0 \text{ の一般解：} \boxed{y = C_1 y_1 + C_2 y_2}$$

(ii) $Ly = 0$ の解法

① 定数係数の斉次方程式 $Ly = y'' + ay' + by = 0$（a, b は実定数）の一般解は，特性方程式 $\lambda^2 + a\lambda + b = 0$ の解から構成する．

$\lambda^2 + a\lambda + b = 0$ の解	$y'' + ay' + by = 0$ の一般解
(i) 異なる実数解 α, β	$y = C_1 e^{\alpha x} + C_2 e^{\beta x}$
(ii) 2重解 α	$y = (C_1 + C_2 x)\, e^{\alpha x}$
(iii) 互いに共役な複素解 $\mu \pm \nu i$　(μ, ν は実数)	$y = e^{\mu x}\,(C_1 \cos \nu x + C_2 \sin \nu x)$

② $Ly = 0$ の特殊解 $v(x)$ をみつけて，$y = u(x)v(x)$ とおく．

$$Ly = 0 \xrightarrow[y = uv]{} u' \text{ を未知関数とする1階斉次方程式}$$

特殊解 $v(x)$ をみつけるためには，たとえば，x^m, e^{mx} の形の解を試してみるとよい．

③ $y = u(x) \exp\left\{-\dfrac{1}{2}\displaystyle\int^x P(t)dt\right\}$ とおくと，

$$y'' + P(x)y' + Q(x)y = 0 \;\rightarrow\; u'' + \tilde{Q}(x)u = 0 \quad \text{（標準形）}$$

④ オイラーの微分方程式（斉次）$x^2y'' + axy' + by = 0$　（a, b は実定数）では，$x = e^t$ とおく．